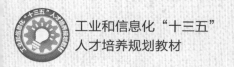
工业和信息化"十三五"
人才培养规划教材

计算机
网络技术

第 4 版

徐立新 吕书波 主编

邵明珠 马同伟 解瑞云 王明斐 副主编

U0196224

Computer Network
Technology

人民邮电出版社
北京

图书在版编目（CIP）数据

计算机网络技术 / 徐立新，吕书波主编. -- 4版
-- 北京：人民邮电出版社，2019.9（2022.6重印）
工业和信息化"十三五"人才培养规划教材
ISBN 978-7-115-48545-8

Ⅰ．①计… Ⅱ．①徐… ②吕… Ⅲ．①计算机网络—
高等学校—教材 Ⅳ．①TP393

中国版本图书馆CIP数据核字(2019)第109591号

内 容 提 要

本书是针对高等学校计算机网络技术基础和计算机网络组网工程与实践课程编写的一本技术应用型教材，全书共包括 12 章，分别为计算机网络概述、数据通信基础知识、计算机网络体系结构、局域网技术、广域网技术与 Internet、计算机网络应用、无线局域网技术、IPv6 技术、网络安全、网络互联技术、SDN 与 NFV 技术、综合实训项目。本书既包含侧重于计算机网络方面的理论和典型技术，使学生在知识结构上具备岗位所需的基础理论，为培养高素质应用型人才奠定理论基础，又包含网络互联技术及典型项目综合实训等内容，侧重于计算机网络的组网技术与工程，锻炼学生的实践技能，使其在能力结构上更好地满足岗位所需的实践能力，为培养高素质应用型人才奠定能力基础。

本书可作为高等学校计算机网络技术相关专业的教学用书，也可供 IT 从业人员和爱好者参考使用。

◆ 主　　编　徐立新　吕书波
　　副 主 编　邵明珠　马同伟　解瑞云　王明斐
　　责任编辑　左仲海
　　责任印制　马振武

◆ 人民邮电出版社出版发行　　北京市丰台区成寿寺路 11 号
　　邮编　100164　电子邮件　315@ptpress.com.cn
　　网址　http://www.ptpress.com.cn
　　三河市君旺印务有限公司印刷

◆ 开本：787×1092　1/16
　　印张：17.25　　　　　　　2019 年 9 月第 4 版
　　字数：527 千字　　　　　2022 年 6 月河北第 9 次印刷

定价：49.80 元

读者服务热线：(010)81055256　印装质量热线：(010)81055316
反盗版热线：(010)81055315
广告经营许可证：京东市监广登字 20170147 号

前言 FOREWORD

当前，信息技术发展的总趋势是从典型的技术驱动发展模式向应用驱动与技术驱动相结合的模式转变。本书依据高等学校计算机类专业的培养目标及非计算机类专业的计算机网络技术基本知识和能力需求，结合目前国内外计算机网络发展的最新动态和成果，以工作过程为导向，结合典型项目驱动，以能力培养为本位，以工作岗位技能训练为核心，突出理论与实践的深度融合，力争使学生了解和掌握计算机网络技术的基础知识和基本技能，满足高素质应用型计算机网络技术人才培养的需求。

本书是第 4 版修订，本次修订的原因主要是随着计算机网络领域的发展，原书中部分内容已经变化或者过时，需要进行必要的调整。新技术中的 SDN 与 NFV 技术是计算机网络领域革命性的变化，未来有可能改变整个计算机网络的格局，故作为新的一章进行阐述。由于 SDN 和 NFV 的内容需要在了解了当前计算机网络技术的基础上才能理解，故放在了前十章内容之后介绍。原有其他章节的主要修订情况如下。

第 1 章，计算机网络发展部分的内容表述有些陈旧，修订主要包括：网络设备部分调制解调器改为了目前常见的光猫；对于网络编程的工具，以前的表述已过时，现在有很多新的语言出现，在内容中进行了相应调整；原来用网络速率来分类的描述也已经过时，进行了相应的删除。

第 4 章，VLAN 技术中混合端口的应用越来越多，除了 Access 和 Trunk 链路类型端口外，目前交换机还广泛支持第三种链路类型端口 Hybrid，为此文中添加了 Hybrid 端口的介绍。

第 5 章，部分技术如 ADSL、HFC 等已经陈旧，目前网络中很难再见到，因此，文中删除了这些内容。

第 6 章，原书中，有关网络 IIS 的应用服务 WWW、DNS、FTP 等配置是基于微软的 Server 2003 版的，目前已经很少使用，且软件的使用介绍往往很容易因为时间推移而过时，故本版删除了大部分的软件应用配置介绍，增加了一些应用层理论部分的介绍。

第 9 章，删除了 360 杀毒软件的使用介绍小节，通过一些实例介绍了有关病毒防御的具体网络安全防御技术，同时更新了部分软件截图。

第 10 章，删除了与第 4 章和第 5 章重复的路由和交换部分内容。

第 11 章，SDN 与 NFV 技术为新增的一章，软件定义网络（SDN）和网络功能虚拟化（NFV）已被业界普遍认定为下一代通信网络发展的主要方向，同时也是构建未来 5G 网络的核心技术，因此，有必要用一章内容对这两种技术进行介绍。

第 2、3、7、8、12 等章主要是更新了过时的表述。

本书是作者在 20 多年对计算机网络技术及组网技术与工程等课程的理论和实践教学经验基础上精心编写而成的，在编写上力求体现以学生为中心，课程教学目标的职业性、内容选取的实用性、教学过程的工程性等应用型人才培养特点。

（1）从工作岗位的细分出发，依据实际工作任务进行课程内容的职业化设计，体现课程教学目标的职业性。

编写组依据我们近几年对企业"计算机网络技术"相关岗位人才所应具备的职业能力和技能要求的调研，结合岗位能力、技能的实际需求和学生认知的特点，按照规划、建设、测试、维护和管理等工作过程和任务的需要来选择本书编写的必要知识点，以典型项目为中心整合理论与实践，做到理论必需和够用，突出课程知识的实用性、综合性和先进性，着重培养学生的应用能力和职业素养，真正实现课程教学目标的职业性要求。

（2）从工作岗位的需要出发，突出理论够用，强化实践技能为主的原则。

计算机网络的最基础理论和知识，包括计算机网络概述、数据通信基础、计算机网络体系结构，我们以后续应用够用为标准，简化原理分析，如 ISO/OSI 七层模型，我们以讲授各层的功能、作用及相关的标准、协议和设备为主，淡化协议分析，扩大实践内容，强化应用能力的培养，符合高素质应用型人才培养的要求。

（3）以学生为中心，注重激发学生的学习兴趣和潜能。

高等应用型院校应将理论实践适度结合作为教学原则。过分强调理论，就会使培养的学生动手能力较差，与应用型人才培养的目标不相符；过分强调实践，又会使培养的学生无发展后劲，使教育形同社会技能培训。全书以典型实际计算机网络技术任务的形式贯穿始终，通过每个具体典型项目，将每章相关的知识点有机地组织在一起，以便学生通过学习具体项目，了解和掌握相关的知识和技术，增强学习过程的趣味性，努力推动课程教学从"教得好"向"学得好"转变。

为方便教师教学和学生学习，本书配备了 PPT 电子教案、教学大纲等丰富的教学资源。教师和学生可登录人民邮电出版社教育社区（www.ryjiaoyu.com）免费下载使用。

本书由河南工学院主持编写。徐立新负责全书的构思、统稿工作，并撰写了第 10 章，吕书波负责撰写第 5 章、第 8 章、第 11 章，邵明珠负责撰写第 1 章、第 3 章、第 4 章，马同伟负责撰写第 7 章、第 9 章，解瑞云负责撰写第 2 章、第 6 章，王明斐负责撰写第 12 章，赵开新、谢生锋和狄娟也参与了本书部分内容的编写工作。在全书构思和编写的过程中，徐久成教授等提出了许多宝贵的意见和建议，在此表示衷心的感谢。同时我们也恳请广大教师和读者，对本书的不足之处提出宝贵的意见。

编者

2019 年 6 月

目录 CONTENTS

第 1 章

第 2 章

第3章

第4章

第 5 章

广域网技术与 Internet ································ 69

第 8 章

IPv6 技术 ··· 128

第 9 章

网络安全 ··· 149

第 10 章

网络互联技术 ······ 171

第 11 章

SDN 与 NFV 技术 222

第 12 章

综合实训项目 241

第 1 章

计算机网络概述

01

计算机网络是计算机技术和通信技术紧密结合的产物，它的诞生使计算机体系结构发生了巨大变化，在当今社会经济中起着非常重要的作用，对人类社会的进步做出了巨大的贡献。从某种意义上讲，计算机网络的发展水平不仅反映了一个国家的计算机科学和通信技术水平，而且已经成为衡量其国力及现代化程度的重要标志之一。本章将从计算机网络的形成和发展开始，介绍计算机网络的基本概念、计算机网络拓扑结构分类等知识。

本章主要学习内容如下。

- 计算机网络的发展过程。
- 计算机网络的定义、组成、分类等基本概念。
- 计算机网络常见的拓扑结构。
- 计算机网络领域的新技术。

1.1 计算机网络的形成与发展

1.1.1 计算机网络的形成过程

任何一种新技术的出现都必须具备两个条件：强烈的社会需求与先期技术的成熟。计算机网络技术的形成与发展也证实了这条规律。

一般来讲，计算机网络的发展可分为四个阶段。

第一阶段：计算机技术与通信技术相结合，形成了传统意义上的计算机网络，主要特征为单主机的远程联机系统。

第二阶段：在计算机通信网络的基础上，完成网络体系结构与协议的研究，形成了现代意义上的计算机网络，主要特征为以资源共享为目的的多主机、多终端的互联通信网络。

第三阶段：在解决计算机联网与网络互联标准化问题的背景下，提出开放系统互联参考模型与协议，形成了现代意义上标准化的计算机网络，促进了符合国际标准的计算机网络技术的发展，主要特征为面向全球的开放式、标准化计算机网络。

第四阶段：计算机网络向互联、高速、智能化方向发展，并获得广泛的应用，主要特征为面向更多新应用的高速、智能化的计算机网络。

1.1.2 单主机远程联机系统

1946 年世界上第一台电子数字计算机 ENIAC 在美国诞生时，计算机技术与通信技术并没有直接的联系。20 世纪 50 年代初，由于美国军方的需要，美国半自动地面防空系统（SAGE）进行了计算机技术与通信技术相结合的尝试。它将远程雷达与其他测量设施测到的信息通过总长度 241 千米的通信线路与一台 IBM 计算机连接，进行集中的防空信息处理与控制。要达到这样的目的，首先要完成数据通信技术的基础研究。在这项研究的基础上，人们完全可以将地理位置分散的多个终端通信线路连到一台中心计算机上。用户可以在自己办公室内的终端输入程序，通过通信线路传送到中心计算机，分时访问和使用其资源进行信息处理，处理结果再通过通信线路回送到用户终端显示或打印。人们把这种以单个计算机为中心的联机系统称作面向终端的远程联机系统。

当时，计算机主机价格很高，而通信线路和通信设备的价格相对较低，为了共享主机资源和进行信息的采集及综合处理，联机终端网络成为一种主要的系统结构形式，这种以单计算机为中心的远程联机系统如图 1-1 所示。

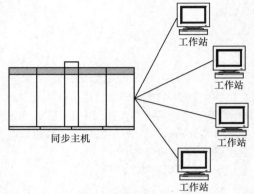

图 1-1　单计算机为中心的远程联机系统

单处理机联机的网络已涉及多种通信技术、多种数据传输设备和数据交换设备等。从计算机技术上来看，这是由单用户独占一个系统发展到分时多用户系统，即多个终端用户分时占用主机上的资源，这种结构被称为第一代网络。在单处理机联机网络中，主机既要承担通信工作又要承担数据处理工作，因此，主机的负荷较重，且效率低。另外，每一个分散的终端都要单独占用一条通信线路，线路利用率低，且随着终端用户的增多，系统费用也在增加。因此，为了提高通信线路的利用率并减轻主机的负担，便使用了多点通信线路、集中器以及通信控制主机。

多点通信线路就是在一条通信线路上连接多个终端，如图 1-2 所示，多个终端可以共享同一条通信线路与主机进行通信。由于主机与终端间的通信具有突发性和高带宽的特点，所以各个终端与主机间的通信可以分时地使用同一高速通信线路。相对于每个终端与主机之间都设立专用通信线路的配置方式，这种多点通信线路能极大地提高信道的利用率。

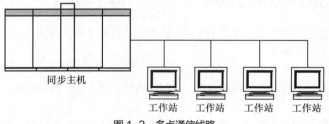

图 1-2　多点通信线路

通信控制处理机（Communication Control Processor，CCP）或称前端处理机（Front End Processor，FEP）的作用就是要完成全部的通信任务，让主机专门进行数据处理，以提高数据处理的效率，如图 1-3 所示。

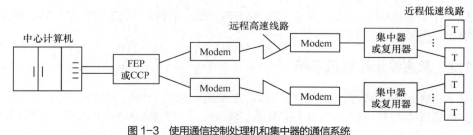

图 1-3　使用通信控制处理机和集中器的通信系统

图 1-3 就是为减轻中心计算机的负载，在通信线路和计算机之间设置了一个前端处理机（FEP）或通信控制处理机（CCP），专门负责与终端之间的通信控制，使数据处理和通信控制分开。在终端机较集中的地区，集中管理器（集中器或多路复用器）用低速线路把附近群集的终端连起来，通过 Modem 及高速线路与远程中心计算机的前端机相连。这样的远程联机系统既提高了线路的利用率，又节约了远程线路的投资。

20 世纪 60 年代初，美国航空公司建成的由一台计算机与分布在全美国的 2 000 多个终端组成的航空订票系统 SABRE-1 就是这种计算机通信网络。

1.1.3 多主机互联系统

随着计算机应用的发展，出现了多台计算机互联的需求。这种需求主要来自军事、科学研究、地区与国家经济信息分析决策、大型企业经营管理等。用户希望将分布在不同地点的计算机通过通信线路互联成为计算机网络。网络用户可以通过计算机使用本地计算机的软件、硬件与数据资源，也可以使用联网的其他地方的计算机软件、硬件与数据资源，以达到计算机资源共享的目的。这一阶段研究的典型代表是美国国防部高级研究计划局（Advanced Research Projects Agency，ARPA）的 ARPAnet（通常称为 ARPA 网）。1969 年，美国国防部高级研究计划局提出将多个大学、公司和研究所的多台计算机互联的课题。1969 年 ARPA 网只有 4 个节点，1973 年发展到 40 个节点，1983 年已经达到 100 多个节点。ARPA 网通过有线、无线与卫星通信线路，使网络覆盖了从美国本土到欧洲与夏威夷的广阔地域。ARPA 网是计算机网络技术发展的一个重要的里程碑，它对发展计算机网络技术的主要贡献表现在以下几个方面。

（1）完成了对计算机网络的定义、分类与子课题研究内容的描述。

（2）提出了资源子网、通信子网的两级网络结构的概念。

（3）研究了报文分组交换的数据交换方法。

（4）采用了层次结构的网络体系结构模型与协议体系。

ARPA 网络研究成果对推动计算机网络发展的意义是深远的。在它的基础之上，20 世纪七八十年代计算机网络发展十分迅速，出现了大量的计算机网络，仅美国国防部就资助建立了多个计算机网络。同时还出现了一些研究试验性网络、公共服务网络、校园网，例如，美国加利福尼亚大学劳伦斯原子能研究所研究的 OCTOPUS 网、法国信息与自动化研究所的 CYCLADES 网、国际气象监测网（WWWN）、欧洲情报网（EIN）等。

计算机网络的资源子网与通信子网的结构使网络的数据处理与数据通信有了清晰的功能界面。计算机网络可以分成资源子网与通信子网来组建。通信子网可以是专用的，也可以是公用的。为每一个计算机网络都建立一个专用通信子网的方法显然是不可取的，因为专用通信子网造价很高，线路利用率很低，重复组建通信子网投资很大，同时也没有必要。随着计算机网络与通信技术的发展，20 世纪 70 年代中期，世界上便出现了由国家邮电部门统一组建和管理的公用通信子网，即公用数据网（PDN）。早期的公用数据网采用模拟通信的电话通信，新型的公用数据网采用数字传输技术和报文分组交换方法。典型的公用分组交换数据有美国的 TELENET、加拿大的 DATAPAC、法国的 TRANSPAC、英国的 PSS、日本的 DDX 等。公用分组交换网的组建为计算机网络的发展提供了良好的外部通信条件。

以上所讲的是利用远程通信线路组建的远程计算机网络，也称为广域网（Wide Area Network，WAN）。随着计算机的广泛应用，局部地区计算机联网的需求日益强烈。20 世纪 70 年代初，一些大学和研究所为达成实验室或校园内多台计算机共同完成科学计算和资源共享的目的，开始了局部计算机网络的研究。1972 年美国加利福尼亚大学研制了 Newhall 环网；1974 年英国剑桥大学研制了 Cambridge ring 环网；1976 年美国 Xerox 公司研究了总线拓扑的实验性 Ethernet 网。这些都为 20 世纪 80 年代多种局部网产品的出现提供了理论研究与技术实现的基础，对局部网络技术的发展起到十分重要的作用。

与此同时，一些大的计算机公司纷纷开展了计算机网络研究与产品开发工作，提出了各种网络体系结构与网络协议，如 IBM 公司的 SNA（System Network Architecture）、DEC 公司的 DNA（Digital Network Architecture）与 UNIVAC 公司的 DCA（Distributed Computer Architecture）。

计算机网络发展第二阶段所取得的成果对推动网络技术的成熟和应用极其重要，它研究的网络体系结构与网络协议的理论成果为以后网络理论的发展奠定了基础。很多网络系统经过适当修改与充实后仍在广泛使用。目前，国际上应用广泛的 Internet 网络就是在 ARPA 网的基础上发展起来的。但是，20 世纪 70 年代后期人们已经看到计算机网络发展中出现的危机，那就是网络体系结构与协议标准的不统一限制了计算机网络自身的发展和应用。网络体系结构与网络协议标准必须走国际标准化的道路。

1.1.4　标准化计算机网络

计算机网络发展的第三阶段是加速体系结构与协议国际标准化的研究与应用。国际标准化组织（ISO）的计算机与信息处理标准化技术委员会（TC97）成立了一个分委员会（SC16），研究网络体系结构与网络协议国际标准化问题。经过多年卓有成效的工作，ISO 正式制定、颁布了“开放系统互连参考模型”（Open System Interconnection Reference Model，OSI RM），即 ISO/IEC 7498 国际标准。ISO/OSI RM 已被国际社会所公认，成为研究和制定新一代计算机网络标准的基础。20 世纪 80 年代，ISO 与国际电话电报咨询委员会（CCITT）等组织为参考模型的各个层次制定了一系列的协议标准，组成了一个庞大的 OSI 基本协议集。我国也于 1989 年在《国家经济系统设计与应用标准化规范》中明确规定将 OSI 标准作为我国网络建设标准。ISO/OSI RM 及标准协议的制定和完善正在推动计算机网络朝着健康的方向发展。很多大的计算机厂商相继宣布支持 OSI 标准，并积极研究和开发符合 OSI 标准的产品。各种符合 OSI RM 与协议标准的远程计算机网络（广域网，WAN）、局部计算机网络（局域网，LAN）与城市地区计算机网络（城域网，MAN）已开始广泛应用。随着研究的深入，OSI 标准日趋完善。

1.1.5　计算机网络的发展

目前，计算机网络的发展正处于第四阶段。这一阶段计算机网络发展的特点是：互联、高速、智能与更为广泛的应用。

Internet 是覆盖全球的信息基础设施之一，对用户来说，它像是一个庞大的远程计算机网络。用户可以利用 Internet 实现全球范围的电子邮件、电子传输、信息查询、话音与图像通信服务功能。实际上 Internet 是一个用路由器（Router）实现多个广域网和局域网互联的网际网，截至 2018 年 6 月，仅中国网民规模就达 8.02 亿，互联网普及率为 57.7%。其中，中国手机网民规模达 7.88 亿。而通过台式计算机、便携式计算机和平板电脑接入互联网的比例均有下降。

计算机网络技术对世界经济、教育、科技、文化的发展产生了重要影响。至今，互联网形成了一个覆盖全球的、高速的、稳定的信息高速公路，为物联网奠定了基础。

1.2　计算机网络的基本概念

1.2.1　计算机网络的定义

计算机网络的定义没有统一的标准，根据计算机网络发展的阶段或侧重点的不同，计算机网络有几种不同的定义。根据目前计算机网络的特点，侧重资源共享和通信的计算机网络定义更准确地描述了计算机网络的特点。

计算机网络是通过通信设备和通信线路，将分布在不同地理位置且功能独立的多个计算机系统相互连接起来，按照相同的通信协议，在网络操作系统的管理和控制下，实现资源共享和高速通信的系统。

一般来讲，计算机网络构成的要素有 4 个。

（1）两台或两台以上功能独立的计算机互相连接起来，以达到相互通信的目的。

（2）计算机之间要用通信设备和传输介质连接起来。

（3）计算机之间通信要遵守相同的网络通信协议。

（4）具备网络软件、硬件资源管理功能，以达到资源共享的目的。

1.2.2 计算机网络的组成

1. 计算机网络的逻辑组成

计算机网络按逻辑功能可分为资源子网和通信子网两部分。

资源子网是计算机网络中面向用户的部分，负责数据处理工作，相当于 OSI 模型中的高四层的功能，有关 OSI 模型的内容会在本书第 3 章讲授。资源子网包括网络中独立工作的计算机及其外围设备、软件资源和整个网络共享数据。

通信子网是网络中的数据通信系统，它由用于信息交换的网络节点处理机和通信链路组成，主要负责通信处理工作，相当于 OSI 模型中的低三层的功能。如网络中的数据传输、加工、转发和变换等。

若只是访问本地计算机，则只在资源子网内部进行，无须通过通信子网。若要访问异地计算机资源，则必须通过通信子网。为了使网络内各计算机之间的通信可靠、有效，通信各方必须共同遵守统一的通信规则，即通信协议。通过它，人们可以使各计算机相互理解会话、协调工作，如 OSI 参考模型和 TCP/IP 协议等。

2. 计算机网络的物理组成

计算机网络按物理结构可分为网络硬件和网络软件两部分，一个计算机网络的物理组成如图 1-4 所示。

在计算机网络中，网络硬件对网络的性能起着决定性作用，它是网络运行的实体。而网络软件是支持网络运行、提高效率和开发网络资源的工具。

（1）计算机网络硬件。计算机网络硬件是计算机网络的物质基础，一个计算机网络就是通过网络设备和通信线路将不同地点的计算机及其外围设备在物理上实现连接。因此，网络硬件主要由可独立工作的计算机、网络设备和传输介质等组成。

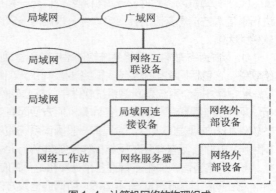

图 1-4 计算机网络的物理组成

① 计算机。可独立工作的计算机是计算机网络的核心，也是用户主要的网络资源。根据用途的不同，计算机可分为服务器和网络工作站。

• 服务器。服务器一般由功能强大的计算机担任，如小型计算机、专用 PC 服务器或高档微机。它向网络用户提供服务，并负责对网络资源进行管理。一个计算机网络系统至少要有一台或多台服务器，根据服务器所担任的功能不同又可将其分为文件服务器、通信服务器、备份服务器和打印服务器等。

• 网络工作站。它是一台供用户使用网络的本地计算机，对它没有特别要求。工作站作为独立的计算机为用户服务，同时可以按照被授予的一定权限访问服务器。各工作站之间可以相互通信，也可以共享网络资源。在计算机网络中，工作站是一台客户机，即网络服务的一个用户。

② 网络设备。网络设备是构成计算机网络的一些部件，如网卡、调制解调器、集线器、中继器、网桥、交换机、路由器、网关、光纤收发器、无线 AP 等。

• 网卡（NIC）。网卡又称网络接口适配器，是计算机与传输介质的接口。每一台服务器和网络工作站都至少配有一块网卡，通过传输介质将它们连接到网络上。网卡的工作是双重的：一方面它负责接收网络上传过来的数据包，解包后将数据通过主板上的总线传输给本地计算机；另一方面它将本地计算机上的数据打包后送入网络。

- 调制解调器（Modem）。调制解调器利用调制解调技术来实现数据信号与模拟信号在通信过程中的相互转换。确切地说，调制解调器的主要工作是将数据设备送来的数据信号转换成能在模拟信道（如电话交换网）中传输的模拟信号，反之，它也是能将来自模拟信道的模拟信号转换为数据信号的一种信号变换设备。光纤通信因其频带宽、容量大等优点而迅速发展成为当今信息传输的主要形式，要实现光纤通信就必须进行光的调制解调，因此作为光纤通信系统的关键器件，光调制解调器正受到越来越多的关注，它俗称光猫。

- 交换机（Switch）。交换机有多个端口，每个端口都具有桥接功能，可以连接一个局域网或一台高性能服务器或工作站。所有端口由专用处理器进行控制，并经过控制管理总线转发信息。

- 路由器（Router）。路由器用于连接局域网和广域网，它有判断网络地址和选择路径的功能。其主要工作是为经过路由器的报文寻找一条最佳路径，并将数据传送到目的站点。

- 网关（Gateway）。网关不仅具有路由功能，而且能实现不同网络协议之间的转换，并将数据重新分组后传送。

③ 传输介质。在计算机网络中，要使不同的计算机能够相互访问对方的资源，必须有一条通路使它们能够相互通信。传输介质是网络通信用的信号线路，它提供了数据信号传输的物理通道。

传输介质按其特征可分为有线通信介质和无线通信介质两大类，有线通信介质包括双绞线、同轴电缆和光缆等，无线通信介质包括无线电、微波、卫星通信和移动通信等。它们具有不同的传输速率和传输距离，分别支持不同的网络类型。

（2）计算机网络软件。计算机网络软件是一种在网络环境下运行、使用、控制和管理网络工作以及进行通信双方信息交流的计算机软件。根据网络软件的功能和作用，其可分为网络系统软件和网络应用软件两大类。

① 网络系统软件。网络系统软件是控制和管理网络运行，提供网络通信，管理和维护共享资源的网络软件，它包括网络操作系统、网络通信和协议软件、网络管理软件和网络编程等。

- 网络操作系统是网络系统软件中的核心软件，其他网络软件都需要网络操作系统的支持才能运行。网络操作系统是使网络上各计算机能方便而有效地共享网络资源，为网络用户提供所需的各种服务的软件和有关规程的集合。除具有一般操作系统的功能外，网络操作系统还应具有网络通信能力和多种网络服务功能。目前常用的网络操作系统有 Windows、UNIX、Linux 和 NetWare。

- 网络通信软件用于管理各个计算机之间的信息传输，网络协议软件是实现协议规则和功能的软件，它在网络计算机和设备中运行。所谓通信双方使用相同的协议就是指它们安装了相同的协议软件。一般主流协议软件都集成在网络操作系统中，例如，Windows 系统中的 TCP/IP 等。

- 网络管理软件（网管软件）是对网络运行状况进行信息统计、监视、警告和报告的软件系统。网管软件在某台网络工作站上运行，管理人员通过软件提供的界面全面监控网络设备的运行，可以了解到网络联通情况、节点数据吞吐率和数据包丢失率、设备负载情况等。目前主流网管软件有 Cabletron 公司的 Spectrum Enterprise Manager、Tivoli 公司的 NetView、HP 公司的 OpenView 以及 Loran 公司的 Kinetics。

- 网络编程最主要的工作就是在发送端把信息通过规定好的协议进行组装包，在接收端按照规定好的协议把包进行解析，从而提取出对应的信息，达到通信的目的。网络编程语言和工具软件的发展极为迅速，目前已有 HTML、CSS、FrontPage、VBScript、Java、C、C++、ASP、PHP、JSP、Flash、VRML 以及 Python 等。

② 网络应用软件。网络应用软件是指为某一应用目的而开发的网络软件，它为用户提供一些实际的应用。网络应用软件既可用于管理和维护网络本身，也可用于某一个业务领域。例如，以 HTTP 协议为基础

的浏览器软件、网络安全软件、数字图书馆、视频点播、Internet 信息服务、远程教学和远程医疗等。

1.2.3 计算机网络和因特网的功能

1. 计算机网络的功能

（1）数据通信。如电子邮件、网上聊天等。

（2）资源共享。如网上浏览新闻、网上查找学习资料等。

（3）提高安全可靠性。网络中一般不设中央计算机，各个计算机的地位是平等的，因而整个网络不会因个别计算机的故障而瘫痪，提高了系统的安全可靠性。

（4）数据信息的集中和综合处理。如分散在各地的计算机中的数据资料，可以通过网络系统适时地集中或分级管理，经综合处理后形成各种数据、图表，供用户使用。其在工业、农业、交通运输、邮电通信、文化教育、商业、国防及科学领域也获得越来越多的应用。它主要有以下几方面的应用。

① 办公自动化。办公自动化系统是一个计算机网络。它集计算机技术、数据库、局域网、声音、图像、文字等综合技术于一体。

② 电子数据交换。电子数据交换是将贸易、运输、保险、银行、海关等行业的信息用一种国际公认的标准格式，通过计算机网络进行通信，实现各企业之间的数据交换。

③ 远程教育。远程教育是一种利用在线教育服务系统开展学历或非学历教育的全新的教育形式。

④ 电子银行。电子银行也是一种在线服务系统，是一种由银行提供的基于计算机和计算机网络的新型金融服务系统。

⑤ 校园网。校园网是在学校区域内为学校教育教学提供资源共享、进行信息交流和协同工作的计算机网络信息系统。

⑥ 电子商务。电子商务是在因特网开放的网络环境下，基于浏览器/服务器（Web/Server）应用方式，实现消费者的网上购物、商户之间的网上交易和在线支付的一种新型的商业运营模式。

⑦ IP 电话。IP 电话又称互联网电话。它是利用国际互联网作为语音传输的媒介，从而实现语音通信的一种电话业务。

2. 因特网（Internet）的功能

（1）收发电子邮件。在网上申请一个电子邮件地址就可以和亲朋好友收发电子邮件，并且方便快捷。电子邮件地址格式：<用户名>@<邮件服务器名>，如 netboy@163.com。

（2）浏览 WWW。环球信息网（World Wide Web，WWW）又叫万维网，它连接了遍布全球的 Web 站点，构成了一个丰富的信息资源库。

（3）阅读网络新闻。网络新闻覆盖了全世界科学、政治、经济、体育、娱乐等各方面的新闻。

（4）电子公告。与传统街头和校园内的公告板作用相似，是一种通过电脑来传播或获取信息的形式，目前已很少应用。

（5）远程登录。通过本机访问远方主机的软硬件资源。

（6）下载资料。网上有各种各样的学习资源，各种音乐、视频、动画和各种软件资源，都可以下载到本机上使用。

（7）信息查询。通过搜索引擎可以方便地查找到各种自己想要的信息。

（8）实时交谈和电子商务。网络上提供有网络交谈、网络会议和网络电台等实时交谈服务；同时还提供了丰富的娱乐活动和网上商务，如网络娱乐、网络电影和网上购物等。

1.2.4 计算机网络的分类

基于计算机网络自身的特点，对其划分也有多种形式，例如，可以按网络的作用范围、网络的传输技术方式、网络的使用范围以及通信介质等划分。

1．按网络的作用范围划分

按网络所覆盖的地理范围，计算机网络可分为局域网、城域网和广域网。三者之间的差异主要体现在覆盖范围和传输速度。

（1）局域网（Local Area Network，LAN）。局域网是计算机通过高速线路相连组成的网络。一般限定在较小的区域内，如图 1-5 所示。LAN 通常安装在一个建设物或校园（园区）内，覆盖的地理范围从几十米至几千米，如一个办公室、一个实验室、一栋大楼、一个大院或一个单位。它将各种计算机、终端及外部设备互联成网。

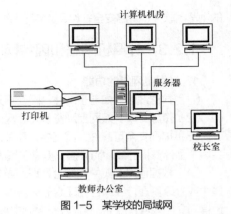

图 1-5　某学校的局域网

局域网的传输速率较高，曾经有 10M～100Mbit/s，目前主要是 1Gbit/s 和 10Gbit/s，甚至是 100Gbit/s。局域网主要用来构建一个单位的内部网络，如学校的校园网、企业的企业网等。局域网通常属单位所有，单位拥有自主的设计、建设和管理权，以共享网络资源为主要目的，例如，共享打印机和数据库。

局域网的主要特点如下。

- 建设单位自主规划、设计、建设和管理。
- 传输速度高，但网络覆盖范围有限。
- 主要面向单位内部提供各种服务。

（2）城域网（Metropolitan Area Network，MAN）。如果网络的规模再大一些，使用局域网技术就有点困难了，于是在局域网技术的基础上又产生了城域网。城域网所采用的技术与局域网相类似，只是规模要大一些。城域网一般限定在一座城市的范围内，覆盖的地理范围从几十千米到数百千米，如图 1-6 所示。传输速度为 64kbit/s～10Gbit/s。城域网主要指城市范围内的政府部门、大型企业、事业单位、学校、公司、ISP、电信部门、有线电视台等，通过市政府构建的专用网络和公用网络连接起来，可以实现大量用户的多媒体信息共享，并提供电子政务和电子商务平台功能等。

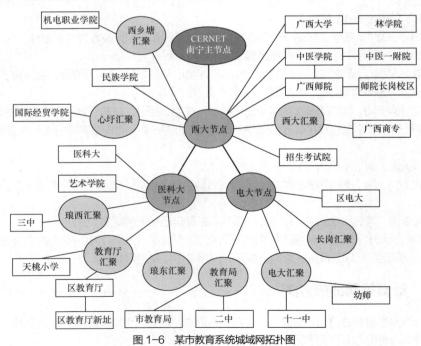

图 1-6　某市教育系统城域网拓扑图

城域网的主要特点如下。

- 建设城市自主规划、设计、建设和管理。
- 传输速度较高，网络覆盖范围局限在一个城市。
- 面向一个城市或一个城市的某系统内部提供电子政务、电子商务等服务。

（3）广域网（Wide Area Network，WAN）。广域网覆盖范围很大，从数百千米到数千千米，且可以是一个地区或一个国家，甚至世界几大洲，故又称远程网。广域网采用的技术、应用范围和协议标准方面与局域网和城域网有所不同。在广域网中，通常利用电信部门提供的各种公用交换网，将分布在不同地区的计算机系统互相连接起来，达到资源共享的目的，如图 1-7 所示。广域网最典型的例子就是因特网。

广域网的主要特点如下。

- 建设涉及国际组织或机构。
- 网络覆盖范围没有限制。
- 由于数据传输的长距离，容易出现错误。
- 传输速度受限。
- 管理复杂，建设成本高。

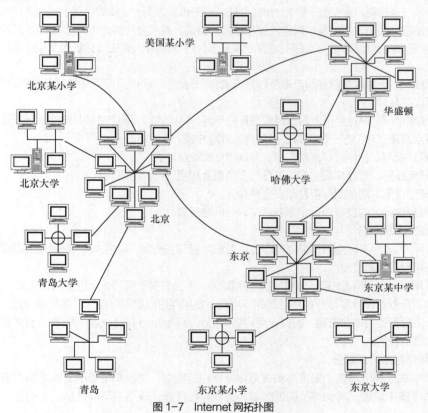

图 1-7　Internet 网拓扑图

2. 网络的传输方式划分

（1）点对点传输方式。点对点网络（Point to Point Network）的特点是，两台计算机之间通过一条物理线路连接。若两台计算机之间没有直接连接的线路，分组可能要通过一个或多个中间节点的接收、存储、转发，才能将分组从信源发送到目的地。由于连接多台计算机之间的线路结构可能非常复杂，存在多条路由，因此，在点对点的网络中如何选择最佳路径显得特别重要。

（2）广播传输方式。广播网络（Broadcast Network）的特点是，仅有一条通信信道，网络上的所有计算机都共享这个通信信道。当一台计算机在信道上发送数据分组时，网络中的每台计算机都会接收到这个分组，并且将自己的地址与分组中的目的地址进行比较，如果相同，则处理该分组，否则将它丢弃。

在广播式网络中，若某个分组发出以后，网络中的每一台机器都接收并处理它，则称这种方式为广播（Broadcasting）；若分组是发送给网络中的某些计算机，则称为多点广播或组播（Multicasting）；若分组只发送给网络中的某一台计算机，则称单播。

3. 按通信介质划分

（1）有线网。有线网指采用同轴电缆、双绞线、光纤等物理介质传输数据的网络。有线网的传输介质包括以下几种。

- 双绞线。双绞线网通过专用的各类双绞线来组网。双绞线是目前最常见的联网方式，它比较经济，且安装方便，传输的抗干扰能力一般，广泛应用于局域网中，还可以通过电话线及现有电力网电缆上网。

- 同轴电缆。可以通过专用的同轴电缆（粗缆/细缆）来组网，此外还可以通过有线电视电缆，使用电缆调制解调器（Cable Modem）上网。

- 光纤。光纤网采用光导纤维作为传输介质，光纤传输距离长，传输率高，且抗干扰性强，不会受到电子监听设备的监听，是安全性网络的理想选择。目前，单线光纤传输距离已增加至 2 240 千米，光纤网络的运行速率已达到每秒 2.5 GB。我国已实现 560 Tbit/s 超大容量波分复用及空分复用的光传输系统实验验证。

（2）无线网。无线网是指使用电磁波作为传输介质的计算机网络，它可以传送无线电波和卫星信号。无线网包括以下几种。

- 无线电话网。通过手机上网已经成为新的热点，目前这种上网方式费用较高、速率不高。但由于联网方式灵活方便，它仍是一种很有发展前途的联网方式。

- 语音广播。价格低、使用方便，但保密性和安全性差。

- 无线电视网。普及率高，但无法在一个频道上和用户进行实时交流。

- 微波通信网。通信的保密性和安全性较好。

- 卫星通信网。能进行较远距离的通信，但价格很高。

4. 按使用范围划分

（1）公用网。公用网一般由政府的电信部门组建、管理和控制，网络内的传输和交换装置可提供（如租用）给任何部门和单位使用。

（2）专用网。专用网是由某个单位或部门组建的，不允许其他部门或单位使用，例如，金融、石油、铁路、电力、证券、保险等行业都有自己的专用网。专用网可以租用电信部门的传输线路，也可以自己铺设线路，但后者的成本非常高。虚拟专用网络（Virtual Private Network，VPN）技术的出现大大降低了企业的通信费用。

5. 按网络控制方式划分

（1）集中式计算机网络。如星形和树形拓扑结构的网络，通过集中管理式网络操作系统实现网络的通信和资源集中管理，其优点是实现简单，管理可控性强，缺点是可靠性低，不能实现信息的分布式处理。

（2）分布式计算机网络。如分组交换网、网状网络，可通过专用分布式网络操作系统实现信息处理的分布，其具有高可靠性、可扩充性及灵活性，是网络应用的方向。

6. 按拓扑结构划分

计算机网络按照网络的拓扑结构类型，可分为总线型、星形、环形、树形、复合型或网状等。

1.3 计算机网络的拓扑结构

拓扑学是一种研究与大小、距离无关的几何图形特征的方法，它是从图论演变过来的。拓扑设计是建设计算机网络的第一步，也是实现各种网络协议的基础，它对网络性能、系统可靠性和通信费用都有重大影响。利用拓扑学的观点，可以将网络中计算机和通信设备等网络单元抽象为"节点"，把网络中的传输介质抽象为"线"。网络拓扑就是通过网中节点和通信线路之间的几何关系表示网络结构，反映出网络中各实体的结构关系。

计算机网络的拓扑结构定义可描述为网络中各节点物理上连接的几何形状。计算机网络按照不同的网络拓扑结构，可分为总线型结构、星形结构、环形结构、树形结构和网状结构等，如图 1-8 所示。

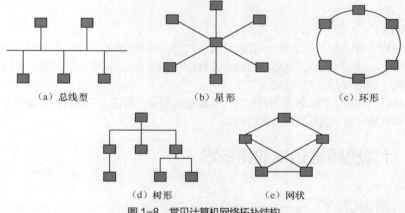

（a）总线型　　　　　　（b）星形　　　　　　（c）环形

（d）树形　　　　　　（e）网状

图 1-8　常见计算机网络拓扑结构

1. 总线型结构

在总线拓扑结构中，采用单根传输线路作为公共传输信道，所有网络节点通过专用的连接器连接到这条公共信道上，这条公共的信道称为总线。任何一个节点发送的数据都能通过总线进行传播，同时能被总线上的所有其他节点接收到，即当某一连接的设备监听到总线上有传输的数据时，只接收与自己地址匹配的数据。可见，总线型拓扑结构的网络是一种广播式网络。典型的总线型拓扑结构的网络是粗、细同轴电缆以太网。总线拓扑结构如图 1-8（a）所示。

总线型拓扑结构网络的特点：结构简单，易于扩充，但网络中节点多时，传输速度会降低。在目前的建网实践中，已很少采用。

2. 星形结构

在星形拓扑结构网络中，网络中所有的节点都连接到一个网络中继设备上，如集线器、交换机等，中继设备从其他的网络设备接收信号，然后确定路线发送信息到正确的目的地。每一个网络设备都能独立访问介质，共享或独立使用各自的带宽进行通信。星形拓扑结构如图 1-8（b）所示。典型星形拓扑结构的网络是使用集线器或交换机连成的以太网。

星形拓扑结构网络的特点：结构简单，易于实现，维护容易，当某台计算机或某条电缆出现问题时，不会影响其他计算机正常通信。缺点是每台计算机都通过一条专用电缆和中心节点相连，比较浪费电缆，而且中心节点（集线器或交换机）的故障会直接造成网络瘫痪。然而这不算什么大问题，因为网线的价格比较低，网络设备也很少出故障。正是因为星形拓扑结构有易于维护的特点，所以星形拓扑结构成为目前最常用的一种拓扑结构。

3. 环形结构

对于环形拓扑结构，网络上每个工作站有两个连接，分别连接到左右离其最近的邻居，全网各节点和通信线路连接形成一个闭合的物理回路，即环。数据绕环单向传输，每个工作站作为中继器工作，接收和响应与其地址相匹配的分组，将其他分组发至下个"下游"站。环形拓扑结构如图1-8（c）所示。典型环形拓扑结构的网络是FDDI（光纤分布式数据接口）网络。

环形拓扑结构网络的特点：路径选择简单，传输延迟确定，但增减节点较复杂，单环传输不可靠。

4. 树形结构

树形结构是从总线型结构和星形结构演变而来的，是一种分层结构，如图1-8（d）所示。各节点按一定的层次连接起来，其形状像一棵倒置的树，故取名为树形结构，在树形结构的顶端有一个根节点，它带有分支，每个分支也可以带有子分支。这种树形结构与带有几个段的总线结构的主要区别在于根的存在。

树形拓扑结构可以看成星形拓扑结构的一种扩展，它适合分级管理和控制的网络系统，其特点同星形拓扑结构。

5. 网状结构

网状结构是指将各网络节点与通信线路互联成不规则或规则的形状，每个节点至少与其他两个节点相连，如图1-8（e）所示。大型互联网一般都采用网状结构，例如，中国教育科研示范网（CERNET）以及国际互联网（Internet）的主干网部分。

在网状结构的网络中，传输数据时可充分、合理地使用网络资源，并且具有很高的可靠性，但这种可靠性是以高投资和高复杂度的管理为代价的。

1.4 计算机网络领域的新技术

1.4.1 虚拟化技术

虚拟化是一种资源管理技术，是将计算机的各种实体资源，如服务器、网络、内存及存储等，予以抽象、转换后呈现出来，打破实体结构间不可切割的壁垒，使用户可以用比原本组态更好的方式来应用这些资源。这些资源的新虚拟部分不受现有资源的架设方式、地域或物理组态所限制。一般所指的虚拟化资源包括计算能力和资料存储。在实际的生产环境中，虚拟化技术主要用来进行高性能的物理硬件产能过剩和老旧硬件产能过低的重组重用，透明化底层物理硬件，从而最大化地利用物理硬件。

虚拟化技术与多任务以及超线程技术是完全不同的。多任务是指在一个操作系统中多个程序一起运行；在虚拟化技术中，可以同时运行多个操作系统，而且每一个操作系统中都有多个程序运行，每一个操作系统都运行在一个虚拟的CPU或者是虚拟主机上；而超线程技术只是单CPU模拟双CPU来平衡程序运行性能，这两个模拟出来的CPU是不能分离的，只能协同工作。CPU的虚拟化技术可以单CPU模拟多CPU并行，允许一个平台同时运行多个操作系统，并且应用程序都可以在相互独立的空间内运行而互不影响，从而显著提高计算机的工作效率。虚拟化是云计算中非常关键的技术，将虚拟化技术应用到云计算平台中，可以为应用提供更加灵活可变和可扩展的服务。

虚拟化技术可以分为平台虚拟化、资源虚拟化和应用程序虚拟化三类。通常所说的虚拟化主要是指平台虚拟化技术，是针对计算机和操作系统的虚拟化，通过使用控制程序，隐藏特定计算机平台的实际物理特性，为用户提供抽象的、统一的、模拟的计算机环境。虚拟机中运行的操作系统被称为客户机操作系统，运行虚拟机的真实系统被称为主机系统。资源虚拟化主要针对特定资源如内存、存储、网络资源等。应用程序虚拟化包括仿真、模拟、解释技术等。

未来虚拟化的发展将是多元化的，包括服务器、存储、网络等更多的元素，用户将无法分辨哪些是虚，哪些是实。虚拟化将改变传统IT架构，而且将互联网中的所有资源全部连在一起，形成一个大的计算中心，而用户不用关心这一切，只需要关心其提供的服务是否正常。

1.4.2　云计算技术

云计算是对分布式计算、并行计算、网格计算及分布式数据库的改进处理及发展，或者说是这些计算机科学概念的商业实现。Google 在 2006 年首次提出云计算的概念，对于云计算的定义也有多种说法，目前被广为接受的是美国国家标准与技术研究院的定义：云计算是一种按使用量付费的模式，这种模式提供可用的、便捷的、按需的网络访问，进入可配置的计算机资源共享池（资源包括网络、服务器、存储、应用软件、服务），这些资源能够被快速提供，只需投入很少的管理工作，或与服务供应商进行很少的交互。

云计算平台是建立在云资源之上的，能够高效提供计算服务的平台。在云资源模式下，用户数据存储在云端，在需要时可以直接从云端下载使用，软件由服务商统一部署在云端，并由服务商负责维护。云计算支持用户在任意位置、使用各种终端获取应用服务，用户无须了解、也不必担心应用运行的具体位置。云就像一个庞大的资源池，用户按需购买，就像使用自来水、电、煤气那样计费。当云计算系统运算和处理的核心是大量数据的存储和管理时，云计算系统中就需要配置大量的存储设备，云计算系统就转变成一个云存储系统。

1.4.3　物联网技术

物联网的理念最早出现于比尔·盖茨 1995 年《未来之路》一书。1999 年，美国 Auto-ID 首先提出了"物联网"的概念，即把所有物品通过射频识别等信息传感设备与互联网连接起来，实现智能化识别和管理。2005 年，国际电信联盟对物联网的概念进行了拓展，提出任何时间、任何地点、任何物体之间的互联，无所不在的网络和无所不在的计算的发展蓝图。例如，当司机操作失误时，汽车会自动报警；公文包会提醒主人忘带了什么东西等。物联网的基础和核心依然是互联网，它是在互联网基础上延伸的网络，强调的是物与物、人与物之间的信息交互和共享。

物联网就是"物物相连的互联网"，是将物品的信息（各类型编码）通过射频识别、传感器等信息采集设备，按约定的通信协议和互联网连接起来，进行信息交换和通信，使物品的信息实现智能化识别、定位、跟踪、监控和管理的一种网络。

物联网的体系结构由感知层、网络层和应用层组成。感知层主要实现感知功能，包括信息采集、捕获和物体识别。网络层主要实现信息的传送和通信。应用层主要包括各类应用，如监控服务、智能电网、工业监控、绿色农业、智能家居、环境监控、公共安全等。全面感知、可靠传递和智能控制是物联网的核心能力。

物联网用途广泛，遍及智能交通、环境保护、政府工作、公共安全、平安家居、智能消防、工业监测、环境监测、路灯照明管控、景观照明管控、楼宇照明管控、广场照明管控、老人护理、个人健康、花卉栽培、水系监测、食品溯源、敌情侦查和情报搜集等多个领域。2012 年 2 月 14 日，我国的第一个物联网五年规划 ——《物联网"十二五"发展规划》由工信部颁布，物联网在我国迅速崛起。

本章小结

计算机网络是计算机技术与通信技术高度发展、紧密结合的产物，网络技术的进步对当前信息产业的发展产生了重要影响。根据网络的覆盖范围与规模分类，计算机网络分为局域网、城域网和广域网。当前计算机网络研究与应用的主要问题是 Internet 技术及应用、高速网络技术与信息安全技术。

计算机网络常用的传输介质有双绞线、光缆等有线介质和红外、微波等无线介质。计算机网络按照网络的拓扑结构类型，可分为总线型、星形、环形、树形和网状等。目前计算机网络应用的主要领域是电子政务、电子商务、远程教育、远程医疗与社区网络服务。虚拟化技术、云计算、物联网成为网络新的研究与应用热点。

　　计算机网络的广泛应用已经对经济、文化、教育、科学的发展与人类生活质量的提高产生了重要影响，同时也不可避免地带来一些新的社会、道德、政治与法律问题，网络与信息安全技术的研究与应用受到了人们的高度重视。

习题

1. 简述计算机网络产生和发展的 4 个阶段。
2. 简述计算机网络的定义和构成要素。
3. 简述计算机网络的逻辑组成。
4. 简述计算机网络的物理组成。
5. 扼要概述计算机网络的功能。
6. 简述因特网的主要功能。
7. 简述计算机网络的分类方法。
8. 如何按网络的作用范围对计算机网络进行划分？
9. 简述计算机网络的拓扑结构分类及特点。
10. 试述常用的网络传输介质。
11. 什么是虚拟化、云计算、物联网？

第 2 章
数据通信基础知识

02

  计算机网络是计算机技术和通信技术紧密结合的产物，计算机网络能够连接世界，把分布在地球上的各个信息点连成一片，使它们之间能够随时互通信息和交换数据。本章将主要介绍数据通信的基本概念、基本技术和方法。

  本章主要学习内容如下。

- 数据通信的基本概念。
- 数据通信中的主要技术指标。
- 数据编码的类型和基本方法。
- 数据传输技术分类及方法。
- 数据交换技术分类及方法。

2.1 数据通信的基本概念

2.1.1 信息、数据与信号

  在研究计算机网络中的信息交换过程时，首先要了解信息、数据与信号等最基本的概念以及它们之间的联系与区别。

1. 信息的基本概念

  信息（Information）、数据（Data）与信号（Signal）是数据通信技术中十分重要的概念，它们分别涉及通信的 3 个不同层次的问题。信息的载体可以是数字、文字、语音、图形以及图像，计算机中的信息一般是字母、数字、语音、图形或图像的组合。通信的目的是传送这些信息，所以首先要将这些信息用二进制代码的数据来表示。为了在网络中传输二进制代码的数据，必须将它们用模拟或数字信号编码的方式表示。数据通信是指在不同的计算机之间传送用"0、1"二进制代码组成的比特序列所表示的信息的模拟或数字信号传输的过程。

  19 世纪中期，Samuel F.B.Morse 设计了电报系统，他用一系列点、划的组合表示字符，发明了莫尔斯（Morse）电报码。1844 年，他成功地从华盛顿向巴尔的摩发送了第一条报文。莫尔斯电报的重要性在于它提出了一个完整的数据通信方法，其中包括数据通信设备与数据编码。1870 年 Emile Baudot 发明的博多（Baudot）码较适用于机器的编码和解码，但博多码采用 5 位信息码元（5 位 0、1 比特序列），因此只能产生 32 种组合，用来表示 26 个字母、10 个十进制数字、标点符号与空格还远远不够。为了弥补这个缺陷，博多不得不增加两个转义字符。此后曾出现了很多种数据编码系统，目前保留下来的主要有以下 3 种。

  （1）CCITT 的国际 5 个单位字符编码。

  （2）扩充的二—十进制交换码（EBCDIC 码）。

（3）美国标准信息交换码（ASCII 码）。

目前，应用最广泛的是美国信息交换标准编码 ASCII 码（American standard code for information interchange）。ASCII 码原来是一个信息交换编码的国家标准，后来被国际标准化组织（ISO）接受，成为国际标准 ISO 646，又称国际 5 号码。因此，它被用于计算机内码，也是数据通信中的编码标准。表 2-1 列出了 ASCII 码的部分字符编码。

表 2-1　ASCII 码的部分字符编码

字符	二进制码	字符	二进制码	字符	二进制码	字符	二进制码
0	0110000	A	1000001	a	1100001	SOH	0000001
1	0110001	B	1000010	b	1100010	STX	0000010
2	0110010	C	1000011	c	1100011	ETX	0000011
3	0110011	D	1000100	d	1100100	EOT	0000100
4	0110100	E	1000101	e	1100101	ENQ	0000101
5	0110101	F	1000110	f	1100110	ACK	0000110
6	0110110	G	1000111	g	1100111	NAK	0010101
7	0110111	H	1001000	h	1101000	SYN	0010110
8	0111000	I	1001001	i	1101001	ETB	0010111

随着计算机技术的发展，多媒体技术得到了广泛应用。媒体在计算机领域中的含义是指信息的载体或存储信息的实体，如数字、文字、语音、图形与图像及磁盘、光盘与半导体存储器。多媒体计算机技术就是要研究计算机交互式综合处理多种媒体信息（文本、图形、图像与语音），将语音与图像进行数字化处理，并在文本、图形、图像与语音的数字信息之间建立逻辑连接，使之成为一个交互式系统。通信技术研究的重要内容之一就是如何利用数字通信系统来实现多媒体信息的传输。与文本、图形信息传输相比较，语音、图像信息传输要求数据通信系统具有更高的速率与更低的时延，因此，多媒体技术在网络中的应用，将对数据通信系统提出更高的要求。

2. 信号的概念

计算机系统研究的是把信息用什么样的编码体制表示出来。例如，如何用 ASCII 码表示字母、数字与符号，如何表示汉字，如何用二进制表示图形、图像与语音。对于数据通信技术来说，它要研究的是如何将表示各类信息的二进制比特序列通过传输介质在不同计算机之间进行传送的问题。

信号是数据在传输过程中电信号的表示形式，包括模拟信号和数字信号。如电话线上传送的按照声音的强弱幅度连续变化的电信号称为模拟信号（Analog Signal）。模拟信号的信号电平是连续变化的，其波形如图 2-1（a）所示。计算机所产生的电信号是用高低电平去表示 0、1 比特序列的电压脉冲信号，这种电信号称为数字信号（Digital Signal）。数字信号的波形如图 2-1（b）所示。按照在传输介质上传输的信号类型，可以将通信系统分为模拟通信系统与数字通信系统两种。

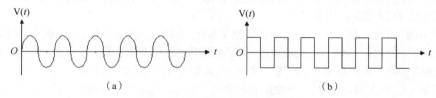

（a）　　　　　　　　　　　　　（b）

图 2-1　模拟信号与数字信号的波形

2.1.2　数据传输类型与通信方式

计算机网络中两台计算机之间的通信过程如图 2-2 所示。如果资源子网中的主机 A 要与主机 B 通信，典型的通信过程是，主机 A 将要发送的数据传送给通信控制处理机（CCP）A；A 以存储转发方式接收数据，由它来决定通信子网中的数据传送路径；如数据通过通信控制处理机（CCP）A→E→D→B 到达主机 B。

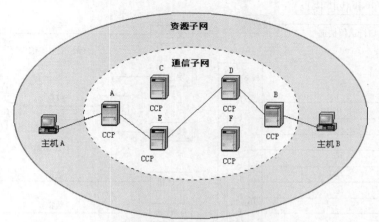

图 2-2　网络中计算机的通信过程

在支持计算机网络的通信系统的设计中要考虑数据传输类型、数据通信方式及同步技术等问题。

1. 数据传输类型

因为主机 A 是属于资源子网的一台计算机，而通信控制处理机（CCP）是一台属于通信子网，并且专用于网络节点通信管理的计算机，所以无论数据是从主机 A 传送到通信控制处理机 A，还是再从通信控制处理机（CCP）A 传送到（CCP）E，都属于两台计算机通过一条通信信道相互通信的问题。

以二进制数字信号来表示的数据通信过程中，是以数字信号方式还是以模拟信号方式表示，主要取决于选用的通信信道所允许传输的信号类型。如果通信信道是模拟信道，那么就需要在发送端将数字信号变换成模拟信号，在接收端再将模拟信号还原成数字信号，这个过程称为调制解调，用来完成调制解调过程的设备叫作调制解调器（Modem）。

如果通信信道允许直接传输数字信号，为了很好地解决收发双方的同步与具体实现中的技术问题，也需要将数字信号进行波形变换。因此，在研究数据通信技术时，首先要讨论数据在传输过程中的表示方式与数据传输类型问题。

2. 数据通信方式

数据通信中的数据通信方式按照使用的信道数，可以分为串行通信与并行通信；按照信号传送方向与时间的关系，可以分为单工通信、半双工通信与全双工通信；按同步所采用的技术方式，可分为同步通信方式和异步通信方式。

（1）串行通行与并行通信。在计算机中，通常是用 8 位的二进制代码来表示一个字符。在数据通信中，将待传送的每个字符的二进制代码按由低位到高位的顺序依次发送的方式称为串行通信，如图 2-3（a）所示。将表示一个字符的 8 位二进制代码同时通过 8 条并行的通信信道发送出去，每次发送一个字符代码，这种工作方式称为并行通信，如图 2-3（b）所示。

可见，采用串行通信方式只需要在收发双方之间建立一条通信信道；采用并行通信方式，收发双方之间必须建立并行的多条通信信道。对于远程通信来说，在同样传输速率的情况下，并行通信在单位时间内所传送的码元数是串行通信的若干倍。但由于需要建立多个通信信道，因此并行通信方式造价较高。在远程通信中，一般采用较为经济的串行通信方式。

（2）单工、半双工与全双工通信。在单工通信方式中，如图 2-4（a）所示，信号只能向一个方向传输，任何时候都不能改变信号的传送方向；在半双工通信方式中，如图 2-4（b）所示，信号可以双向传送，但必须是交替进行，一个时间只能向一个方向传送；在全双工通信方式中，如图2-4（c）所示，信号可以同时双向传送。

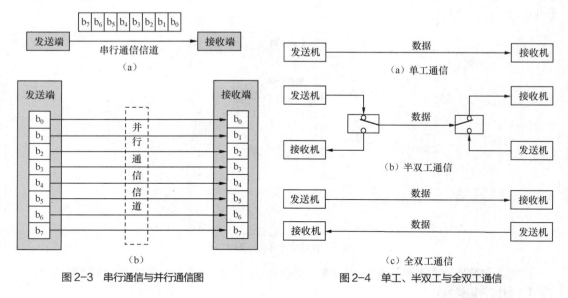

图2-3　串行通信与并行通信图　　　　　图2-4　单工、半双工与全双工通信

2.1.3　数据通信中的主要技术指标

1. 数据传输速率

每秒能传输的二进制信息位数即数据传输速率，也叫比特率，单位：位/秒，记作 bit/s。

数据传输速率的计算公式：$S=(\log_2 N)/T$（bit/s）。式中 T 为一个数字脉冲信号的宽度（全宽码）或重复周期（归零码），单位为秒；N 为一个码元所取的离散值个数。通常，对于二进制编码传输，$N=2$；对于八进制编码传输，$N=8$；对于十六进制编码传输，$N=16$。

例如，对于二进制编码传输，$N=2$ 时，$S=1/T$，表示数据传输速率等于码元脉冲的重复频率。

2. 信号传输速率

单位时间里通过信道传输的码元个数即信号传输速率，也叫码元速率、调制速率或波特率，单位：波特，记作 Baud。

信号传输速率的计算公式：$B=1/T$（Baud），式中 T 为信号码元的宽度，单位为秒。比特率与波特率的关系：$S=B\log_2 N$ 或 $B=S/\log_2 N$。

通常，对于二进制编码传输，$S=B$；对于八进制编码传输，$S=3B$；对于十六进制编码传输，$S=4B$。

3. 信道容量

信道容量表示一个信道的最大数据传输速率，单位：位/秒（bit/s）。信道容量与数据传输速率的区别是，前者表示信道的最大数据传输速率，是信道传输数据能力的极限，而后者是实际的数据传输速率。二者之间的关系像公路上的最大限速与汽车实际速度的关系一样。

通信信道的最大传输速率和信道带宽之间存在着明确的关系，所以人们可以用"带宽"去表示"速率"。例如，人们常把网络的"高数据传输速率"用网络的"高带宽"去表述。因此，"带宽"与"速率"在网络技术的讨论中几乎成了同义词。

4. 误码率

误码率是二进制数据位传输时出错的概率，其是衡量数据通信系统在正常工作时的传输可靠性的指标。在计算机网络中，一般要求误码率低于 10^{-6}，误码率公式：$P_e=N_e/N$，式中 N_e 为出错的位数；N 为传输的数据总位数。

2.2 数据编码技术

2.2.1 数据编码类型

在计算机中数据是以二进制 0、1 比特序列方式表示的。计算机数据在传输过程中的数据编码类型，主要取决于它采用的通信信道所支持的数据通信类型。

根据数据通信类型来划分，网络中常用的通信信道分为模拟通信信道与数字通信信道两类。相应地，用于数据通信的数据编码方式也分为模拟数据编码与数字数据编码两类。网络中数字数据编码的方案是很多的，并且随着高速网络技术的发展，已经出现了一系列新的技术，但是最基本的数据编码方式可以归纳为如下几种。

（1）数字数据的模拟信号编码。它主要用于数字信号的模拟传输。

（2）数字数据的数字信号编码。它主要用于数字信号的数字传输。

（3）模拟数据的数字信号编码。它主要用于模拟信号的数字传输。

2.2.2 数字数据的模拟信号编码方法

电话通信信道是典型的模拟通信信道，它是目前世界上覆盖面最广、应用最广泛的一类通信信道。尽管网络与通信技术迅速发展，但电话仍然是一种基本的通信手段。传统的电话通信信道是为传输语音信号设计的，只适用于传输音频范围（300～3 400 Hz）的模拟信号，无法直接传输计算机的数字信号。为了利用模拟语音通信的电话交换网实现计算机的数字数据信号的传输，必须首先将数字信号转换成模拟信号。

将发送端数字数据信号变换成模拟数据信号的过程称为调制（Modulation），将调制设备称为调制器（Modulator）；将接收端模拟数据信号还原成数字数据信号的过程称为解调（Demodulation），将解调设备称为解调器（Demodulator）。同时具备调制与解调功能的设备，被称为调制解调器（Modem）。

在调制过程中，首先要选择音频范围内的某一角频率 ω 的正（余）弦信号作为载波，该正（余）弦信号可以写为：

$$u(t) = u_m \cdot \sin(\omega t + \varphi_0)$$

在载波 $u(t)$ 中，有 3 个可以改变的电参量（振幅 u_m、角频率 ω 与相位 φ）。可以通过变化 3 个电参量，来实现模拟数据信号的编码。

1. 振幅键控

振幅键控（ASK）方法也叫作调幅，是通过改变载波信号振幅来表示数字信号 1、0，如图 2-5（a）所示。

振幅键控 ASK 信号实现容易，技术简单，但抗干扰能力较差。ASK 信号波形如图 2-5（b）所示。

2. 移频键控

移频键控（FSK）方法也叫作调频，是通过改变载波信号角频率来表示数字信号 1、0。

移频键控信号实现容易，技术简单，抗干扰能力较强，是目前最常用的调制方法之一。FSK 信号波形如图 2-5（c）所示。

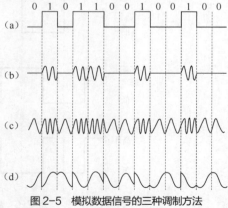

图 2-5　模拟数据信号的三种调制方法

3. 移相键控

移相键控（PSK）方法也叫作调相，是通过改变载波信号的相位值来表示数字信号 1、0，其技术复杂，抗干扰能力最强。如果用相位的绝对值表示数字信号 1、0，则称为绝对调相。如果用相位的相对偏移值表示数字信号1、0，则称为相对调相。相对调相波形如图2-5（d）所示。

2.2.3　数字数据的数字信号编码方法

在数据通信技术中，频带传输是指利用模拟通信信道通过调制解调器传输模拟数据信号的方法；而基带传输是指利用数字通信信道直接传输数字数据信号的方法。

频带传输可以利用目前覆盖面最广且普遍应用的模拟语音通信信道。用于语音通信的电话交换网技术成熟并且造价较低，但它的缺点是数据传输速率与系统效率较低。

基带传输在基本不改变数字数据信号频带（波形）的情况下直接传输数字信号，可以达到很高的数据传输速率与系统效率。因此，基带传输是目前迅速发展的数据通信方式。在基带传输中，数字数据信号的编码方式主要有以下几种：

1. 非归零码

非归零（NRZ）码的波形如图2-6（a）所示。NRZ码可以规定用低电平表示逻辑"0"，用高电平表示逻辑"1"；也可以有其他表示方法。

2. 曼彻斯特编码

曼彻斯特（Manchester）编码是目前应用最广泛的编码方法之一。曼彻斯特编码的波形如图2-6（b）所示。曼彻斯特编码的规则是：每比特的周期 T 分为前 $T/2$ 与后 $T/2$ 两部分；通过前 $T/2$ 传送该比特的原码，通过后 $T/2$ 传送该比特的反码，即"0"上跳，"1"下跳。曼彻斯特编码每个比特的中间有一次电平跳变，利用电平跳变可以产生收发双方的同步信号。因此，曼彻斯特编码信号又称作"自含钟编码"信号。

3. 差分曼彻斯特编码

差分曼彻斯特（Difference Manchester）编码是对曼彻斯特编码的改进。差分曼彻斯特编码波形如图2-6（c）所示。差分曼彻斯特编码与曼彻斯特编码的不同点主要是：

（1）每比特的中间跳变仅做同步之用；

（2）每比特的值根据其开始边界是否发生跳变来决定。一个比特开始处出现电平跳变表示传输二进制"0"；不发生跳变表示传输二进制"1"。

差分曼彻斯特编码是数据通信中最常用的数字数据信号编码方式，优点是无须另发同步信号，缺点是它需要的编码时钟频率是发送信号频率的两倍。

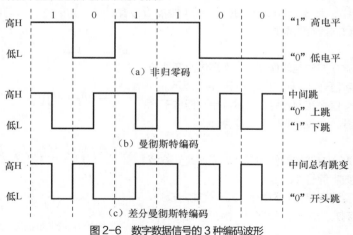

图2-6　数字数据信号的3种编码波形

2.2.4　模拟数据的数字信号编码方法

由于数字信号传输失真小、误码率低、数据传输速率高，因此，在网络中除计算机直接产生的数字信息外，语音、图像信息的数字化已成为发展的必然趋势。脉冲编码调制（Pulsecode Modulation，PCM）是模拟数据数字化的主要方法。

PCM 技术的典型应用是语音数字化。语音可以用模拟信号的形式通过电话线路传输，但是在网络中将语音与计算机产生的数字、文字、图形与图像同时传输，必须首先将语音信号数字化。在发送端通过 PCM 编码器将语音信号变换为数字化语音数据，通过通信信道传送到接收端，再通过 PCM 解码器将它还原成语音信号。数字化语音数据的传输速率高、失真小，且方便储存，因此，语音及图像的数字化已经成为趋势。

语音数字化的 PCM 操作包括采样、量化与编码三部分内容。

1. 采样

模拟信号是电平连续变化的信号。采样是指隔一定的时间间隔，将模拟信号的电平幅度值取出来作为样本，让其表示原来的信号。理论上，采样频率越高，将来还原的信号越不失真，为保证还原信号的质量，采样频率 f 应为：

$$f \geqslant 2B \quad 或 \quad f = 1/T \geqslant 2 \cdot f_{max}$$

式中：B 为通信信道带宽；T 为采样周期；f_{max} 为信道允许通过的信号最高频率。

采样的工作原理如图 2-7（a）所示。研究结果表明，如果以大于或等于通信信道带宽 2 倍的速率定时对信号进行采样，其样本可以包含足以还原原模拟信号的所有信息。如人能听到的声音的最高频率是 20 kHz，许多声卡的采样频率是 44.1 kHz。

2. 量化

量化是对采样样本幅度按量化级决定取值的过程。经过量化后的样本幅度为离散的量级值，已不是连续值。

量化之前要规定将信号分为若干量化级，如可以分为 8 级或 16 级，或者更多的量化级，这要根据精度要求决定。同时，要规定好每一级对应的幅度范围，然后将采样所得样本幅值与上述量化级幅值比较。例如，1.08 取值为 1.1，1.52 取值为 1.5，即通过取整来定级。

3. 编码

编码是用相应位数的二进制代码表示量化后的采样样本的量级。如果有 K 个量化级，则二进制的位数为 $\log_2 K$。例如，如果量化级有 16 个，就需要 4 位编码。常用的语音数字化系统中，很多采用 128 个量级，需要 7 位编码。经过编码后，每个样本都要用相应的编码脉冲表示，如图 2-7（b）所示。

当 PCM 用于数字化语音系统时，若将声音分为 128 个量化级，每个量化级采用 7 位二进制编码表示。如果采样速率为 8 000 样本/秒，则数据传输速率应达到 7×8 000/1 000=56（kbit/s）。

PCM 采用二进制编码的缺点是使用的二进制位数较多，而编码效率较低。

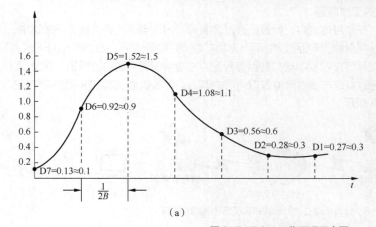

样本	量化级	二进制编码
D1	3	0011
D2	3	0011
D3	6	0110
D4	11	1011
D5	15	1111
D6	9	1001
D7	1	0001

（a）　　　　　　　　　　　　　（b）

图 2-7　PCM 工作原理示意图

2.3 数据传输技术

2.3.1 传输方式

依据数字通信信道上传输信号的类型，传输方式可分为基带传输、频带传输和宽带传输，而宽带传输本质上应属于频带传输的一种特殊形式。

1. 基带传输

在数据通信中，表示计算机二进制的比特序列的数字数据信号是典型的矩形脉冲信号。人们把矩形脉冲信号的固有频带称作基本频带（不加任何调制），简称基带。这种矩形脉冲信号称为基带信号。在数字通信信道上，直接传送基带信号的方法称为基带传输。

在发送端，基带传输的信源数据经过编码器变换，变为直接传输的基带信号，如曼彻斯特编码或差分曼彻斯特编码的信号，然后在数字信道上传输。在接收端，由解码器恢复成与发送端相同的数据。基带传输是一种最基本的数据传输方式。

从计算机到监视器、打印机等外设的信号就是基带传输。大多数的局域网使用基带传输，如以太网和令牌环网。

2. 频带传输

电话交换网是用于传输语音信号的模拟通信信道，利用模拟通信信道进行数据通信也是目前使用最为普遍的通信方式之一。若利用模拟语音通信的电话交换网实现计算机的数字数据信号的传输，必须首先将数字信号转换成模拟信号。

利用模拟信道传输数据信号的方法称为频带传输。在频带传输中，调制解调器（Modem）是最典型的通信设备。调制解调器的作用：作为数据的发送端，它将计算机中的数字信号转换成能在电话线上传输的模拟信号（调制）；作为数据的接收端，它将从电话线路上接收到的模拟信号还原成数字信号（解调），即它同时具备调制、解调功能，其英文名称 Modem 就是调制器（Modulator）与解调器（Demodulator）的英文词头缩写而成的。

3. 宽带传输

宽带传输是传输介质频带宽度较宽的信息传输方式，频带范围一般为 0～400 MHz，可将信道分成多个子信道，分别传送音频、视频和数字信号。使用这种宽频带传输的系统称为宽带传输系统。它可以容纳全部广播电视信号，并可进行高速数据传输。宽带传输系统多是模拟信号传输系统。

宽带传输中的所有信道都可以同时发送信号，如 CATV 系统。

4. 调制解调器及全双工通信的工作原理

（1）调制解调器的工作原理。在频带传输中，计算机通过调制解调器与电话线路连接。在发送端，调制解调器将计算机产生的数字信号转换成电话交换网可以传送的模拟数据信号（如 ASK、FSK 或 PSK 方式）；在接收端，调制解调器将接收到的模拟数据信号还原成数字信号传送给计算机。在全双工通信方式中，调制解调器应具有同时发送与接收模拟数据信号的能力。计算机通过调制解调器与电话交换网实现远程通信的结构如图 2-8 所示。

图 2-8　计算机通过调制解调器实现远程通信的结构

（2）全双工通信的工作原理。在实际计算机通信中，任何一台计算机都需要同时具备发送和接收数据的能力。为了实现在一对电话线上进行全双工通信，标准的 FSK 调制解调器都规定了两个频率组，即上、下频带。在一次数据通信中，主动发起通信的一端叫作呼叫端，被动参加通信的一端叫作应答端。通信的两台计算机调制解调器中谁是呼叫端，谁是应答端，完全根据某一端在一次通信过程中是主动发起通信，还是被动响应通信来动态决定的，而不是固定的。如果一端被确定为呼叫端，则它使用下频带发送数据，在上频带接收数据；那么另一端一定是应答端，它在发送数据时使用上频带，接收数据时使用下频带。

为了实现在一对电话线上进行全双工通信，调制解调器通过对应于上频带中心频率与下频带中心频率的两种带通滤波器，将双方的发送与接收通道分开，达到全双工通信的目的，如图 2-9 所示。

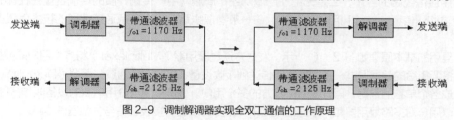

图 2-9　调制解调器实现全双工通信的工作原理

2.3.2　同步技术

同步是数据通信中必须解决的一个重要问题。所谓同步，就是要求通信的接收端要按照发送端所发送的每个比特的重复频率以及起止时间来接收数据，即收发双方在时间基准上保持一致。如果在数据通信中收发双方同步不良，轻者会造成通信质量下降，严重时甚至会造成系统完全不能工作。数据通信的同步包括两种：位同步、字符同步。

1. 位同步

数据通信的双方如果是两台计算机，那么尽管两台计算机的时钟频率标称值相同（假如都是330 MHz），实际上不同计算机的时钟频率肯定存在着差异。这种时钟频率的差异，将导致不同计算机发送和接收的时钟周期的误差。尽管这种差异是微小的，但是在大量数据的传输过程中，其积累误差足以造成接收比特取样周期的错误和传输数据的错误。因此，在数据通信过程中，首先要解决收发双方时钟频率的一致性问题。解决的基本方法是：要求接收端根据发送端发送数据的时钟频率与比特序列的起始时刻，来校正自己的时钟频率与接收数据的起始时刻，这个过程就叫作位同步（Bit Synchronous）。

实现位同步的方法主要有以下两种：

（1）外同步法。外同步法是在发送端发送一路数据信号的同时，另外发送一路同步时钟信号。接收端根据接收到的同步时钟信号来校正时间基准与时钟频率，实现收发双方的位同步。

（2）内同步法。内同步法是从自含时钟编码的发送数据中提取同步时钟的方法。曼彻斯特编码与差分曼彻斯特编码都是自含时钟编码方法。

2. 字符同步

标准的 ASCII 字符是由 8 位二进制 0、1 组成。发送端以 8 位为一个字符单元来发送，接收端也以8 位的字符单元来接收。保证收发双方正确传输字符的过程就叫作字符同步（Character Synchronous）。

实现字符同步的方法主要有以下两种：

（1）同步式（Synchronous）。采用同步方式进行数据传输称为同步传输。同步传输将字符组织成组（帧），以组为单位连续传送，如交换以太网中的数据帧传输。

（2）异步式（Asynchronous）。采用异步方式进行数据传输称为异步传输。异步传输的特点是每个字符作为一个独立的整体进行发送，字符之间的时间间隔可以是任意的。

在实际问题中，人们也将同步传输叫作同步通信，将异步传输叫作异步通信。同步通信的传输效率要比异步通信的传输效率高，因此同步通信方式更适用于高速数据传输。

2.3.3　多路复用技术

多路复用（Multiplexing）在网络中是一个基本的概念，本小节主要讨论如何在单一的物理通信线路上建立多条并行通信信道的问题。

1.　多路复用技术的分类

使用多路复用技术的原因主要有两点：一是通信工程中用于通信线路架设的费用相当高，人们需要充分利用通信线路的容量；二是无论在广域网还是局域网中，传输介质的传输容量往往都超过了单一信道传输的通信量。充分利用传输介质，在一条物理线路上建立多条通信信道的技术就是多路复用技术。

多路复用的基本原理如图 2-10 所示。发送方通过复用器（Multiplexer）将多个用户的数据进行汇集，然后将汇集后的数据通过一条物理线路传送到接收设备。接收设备通过分用器（Demultiplexer）将数据分离成各个单独的数据，再分发给接收方的多个用户。具备复用与分用功能的设备叫作多路复用器。这样就可以用一对多路复用器和一条通信线路来代替多套发送、接收设备与多条通信线路。

多路复用一般可以分为以下 3 种基本形式。

（1）频分复用（Frequency Division Multiplexing，FDM）。

（2）波分复用（Wavelength Division Multiplexing，WDM）。

（3）时分复用（Time Division Multiplexing，TDM）。

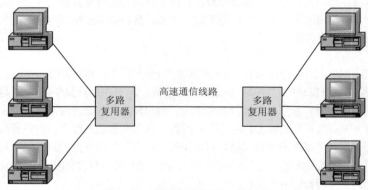

图 2-10　多路复用的基本原理示意图

2.　频分复用

一条通信线路的可用带宽一般都会超过一路通信信道所需要的带宽。频分复用正是利用了这一点。频分多路复用的基本原理：在一条通信线路中设计多路通信信道，每路信道的信号以不同的载波频率进行调制，各个载波频率是不重叠的，相邻信道之间用"警戒频带"隔离。那么，一条通信线路就可以同时独立地传输多路信号。频分多路复用的基本工作原理如图 2-11 所示。

3.　波分复用

光纤通道（Fiber Optic Channel）技术采用了波长分隔复用方法，简称为波分复用。波分复用是光的频分复用。目前一根单模光纤的数据传输速率最高可以达到 2.5 Gbit/s。如果可以借用频分复用的设计思想，就能够在一根光纤上同时传输很多个频率很接近的光载波信号，实现基于光纤的频分复用技术。最初，人们将在一根光纤上复用两路光载波信号的方法叫作波分多路复用（Wavelength Division Multiplexing，WDM）。

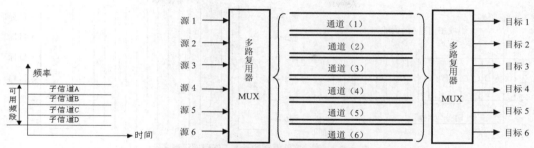

图 2-11　频分多路复用的基本工作原理示意图

波分多路复用的工作原理如图 2-12 所示。图中所示的两束光波的频率是不相同的，它们通过棱镜（或光栅）之后，使用了一条共享的光纤传输，到达目的节点后，再经过棱镜（或光栅）重新分成两束光波。只要每个信道有各自的频率范围且互不重叠，它们就能够以多路复用的方式通过共享光纤进行远距离传输。与电信号频分多路复用的不同之处在于，波分多路复用是在光学系统中利用衍射光栅来实现多路不同频率光波信号的合成与分解。

在波分多路复用系统中，从光纤 1 进入的光波将传送到光纤 3；从光纤 2 进入的光波将传送到光纤 4。由于这种波分复用系统是固定的，因此从光纤 1 进入的光波就不能传送到光纤 4。也可以使用交换式的波分复用系统，在这样的系统中，可以有多条输入与输出光纤。在典型的交换式波分复用系统中，所有的输入光纤与输出光纤都连接到无源的星形的中心耦合器。每条输入光纤的光波能量通过中心耦合器分送到多条输出光纤中。这样，一个星型结构的交换式波分复用系统就可以支持数百条光纤信道的多路复用。

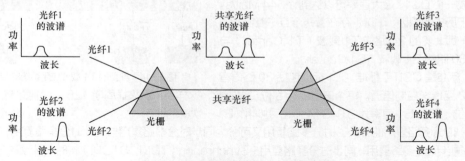

图 2-12　波分多路复用的基本工作原理示意图

随着技术的发展，人们可以在一根光纤上复用更多路的光载波信号。目前可以复用 80 路或更多路的光载波信号。这种复用技术也叫作密集波分复用（Dense Wavelength Division Multiplexing，DWDM）。例如，如果将 8 路传输速率为 2.5 Gbit/s 的光信号经过光调制后，分别将光信号的波长变换到 1 550～1 557nm，每个光载波的波长相隔大约 1 nm。那么经过密集波分复用后，一根光纤上的总的数据传输速率为 8×2.5 Gbit/s，为 20 Gbit/s。这种系统在目前的高速主干网中已经得到广泛应用。

4．时分复用

（1）时分多路复用的工作原理。时分多路复用（TDM）是以信道传输时间作为分割对象，通过为多个信道分配互不重叠的时间片的方法来实现多路复用，因此，时分多路复用更适合数字数据信号的传输。时分多路复用是将信道用于传输的时间划分为若干个时间片，每个用户分得一个时间片，在其占有的时间片内，用户使用通信信道的全部带宽。目前，应用最广泛的时分多路复用方法是贝尔系统的 T1 载波。时分多路复用的工作原理如图 2-13 所示。

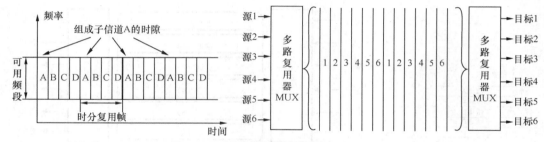

图 2-13　时分多路复用的基本工作原理示意图

T1 载波系统是将 24 路音频信道复用在一条通信线路上。每路音频模拟信号在送到多路复用器之前，要通过一个 PCM 编码器。编码器每秒取样 8 000 次。24 路 PCM 信号的每一路，轮流将一个字节插入到帧中。每个字节的长度为 8 位，其中 7 位是数据位，1 位用于信道控制。每帧由 24×8=192 位组成，附加一位作为帧开始标志位，所以每帧共有 193 位。由于发送一帧需要 125 μs，因此 T1 载波的数据传输速率为 1.544 Mbit/s。

典型的 T1 载波应用系统结构如图 2-14 所示。T1 多路复用器和 T1 线路通过同一条物理线路提供语音与数据的多路传输。T1 载波采用时分多路复用的方法，用于连接远距离的电话交换网的中继。它的最低速率 64 kbit/s 称作数字信号 DS0。当需要更高的数据传输速率时，可以继续采用多路复用的方法，用 24 路 DS0 信道组成一个 DS1，最大速率可以达到 1.544 Mbit/s。

由于历史的原因，TDM 存在着两个互不兼容的国际标准，即北美的 24 路的 T1 载波（T1 Carrier）与欧洲的 30 路的 E1 载波（E1 Carrier）。

E1 标准是 CCITT 标准。E1 标准包括 30 路语音

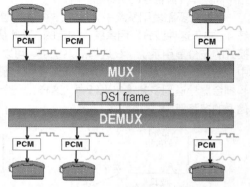

图 2-14　典型的 T1 载波应用系统的结构

信道和 2 路传送控制信道。每个信道包括 8 位二进制数，这样在一次采样周期 125 μs 中要传送的数据共 256 位，那么 E1 速率为 2.048 Mbit/s，也叫作 E1 一次群的速率。

（2）时分多路复用的分类。时分多路复用又可分为同步时分多路复用与统计时分多路复用。

① 同步时分多路复用。同步时分多路复用（Synchronous TDM，STDM）将时间片预先分配给各个信道，并且时间片固定不变，因此各个信道的发送与接收必须是同步的。同步时分多路复用的工作原理如图 2-15 所示。

图 2-15　同步时分多路复用的工作原理

例如，有 n 条信道复用一条通信线路，那么可以把通信线路的传输时间分成 n 个时间片。假定 $n=10$，传输时间周期 T 定为 1s，那么每个时间片为 0.1s。在第一个周期内，将第一个时间片分配给第 1 路信号，将第 2 个时间片分配给第 2 路信号，……，将第 10 个时间片分配给第 10 路信号。在第二个周期开始后，再将第 1 个时间片分配给第 1 路信号，将第 2 个时间片分配给第 2 路信号，……，按此规律循环下去。这样，在接收端只需要采用严格的时间同步，按照相同的顺序接收，就能够将多路信号分割、复原。

同步时分多路复用采用了将时间片固定分配给各个信道的方法，而不考虑这些信道是否有数据要发送，这种方法势必造成信道资源的浪费。

② 统计时分多路复用。为了克服这一缺点，可以采用异步时分多路复用（Asynchronous TDM，ATDM）的方法，这种方法也叫作统计时分多路复用。统计时分多路复用允许动态地分配时间片。统计时分多路复用的工作原理如图 2-16 所示。

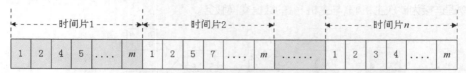

图 2-16　统计时分多路复用的工作原理

假设复用的信道数为 m，每个周期 T 分为 n 个时间片。考虑到 m 个信道并不总是同时工作的，为了提高通信线路的利用率，允许 $m>n$。这样，每个周期内的各个时间片只分配给那些需要发送数据的信道。在第一个周期内，可以将第 1 个时间片分配给第 2 路信号，将第 2 个时间片分配给第 3 路信号，将第 3 个时间片分配给第 8 路信号，……，将第 n 个时间片分配给第 $m-1$ 路信号。在第二个周期到来后，可以将第 1 个时间片分配给第 1 路信号，将第 2 个时间片分配给第 5 路信号，将第 3 个时间片分配给第 6 路信号，……，将第 n 个时间片分配给第 m 路信号，并且继续循环下去。

统计时分多路复用又分为两类：一类有周期的概念，一类没有周期的概念。上述为有周期概念的统计时分多路复用，没有周期概念的统计时分多路复用即动态时分多路复用。

在动态时分多路复用中，时间片序号与信道号之间不再存在固定的对应关系。这种方法可以避免通信线路资源的浪费，但由于信道号与时间片序号无固定对应关系，因此接收端无法确定应将哪个时间片的信号传送到哪个信道。为了解决这个问题，动态时分多路复用的发送端需要在传送数据的同时，传送使用的发送信道与接收信道的序号。

由于动态时分多路复用可以没有周期的概念，所以各信道发出的数据都需要带有双方地址，由通信线路两端的多路复用设备来识别地址、确定输出信道。多路复用设备也可以采用存储转发方式，以调节通信线路的平均传输速率，使其更接近于通信路线的额定数据传输速率，以提高通信线路的利用率。

在数据通信技术的讨论中，时分多路复用仅指同步时分多路复用（STDM）技术。异步时分多路复用（ATDM）技术为异步传输模式（ATM）技术的研究奠定了理论基础。

2.4　数据交换技术

报文分组是通过通信子网去实现两台计算机之间的数据交换的，早期的广域网报文分组通过通信子网的交换方式有电路交换、报文交换与报文分组交换，而报文交换与报文分组交换采用的是存储转发方式。

2.4.1　电路交换

1. 电路交换的工作原理

电路交换（Circuit exchanging）方式与电话交换方式的工作过程很类似。两台计算机通过通信子网进行数据交换之前，首先要在通信子网中建立一个实际的物理线路连接。电路交换过程如图 2-17 所示。

电路交换方式的通信过程分成 3 个阶段。

（1）线路建立阶段。如果主机 H_A 要向主机 H_B 传输数据，那么首先要通过通信子网在主机 H_A 与主机 H_B 之间建立线路连接。主机 H_A 首先向通信子网节点 A 发送"呼叫请求包"，其中含有需要建立线路连接的源主机地址与目的主机地址。节点 A 根据目的主机地址，根据路由选择算法，如选择下一个节点为 B，则向节点 B 发送"呼叫请求包"，节点 B 接到呼叫请求后，同样根据路由选择算法，如选择下一个节点为 C，则向节点 C 发送"呼叫请求包"。节点 C 接到呼叫请求后，也要根据路由选择算法，如选择下一个节点为 D，则向 D 发送"呼叫请求包"。节点 D 接到呼叫请求后，向与其直接连接的主机 H_B 发送"呼叫请求包"。主机 H_B 如接收主机 H_A 的呼叫连接请求，则通过已经建立的物理线路连接 D—C—B—A，向主机 H_A 发送"呼叫应答包"。至此，从主机 H_A—A—B—C—D—主机 H_B 的专用物理线路连接建立完成，该物理连接为此次主机 H_A 与主机 H_B 的数据交换服务。

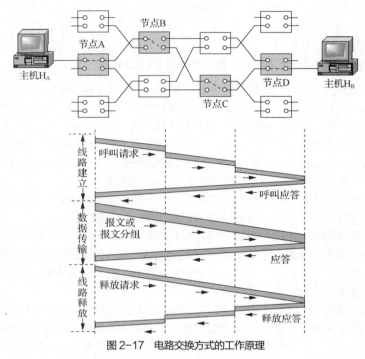

图 2-17 电路交换方式的工作原理

（2）数据传输阶段。在主机 H_A 与主机 H_B 通过通信子网的物理线路连接建立之后，主机 H_A 与主机 H_B 就可以通过该连接实时、双向交换数据。

（3）线路释放阶段。在数据传输完成后，就要进入线路释放阶段。一般可以由主机 H_A 向主机 H_B 发出"释放请求包"，主机 H_B 同意结束传输并释放线路后，将向节点 D 发送"释放应答包"，然后按照 C—B—A—主机 H_A 次序，依次将建立的物理连接释放。到这时，此次通信结束。

2. 电路交换的特点

电路交换方式的优点是通信实时性强，适用于交互式会话类通信。电路交换方式的缺点是对突发性通信不适应，系统效率低；系统不具有存储数据的能力，不能平滑交通量；系统不具备差错控制能力，无法发现与纠正传输过程中发生的数据差错。在进行电路交换方式研究的基础上，人们提出了存储转发交换方式。

2.4.2 存储转发交换

1. 存储转发交换的概念和优点

存储转发交换（Store and Forward Exchanging）方式与电路交换方式的主要区别在以下两个方面：

（1）发送的数据与目的地址、源地址、控制信息按照一定格式组成一个数据单元（报文或报文分组）进入通信子网；

（2）通信子网中的节点是通信控制处理机，它负责完成数据单元的接收、差错校验、存储、路选和转发功能。

存储转发方式主要有以下优点。

（1）由于通信子网中的通信控制处理机可以存储报文（或报文分组），因此多个报文（或报文分组）可以共享通信信道，线路利用率高。

（2）通信子网中通信控制处理机具有路选功能，可以动态选择报文（或报文分组）通过通信子网的最佳路径，同时可以平滑通信量，提高系统效率。

（3）报文（或报文分组）在通过通信子网中的每个通信控制处理机时，均要进行差错检查与纠错处理，因此可以减少传输错误，提高系统可靠性。

（4）通过通信控制处理机，可以对不同通信速率的线路进行速率转换，也可以对不同的数据代码格式进行变换。

正是由于存储转发交换方式有以下明显的优点，因此，它在计算机网络中得到了广泛的应用。

2．存储转发的分类

存储转发交换方式可以分为报文交换（Message Exchanging）与报文分组交换（Packet Exchanging）两类。

在发送数据时，一种方法是可以不管发送数据的长度是多少，都把它当作一个逻辑单元，那么就可以在发送的数据上加上目的地址、源地址与控制信息，按一定的格式打包后组成一个报文，这就是报文交换。另一种方法是限制数据的最大长度，如最大长度是一千比特或几千比特。发送站将一个长报文分成多个报文分组，接收站再将多个报文分组按顺序重新组织成一个长报文，这就是报文分组交换。报文分组交换通常也被称为分组交换。报文与报文分组结构的区别如图 2-18 所示。

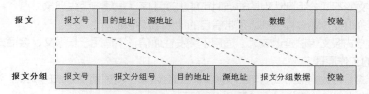

图 2-18 报文与报文分组结构

由于分组长度较短，因此在传输出错时，检错容易并且重发花费的时间较少，这就有利于提高存储转发节点的存储空间利用率与传输效率，因此成为当今公用数据交换网中主要的交换技术。

分组交换技术在实际应用中又可以分为以下两类：数据报方式（Datagram，DG）与虚电路方式（Virtual Circuit，VC），下文将对其做详细介绍。报文分组交换是在 1964 年提出的，最早用于美国 ARPA 网和英国 NPL 网，它也是目前主要采用的数据交换技术。

3．数据报的工作原理

数据报是报文分组存储转发的一种形式。在数据报方式中，分组传送之间不需要预先在源主机与目的主机之间建立"线路连接"。源主机所发送的每一个分组都可以独立地选择一条传输路径。每个分组在通信子网中可能通过不同的传输路径到达目的主机。

数据报方式的数据交换过程如图 2-19 所示，它的具体过程分为以下几步。

（1）源主机 H_A 将报文 M 分成多个分组 P_1、P_2、……，以此类推发送到与其直接连接的通信子网的通信控制处理机 A（节点 A）。

（2）节点 A 每接收一个分组均要进行差错检测，以保证主机 H_A 与节点 A 的数据传输的正确性；节点 A 接收到分组 P_1、P_2 等后，要为每个分组进入通信子网的下一节点启动路由选择算法。由于网络通信状态是不断变化的，分组 P_1 的下一个节点可能选择为 C，而分组 P_2 的下一个节点可能选择为 D，因此同一报文的不同分组通过子网的路径可能是不相同的。

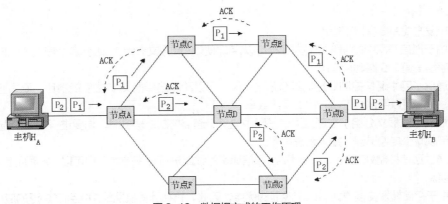

图2-19 数据报方式的工作原理

（3）节点A向节点C发送分组P_1时，节点C要对P_1传输的正确性进行检测。如果传输正确，节点C向节点A发送正确传输的确认信息ACK；节点A接收到节点C的ACK信息后，P_1已正确传输，则废弃P_1的副本。其他节点的工作过程与节点C的工作过程相同。这样，报文分组P_1通过通信子网中多个节点存储转发，最终正确到达目的节点B。

4. 数据报的特点

从以上讨论可以看出，数据报工作方式具有以下特点。

（1）同一报文的不同分组可以由不同的传输路径通过通信子网。

（2）同一报文的不同分组到达目的节点时可能出现乱序、重复与丢失现象。

（3）每一个分组在传输过程中都必须带有目的地址与源地址。

（4）数据报方式报文传输延迟较大，适用于突发性通信，不适用于长报文、会话式通信。

5. 虚电路的工作原理

虚电路方式试图将数据报方式与电路交换方式结合起来，发挥两种方法的优点，达到最佳的数据交换效果。虚电路交换方式的工作过程如图2-20所示。

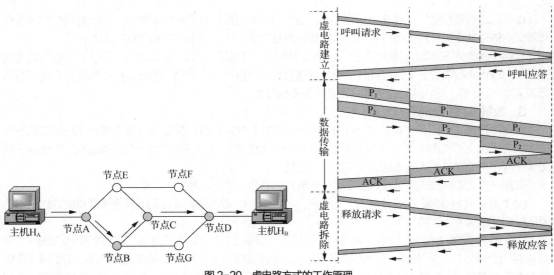

图2-20 虚电路方式的工作原理

数据报方式在分组发送之前，发送方与接收方之间不需要预先建立连接。而虚电路方式在分组发送之前，需要在发送方和接收方之间建立一条逻辑连接的虚电路。在这一点上，虚电路方式与电路交换方式相同，整个通信过程分为以下 3 个阶段：①虚电路建立阶段；②数据传输阶段；③虚电路拆除阶段。

在虚电路建立阶段，节点 A 启动路由选择算法，选择下一个节点（如节点 B），向节点 B 发送"呼叫请求分组"；同样，节点 B 也要启动路由选择算法选择下一个节点。以此类推，"呼叫请求分组"经过 A—B—C—D，送到目的节点D。目的节点D向源节点A发送"呼叫接收分组"，至此虚电路建立。在数据传输阶段，虚电路方式利用已建立的虚电路，逐站以存储转发方式顺序传送分组。在传输结束后，进入虚电路拆除阶段，将按照 D—C—B—A 的顺序依次拆除虚电路。

6. 虚电路的特点

虚电路方式具有以下几个特点。

（1）在每次分组发送之前，必须在发送方与接收方之间建立一条逻辑连接。这是因为不需要真正去建立一条物理链路，连接发送方与接收方的物理链路已经存在。

（2）一次通信的所有分组都通过这条虚电路顺序传送，因此报文分组不必带目的地址、源地址等辅助信息。分组到达目的节点时不会出现丢失、重复与乱序的现象。

（3）分组通过虚电路上的每个节点时，节点只需做差错检测，而不必做路径选择。

（4）通信子网中每个节点可以和任何节点建立多条虚电路连接。

虚电路方式与电路交换方式的不同在于：虚电路是在传输分组时建立起的逻辑连接，称为"虚电路"是因为这种电路不是专用的。每个节点到其他节点间可能有无数条虚电路存在；一个节点可以同时与多个节点之间具有虚电路。每条虚电路支持特定的两个节点之间的数据传输。

表 2-2 给出了数据报和虚电路两种方式之间的对比情况。

表 2-2 数据报和虚电路的对比

项目	数据报	虚电路
目标地址	每个分组都需要	建立连接时需要
初始化设置	不需要	需要
分组顺序	通信子网不负责	由通信子网负责保证
差错控制	由主机负责	由通信子网负责对主机透明
流量控制	网络层不提供	通信子网提供
连接的建立和释放	不需要	需要

由于虚电路方式具有分组交换和电路交换两种方式的优点，因此在计算机网络中得到了广泛的应用。X.25 网、帧中继都支持虚电路交换方式。

2.4.3 其他高速交换技术

1. 同步数字体系 SDH

前面所介绍的数字传输系统存在着许多缺点。其中最重要的是以下两个方面。

（1）速率标准不统一。PCM（脉冲编码调制）的一次群数字传输速率有两个国际标准：一个是北美和日本的 T1 速率，而另一个是欧洲的 E1 速率。但是到了高次群，日本又出现了第三种不兼容的标准。如果不对高次群的数字传输速率进行标准化，国际范围的高速率数据传输就很难实现，因为高次群的数字传输速率的转换是十分困难的。

（2）不是同步传输。在过去相当长的时间，为了节约经费，各国的数字网主要采用准同步方式。这时，必须采用复杂的脉冲填充方法才能补偿由于频率不准确而造成的定时误差。这就给数字信号的复用和分用带来许多麻烦。当数据传输的速率较低时，收发双方时钟频率的微小差异并不会带来严重的不良影响。但是当数据传输的速率不断提高，这个收发双方时钟同步的问题就成为迫切需要加以解决的问题。

为了解决上述问题，美国在 1988 年首先推出了一个数字传输标准，叫作同步光纤网（Synchronous Optical Network，SONET）。整个同步网络的各级时钟都来自一个非常精确的主时钟。

SDH 作为一种全新的传输网体制，具有以下的主要特点。

（1）STM-1 统一了 T1 载波与 E1 载波两大不同的数字速率体系，使得数字信号在传输过程中不再需要转换标准，真正实现了数字传输体制上的国际性标准。

（2）SDH 网还兼容光纤分布式数据接口 FDDI、分步队列双总线 DQDB 以及 ATM 信元。

（3）采用同步复用方式，各种不同等级的码流在帧结构负荷内的排列是有规律的，而净负荷与网络是同步的，因而只需利用软件即可使高速信号一次直接分离出低速复用的支路信号，降低了复用设备的复杂性。

（4）SDH 帧结构增加的网络管理字节增强了网络管理能力，同时通过将网络管理功能分配的网络组成单元，可以实现分布式传输网络的管理。

（5）标准的开放型光接口可以在基本光缆段上实现不同公司光接口设备的互联，降低了组网成本。

在上述特点中，最核心的是同步复用、标准光接口和强大的网管能力。这些特点决定了 SDH 网是理想的广域网物理传输平台。

2. 光交换技术

随着微电子技术、计算机技术的飞速发展，交换技术也得到了空前的发展。近年来，随着光纤技术获得巨大成就，信道的传输速率明显加快，新兴的光交换技术得到很大发展，全光网是宽带网未来的发展目标，而光交换技术作为全光网络系统中的一个重要支撑技术，在全光通信技术中发挥着重要的作用。

光交换（Photonic Switching）技术也是一种光纤通信技术，是指用光纤来进行网络数据、信号传输的网络交换传输技术。它是指不经过任何光/电转换，在光域直接将输入的光信号交换到不同的输出端，而且在交换过程中，充分发挥光信号的高速、带宽和无电磁感应的优点。

光交换技术的特点具体如下。

（1）由于光交换不涉及电信号，所以不会受到电子器件处理速度的制约，与高速的光纤传输速率匹配，可以实现网络的高速率。

（2）光交换根据波长来对信号进行路由和选路，与通信采用的协议、数据格式和传输速率无关，可以实现透明的数据传输。

（3）光交换可以保证网络的稳定性，提供灵活的信息路由手段。

本章小结

通信的目的是交换信息，信息的载体可以是数字、文字、语音、图形或图像，计算机用二进制代码的数据来表示各种信息；数据通信是指在计算机间传送表示字母、数字等的二进制代码 0、1 序列的过程；数据的传输表现形式是信号；数据通信技术中，利用模拟通信信道，通过调制解调器传输模拟数据信号的方法称作频带传输；利用数字通信信道直接传输数字数据信号的方法称作基带传输；在一条物理线路上传输多路信号的技术即多路复用技术，可以分为频分多路复用、时分多路复用和波分多路复用等。数据传输速率与误码率是描述数据传输系统的重要参数。在广域网中采用的交换技术有电路交换、报文交换与报文分组交换，报文分组交换有数据报和虚电路两种方式。

习题

1. 简要说明信息、数据与信号的基本概念。
2. 简述什么是调制解调器。
3. 什么是单工、半双工和全双工通信？它们有哪些实际应用的例子？
4. 什么是串行通信？什么是并行通信？
5. 简述数据通信中的主要技术指标及含义。
6. 说明数据传输速率、信号传输速率的单位、计算公式和关系公式。
7. 简述数据编码的基本方式、作用和各种方式的方法分类。
8. 简述基带传输、频带传输和宽带传输的基本概念。
9. 什么叫同步？异步方式和同步方式是怎样工作的？
10. 简述频分多路复用、时分多路复用和波分多路复用的概念、用途和作用。
11. 与电路交换相比，报文分组交换有何优点？
12. 实现分组交换的方法有哪两种？它们各有何特点？
13. 常见的其他高速交换技术有哪几种？

第3章
计算机网络体系结构

网络体系结构以及网络协议是网络技术中两个最基本的概念。本章将从层次、协议等基本概念出发，对 ISO/OSI 参考模型、TCP/IP 体系结构进行简要的分析，并对国际标准化组织以及 IPv4 和 IPv6 标准进行简要介绍。

本章主要学习内容如下。
- 网络标准化组织。
- 网络体系结构基本概念。
- ISO/OSI 参考模型及各层的基本功能。
- TCP/IP 体系结构及各层的基本功能、协议。

3.1 计算机网络的标准化组织

3.1.1 标准化组织与机构

在世界范围内组建大型互联网络，通信协议与接口标准的标准化是非常重要的，有利于在计算机通信领域内确立行业规范，使不同厂家生产的设备能相互兼容。有很多国际标准化组织和机构致力于网络和通信标准的制定和推广。在计算机网络领域内有影响的标准化组织和机构主要有以下几个。

1. 国际标准化组织

国际标准化组织（International Organization for Standardization，ISO）是世界上最著名的国际标准组织之一，它的成员来自世界各地的标准化组织，其宗旨是协商国际网络中使用的标准并推动世界各国间的互通性。ISO 的最主要贡献是建立了开放系统互联参考模型（OSI-RM），它为网络体系结构的研究提供了很好的基础，被广泛学习研究。

2. 电气电子工程师协会

电气电子工程师协会（Institute of Electrical and Electronics Engineers，IEEE）是世界电子行业最大的专业组织，局域网领域内最重要的标准 IEEE 802.3 标准就是 IEEE 组织制定的。

3. 国际电信联盟

国际电信联盟（International Telecommunications Union，ITU）是联合国特有的管理国际电信的机构。它管理无线电和电视频率、卫星和电话的规范、网络基础设施等，为发展中国家提供技术专家和设备以提高其技术基础。

4. 电子工业协会

电子工业协会（Electronic Industries Association，EIA）是一个商业组织，其成员包括电子公司和电信设备制造商。EIA 制定的标准 RS-232 接口在通信中应用十分广泛。近年来，EIA 在移动通信领域的标准制定方面表现很活跃，许多蜂房移动通信网中采用的临时标准 IS-41、IS-94、IS-95 就是 EIA

的标准。

5. 美国国家标准协会

美国国家标准协会（American National Standards Institute，ANSI）代表美国制定国际标准，它是美国在国际标准化组织（ISO）中的代表。ANSI 的标准广泛存在于各个领域。如光纤分布式数据接口（FDDI），就是一个适用于局域网光纤通信的 ANSI 标准。美国标准信息交换码则是用来规范计算机内的信息存储的。

3.1.2　RFC 文档和 Internet 协议标准

请求评价（Request For Comments，RFC）文档是用于 Internet 开发团体的最初的技术文档系列。任何人都可以提交 RFC 文档，但它并不立即成为标准。但是 RFC 文档草案对于从事 Internet 技术研究与开发的技术人员来说，是技术发展状况与动态的重要信息来源之一，它既包括有关网络协议的描述，还包括一些与 Internet 技术有关的新概念讨论及会议记录。

3.1.3　Internet 管理机构

虽然没有任何组织、企业或政府能够完全拥有 Internet，但是它也是由一些独立的管理机构管理的，每个机构都有自己特定的职责。它们对 Internet 具有主导作用，决定着 Internet 的发展。

1. Internet 协会

Internet 协会（Internet Society，ISOC）创建于 1992 年，是一个最权威的 "Internet 全球协调与合作的国际化组织"。ISOC 的重要任务是与其他组织合作，共同完成 Internet 标准与协议的制定。

2. Internet 体系结构委员会

Internet 体系结构委员会（Internet Architecture Board，IAB）是 Internet 协会（ISOC）的技术咨询机构。IAB 下属两个机构：Internet 工程任务组（IETF）和 Internet 工程指导委员会（IRTF）。

Internet 工程任务组（Internet Engineering Task Force，IETF）主要为 Internet 的工程和发展提供技术及其他支持。Internet 工程指导委员会（Internet Research Task Force，IRTF）主要在 Internet 协议、体系结构、应用程序及相关技术领域开展工作。

3. Internet 网络信息中心

Internet 网络信息中心（Internet Network Information Center，InterNIC）负责 Internet 域名注册和域名数据库的管理。

4. WWW 联盟

WWW 联盟独立于其他的 Internet 组织而存在，是一个国际性的联盟。它主要致力于与 Web 有关的协议（如 HTTP、HTML、URL 等）的制定。

3.2　网络体系结构概述

3.2.1　基本概念

1. 协议

协议是通信双方为实现通信而设计的约定或对话规则。协议代表着标准化，是一组规则的集合，用来规定有关功能部件在通信过程中的操作。在现实生活中，为了实现正常通信和交流，人与人之间也会受到通信规则的限制。一个协议就是一组控制数据通信的规则。这些规则明确地规定了所交换数据的格式和时序。

网络协议主要由语义、语法和定时关系 3 个要素组成。

（1）语义。协议的语义是指对构成协议的协议元素含义的解释，即定义"做什么"。它规定了需要发出何种控制信息，以及完成的动作与做出的响应。例如，在基本型数据链路控制协议中规定，协议元素 SOH 的语义表示传输报文的报头开始，而 ETX 表示正文结束。

（2）语法。语法是用户数据与控制信息的结构与格式，以及数据出现的顺序的意义。即定义"怎么做"。如在传输以太网帧时，可以用一定的协议元素和格式来表达，其中，FCS 表示帧校验序列，如图 3-1 所示。

目的地址	源地址	长度/类型	数据	FCS

图 3-1　以太网帧

（3）定时关系。定时关系规定了事件的执行顺序，即定义"何时做"。例如，在双方通信时，首先由源站发送数据，如果接收方收到了正确的报文，则回应 ACK 消息，若收到的是错误的报文，则回应 NAK 消息，要求源站重发。

由此可以看出，协议实际上是计算机之间通信时所用的一种交流语言。

2. 层次

分层次是人们对复杂问题处理的基本方法。例如，对于邮政服务的实现就是一种层次模型。发信人要完成写信、装信封、送邮局三个环节，也就是三个层次；同样，收信人在收信时也要经过三个层次，即取信、拆信、读信。每个层次的功能有明确规定，高层使用低层提供的服务时，不需要知道低层服务的具体实现方法。

邮政系统的层次结构方法和计算机网络的层次体系结构有很多相似之处，都是采取"分而治之"的模块化方法，降低复杂问题处理难度。因此，层次是计算机网络体系结构中又一个重要且基本的概念。

3. 接口

每一对相邻层之间都有一个接口，同一节点的相邻层之间通过接口交换信息，低层向高层通过接口提供服务。只要接口条件不变、低层功能不变，低层功能的具体实现方法和技术的变化不会影响整个系统的工作。例如，在邮政系统中，邮箱就是发信人与邮递员之间的接口。

4. 网络体系结构

一个功能完备的计算机网络需要制定一整套复杂的协议集。计算机网络协议就是按照层次结构模型来组织的。将网络层次结构模型与各层协议的集合定义为计算机网络体系结构。网络体系结构对计算机网络应该实现的功能进行了精确的定义，至于这些功能用什么样的硬件与软件去完成是具体的实现问题，体系结构是抽象的。

3.2.2　网络体系结构的分层

计算机网络采用层次化的体系结构，层次的划分按照层内功能内聚、层间耦合松散的原则，将功能相近的模块放置在同一层，使层次间的信息流动尽量最小。这种层次结构具有以下优越性。

（1）各层之间相互独立。高层并不需要知道低层是如何实现的，而仅需要知道该层通过层间的接口提供服务。

（2）灵活性好。当任何一层发生变化时，只要接口保持不变，则在这层以上或以下各层均不受影响，即可以对任何层次进行内部修改，另外，当某层提供的服务不再需要时，甚至可以将这层取消。各层都可以采用最合适的技术来实现，各层实现技术的改变不影响其他层次。

（3）易于实现和维护。整个系统已被分解为若干个易于处理的部分，使每一层的功能变得比较简单，这使得对一个庞大而复杂系统的实现和维护变得容易控制。

（4）有利于网络标准化。因为每一层的功能和所提供的服务都已经有了精确的说明，所以标准化变得较为容易。

3.3 ISO/OSI 参考模型

3.3.1 OSI 参考模型概述

1. OSI 参考模型的提出

在 20 世纪 70 年代，国际标准化组织为适应网络向标准化发展的要求，成立了 SC16 委员会，在研究、吸取了各计算机厂商网络体系结构标准化经验的基础上，制定了开放系统互联（Open Systems Interconnection，OSI）参考模型，从而形成了网络体系结构的国际标准。

OSI 中的"开放"是指只要遵循 OSI 标准，一个系统就可以与位于世界上任何地方、遵循同样标准的其他系统进行通信。OSI 参考模型定义了开放系统的层次结构、层次之间的相互关系及各层所包括的可能的服务。OSI 参考模型描述了信息或数据在计算机之间流动的过程。

OSI 参考模型并非指一个现实的网络，它只是规定了各层的功能，描述了一些概念，用来协调进程间通信标准的制定，没有提供可以实现的方法，各个网络设备生产厂商可以自由设计和生产自己的网络设备或软件，只要符合 OSI 参考模型，具有相同的功能即可。所以说，OSI 参考模型是一个概念性的框架。

2. OSI 参考模型的结构

OSI 参考模型对整个通信功能构造了顺序的七个层次，即物理层、数据链路层、网络层、传输层、会话层、表示层和应用层。

按照 OSI 参考模型，网络中各节点都有相同的层次；不同节点的同等层具有相同的功能；同一节点内相邻层之间通过接口进行通信；每一层可以使用下层提供的服务，并向上层提供服务；不同节点的同等层通过协议实现对等层的通信，如图 3-2 所示。

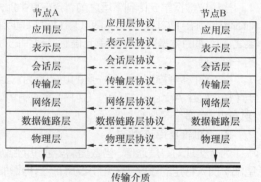

图 3-2 对等层通信结构图

3. OSI 参考模型各层的基本功能

（1）物理层。物理层（Physical Layer）是 OSI 参考模型的最底层。物理层的主要功能是利用传输介质为通信的网络节点之间建立、管理和释放物理连接，实现比特流的传输，为数据链路层提供数据传输服务。物理层的数据传输单元是比特，或称为位。

（2）数据链路层。数据链路层（Data Link Layer）是参考模型的第二层。数据链路层的主要功能是在物理层提供服务的基础上，在通信实体间建立和维护数据链路连接，传输以帧为单位的数据，并通过差错控制、流量控制等实现点对点的无差错的数据传输。

（3）网络层。网络层（Network Layer）是参考模型的第三层。网络层的主要功能是实现在通信子网内源节点到目标节点分组的传送。其基本内容包括路由选择、拥塞控制和网络互联等，是网络体系结构中核心的一层，其传输的基本单元为分组或称为数据包。

（4）传输层。传输层（Transport Layer）是参考模型的第四层。传输层的主要功能是向用户提供可靠的端到端的数据传送。它屏蔽了下层数据传送的细节，是网络体系结构中关键的一层，其传输的基本单元为数据报文，或为数据段。

（5）会话层。会话层（Session Layer）是参考模型的第五层。会话层的主要功能是建立和维护两个节点间的会话连接和数据交换，其传输的基本单元也叫报文，但它与传输层的报文有本质的不同。

（6）表示层。表示层（Presentation Layer）是参考模型的第六层。表示层的主要功能是负责有关数据表示的问题，主要包括数据格式的转换、数据加密和解密、数据压缩与恢复等功能，其传输的基本单元为报文。

（7）应用层。应用层（Application Layer）是参考模型的最高层，也是最靠近用户的一层。应用层的主要功能是为用户的应用程序提供网络服务，是用户使用网络功能的接口，其传输的基本单元为报文。

3.3.2 OSI 模型中数据的传输

1. OSI 环境

在研究 OSI 参考模型时，首先要清楚它所描述的范围，这个范围就是 OSI 环境。OSI 参考模型描述的范围包括联网计算机系统的应用层到物理层的 7 层与整个通信子网。对于计算机来说，在连入计算机网络之前不要求有实现 OSI 7 层功能的软硬件，但如果连入网络，则必须具有 OSI 7 层功能。一般来说，物理层、数据链路层和网络层的大部分功能可以用硬件来实现，而高四层基本上是通过软件方式来实现的。

2. 接口和服务

在 OSI 参考模型中，对等层之间需要交换信息，把对等层协议之间交换的信息叫作协议数据单元（Protocol Data Unit，PDU）。对等层之间并不能直接进行信息传输，而需要借助于下层提供的服务来完成，所以说，对等层之间的通信是虚拟通信，直接通信在相邻层之间实现。

当协议数据单元传到下层之前，会在其中加入新的控制信息，叫作协议控制信息（Protocol Control Information，PCI），这样，PDU、PCI 共同组成了服务数据单元（Server Data Unit，SDU），相邻层之间传递的就是服务数据单元信息，其中的控制信息只是帮助完成数据传送任务，它本身不是数据的一部分。

在 OSI 参考模型中，每一层的功能是为它上层提供服务的。相邻层之间服务的提供是通过服务访问点（Service Access Point，SAP）来进行的。SAP 是逻辑接口，是上层使用下层服务的地方，一个接口可以有多个 SAP。

3. 数据的封装与解封

为了实现对等层通信，当数据需要通过网络从一个节点传送到另一个节点时，必须在数据的头部（和尾部）加入特定的协议头（和协议尾）。这种增加数据头部（和尾部）的过程叫作数据的封装。同样，当数据到达接收方时，接收方要识别和提取协议信息，这个过程叫作数据的解封，图 3-3 显示了数据的封装与解封过程。

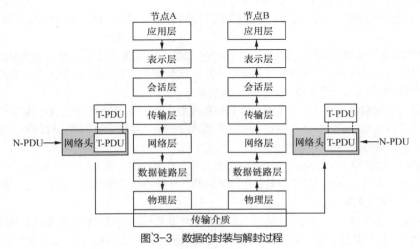

图 3-3　数据的封装与解封过程

实际上，数据的封装与解封的过程和生活中信件的发送接收过程十分相似。发送信件时，首先将写好信的信纸放入信封中，再按照一定的格式填写信封，然后封好信封投递，这个过程就是一种封装的过程。当收信人收到信件后，将信封拆开读取信件，这个过程就是解封的过程。在信件传递过程中，邮递员只需识别信封上的相关信息就可以了，对于内部信件的内容不能也没有必要知道。

4. 完整的 OSI 数据流动过程

通过图 3-4 来看一下在 OSI 环境中完整的数据信息流动过程。

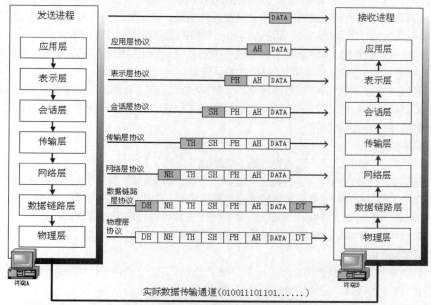

图 3-4　数据信息流动过程

（1）当发送端的应用进程需要发送数据到网络中另一台主机的应用进程时，数据首先被传送给应用层，应用层为数据加上本层的控制报头信息后，传递给表示层。

（2）表示层接收到这个数据单元后，加上本层的控制报头信息，然后传送到会话层。

（3）同样，会话层加上本层的报头信息后再传送给传输层。

（4）传输层接收到这个数据单元后，加上本次的控制报头，形成传输层的协议数据单元 PDU，然后传送给网络层。通常将传输层的 PDU 称为段（Segment）。

（5）传输层报文送到网络层后，由于网络层的数据长度往往有限制，所以，从传输层过来的长数据段会被分成多个较小的数据段，分别加上网络层的控制信息后形成网络层的 PDU 传送。常常把网络层的 PDU 叫作分组（Packet）。

（6）网络层的分组继续向下层传送，到达数据链路层，加上数据链路层的控制信息，构成数据链路层的协议数据单元，称为帧（Frame）。

（7）数据链路层的帧被继续传送，到达物理层，物理层将数据信息以比特（Bit）流的方式通过传输介质传送出去。

（8）如果发送的数据信息不能直接到达目标计算机，则会先传送到通信子网的路由设备上进行存储，后再转发。

（9）当最终到达目标节点时，比特流将通过物理层依次向上传送。每层对其相应的控制信息进行识别和处理；然后将去掉该层控制信息的数据提交给上层处理；最后，发送进程的数据就传到接收方的接收进程。

由这个过程可以了解到，发送方和接收方的进程通信，需要在 OSI 环境中经过复杂的处理过程。但其实对于用户来说，这个复杂的处理过程是透明的。两个应用进程好像在直接通信，这就是开放系统在网络通信过程中的一个最主要的特点。

3.3.3　物理层

1. 物理层的概念

物理层是 OSI 参考模型中最基础的一层，它建立在通信介质基础上，作为系统和通信介质的接口，用来实现数据链路实体间透明的比特流传输。需要强调的是，物理层主要考虑的是怎样才能在连接各种计算机的传输介质上传输数据比特流，而不是连接计算机的具体物理设备或传输介质。OSI 参考模型的物理层被定义为：在物理信道实体之间合理地通过中间系统，为比特传输所需的物理连接的建立、保持和释放提供机械的、电气的功能特性和规程特性的手段。

物理层所关心的是如何把通信双方连起来，为数据链路层实现无差错的数据传输创造环境，它不负责传输的检错和纠错任务，检错和纠错的工作由数据链路层完成。物理层协议规定了为此目的建立、维持和拆除物理信道的有关功能和特性。

2. 物理层的功能

为实现数据链路实体间比特流的透明传输，物理层应具有以下功能。

（1）物理连接的建立和拆除。当数据链路层请求在两个数据链路实体间建立物理连接时，物理层应能立即为它们建立相应的物理连接。当物理连接不再需要时，由物理层立即拆除。

（2）物理层数据的传输。在物理连接上的数据传输方式可以是串行传输方式，即一个一个比特按照时间顺序传输；也可以用多个比特同时传送的并行传输方式。

3. 物理层的特性

物理层是 OSI 中唯一涉及通信介质的一层，物理层协议定义了硬件接口的一系列标准，包括信号表示、接口尺寸、传送规程等，归纳起来有 4 个特性。

（1）机械特性。规定了接口所用接线器的形状和尺寸，接口引脚的个数、功能和排列，固定装置等。这很像平时常见的各种规格电源插头的尺寸的严格的规定。

（2）电气特性。主要规定了每种信号的电平、信号的脉冲宽度、允许的数据传输速率和最大传输距离等。

（3）功能特性。规定了接口电路各个引脚的功能和作用。

（4）规程特性。反映了利用接口进行比特流传输的全过程及事件发生的可能顺序，它涉及信号的传输方式，主要规定的是接口电路信号发出的时序、应答关系和操作过程。如怎样建立和拆除物理连接，是全双工传输还是半双工传输等。

3.3.4　数据链路层

1. 数据链路层的概念

物理层通过传输介质，实现通信实体之间的物理连接，它只是接收和发送一串比特信息，不考虑信息的意义和结构，所以，物理层不能解决真正的数据传输与控制问题，需要数据链路层才能解决这些问题，实现可靠的数据传输。

数据链路（Data link）是一个数据管道，在这个管道上可以进行数据通信，因此，除了必须具有一条物理线路外，还要有必要的协议来控制数据的传输，保证被传输数据的正确性。把实现控制数据传输协议的软硬件加到链路上，就构成了数据链路。因此，数据链路层的概念是一个逻辑链路，具有更深层次的意义。

早期的数据通信协议叫作通信规程，所以在数据链路层，规程和协议是同义语。

2. 数据链路层的功能

数据链路层的功能就是实现实体间信息的正确传输，通过进行必要的同步控制、差错控制、流量控制，为网络层提供可靠的、无错的数据信息。

（1）链路管理。链路管理指的是对数据链路层连接的建立、维持和释放。当两个节点开始进行通信时，发送方必须确知接收方处于准备接收数据的状态，为此，双方需要先交换一些必要的信息，建立数据链路连接；同时在传输数据时要维护连接；通信完毕后还要释放数据链路。

（2）帧同步。帧同步指的是接收方应当从收到的比特流中准确地区分出一帧的开始和结束。在数据链路层，数据以帧为单位传送。物理层的比特流按照数据链路层的协议被封装成帧传送，当某一帧出现错误时，只需重新传送此帧即可，而不必将全部数据重发。

（3）流量控制。发送方发送数据的速率必须使得接收方能来得及接收。当接收方来不及接收时，就必须及时控制发送方发送数据的速率，这种功能称为流量控制。流量控制是数据链路层一个很重要的功能，如果对信息流量控制不好，就会造成网络拥塞甚至瘫痪，严重危害到网络的性能。

（4）差错控制。在链路传输帧过程中，由于种种原因，不可避免地会出现错误帧和帧丢失的情况，而通信往往要求极低的差错率。为此，必须采用差错控制技术，对差错进行及时的检测和恢复。

常用的差错控制方法主要有两种：前向纠错和检错重发。前向纠错是接收方收到有错误的数据帧时，可以自动将差错改正过来。这种方法开销较大，不太适合计算机通信。检错重发是接收方检测出差错后，通知发送方重新发送数据，直到正确接收为止。这种方法开销较小，实现简单，目前应用广泛。

（5）透明传输。对所传输的数据来说，无论它们是由什么样的比特组合起来的，都能在数据链路层上传送，这就是透明传输。为此，当所传送的数据中的比特组合恰巧与某个控制信息一样时，应该有措施将它们区分开来，对同一帧中的信息也要做到数据与控制信息的区分，这样才能保证数据的透明传输。

（6）寻址。在多点连接的情况下，要保证每一帧都能被送到正确的目的地，接收方也应当知道谁是发送方，这就需要具有寻址功能，数据链路层的寻址应基于帧的目标 MAC 地址，有别于网络层基于数据包的目标网络地址。

3. 数据链路层的协议

数据链路层协议大体可分为两类：面向字符的通信控制规程和面向比特的通信控制规程。

面向字符的通信控制规程的特点是：以字符为传输信息的基本单位，通过控制字符来控制信息传输，控制字符不允许在用户信息中出现，以避免与用户信息混淆。在早期的通信中应用较广泛，典型的面向字符的协议有 IBM 公司的 BSC 协议。但面向字符的协议与特定字符编码集关系太紧密，不利于兼容性，通信线路的利用率也较低，随着通信的发展，暴露出较大的不适应性。后来出现了新的协议，即面向比特的协议。

在面向比特的通信控制规程中，数据和控制信息完全独立，统一以帧为传送单位，具有良好的透明性，传输效率高，可靠性强。典型的面向比特的协议为 ISO 制定的高级数据链路控制（High-level Data Link Control，HDLC）协议。

3.3.5 网络层

1. 网络层的概念

网络层建立在数据链路层之上，它的主要功能是将分组从一个主机移动到另一个主机，从而使得主机之间可以互相通信。网络层提供两种功能：分组的路由和转发。

2. 网络层的功能

网络层是通信子网的最高层，它的主要作用是实现通信子网内源节点和目标节点之间网络连接的建立、维持和终止，并通过网络连接传送分组。至于网络层如何建立连接及传送分组，对传输层来说是透明的。网络层的协议要实现在这种传送中涉及的路由选择、通信子网内的流量控制及差错处理等相关功能。可以说，网络层是体系结构中的核心层次。

局域网大多采用总线型、星形等拓扑结构，网络层功能较弱，有时甚至没有必要。而广域网中，通信子网的拓扑结构复杂，网络层所涉及的技术问题和理论问题也变得很复杂，其概念是全面的、系统的、完整的。

3．网络层提供的服务及典型协议

网络层提供的服务有两种类型：面向连接的网络服务和面向无连接的网络服务。

面向连接的网络服务和电话系统的工作模式相似，其特点是：在数据交换之前，必须先建立连接，当数据交换结束时，终止连接；在数据传输过程中，第一个分组通过其携带的目的节点地址来建立通信链路，其余分组不需要携带目的节点的地址（但都有一个虚电路号），沿着建立好的通路传送。面向连接服务的传输连接类似一个通信管道，发送者在一端放入数据，接收者从另一端取出数据，数据传输的顺序不会改变。因此，可靠性好，适时性高，适合大批量数据分组的传输，但其协议相对比较复杂，通信线路的利用率不高，通信效率较低。典型的服务是虚电路，采用虚电路服务的典型三层协议是X.25协议。

面向无连接的网络服务与邮政系统中的信件投递过程相似，其特点是，各个分组独立传送，每个分组都需携带完整的目的节点地址，不需要事先建立好连接；在数据传送过程中，可能会出现乱序、重复和丢失的现象。所以，面向无连接服务的可靠性不是很好，但是因为它省去了建立连接的过程和可靠性机制，因此，协议相对简单，通信线路的利用率较高，通信效率高，适合小批量数据分组的传输。典型的服务是数据报，采用数据报服务的典型三层协议是IP协议。

4．路由选择

路由选择就是根据一定的原则和算法，在传输路径上找出一条通往目的节点的最佳路径。路由选择是网络层最主要的功能，它直接影响网络传输性能。路由选择协议的核心是路由选择算法。

路由选择算法必须满足如下要求。

（1）正确性。即能正确而迅速地将分组从源节点传送到目标节点。

（2）简单性。实现方便，相应的软件开销少。

（3）健壮性。能根据网络拓扑结构的变化和通信量的变化而选择新的路径，不会引起数据传送的失败。

（4）稳定性。算法应是可靠的，不管运行多久，保持正确而不发生振荡。

（5）公平性和最优化。既要保证每个节点都有机会传送信息，又要保证路径的选择为最佳。

路由选择算法是网络层软件的一部分，大致上可分为两类：静态路由选择算法和动态路由选择算法。静态路由选择算法也叫作非自适应算法，它是按照事先设计好的路径传送，优点是简单和开销小，但不能及时适应网络状态的变化。动态路由选择算法也叫作自适应算法，它能自动适应网络拓扑和通信量的变化选择路径，但实现起来比较复杂，开销较大。

3.3.6 传输层

1．端到端通信的概念

和网络层不同，传输层是为网络环境中主机的应用层应用进程提供端到端进程通信服务的，由物理层、数据链路层和网络层组成的通信子网只提供主机之间点对点的通信，如源主机－路由器、路由器－路由器、路由器－目的主机，不会涉及程序或应用进程的概念。

端到端信道是由一段一段的点对点信道组成，端到端协议建立在点对点协议基础上，提供应用进程之间的通信手段。传输层端到端通信示意图如图3-5所示。点对点通信与端到端通信具有本质的不同，传输层为此引入许多新的概念和机制。

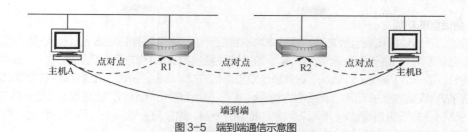

图 3-5　端到端通信示意图

2. 传输层的功能

传输层在广域网中位于资源子网，所以，它和网络层的接口不单单是层次间的接口，也是通信子网和资源子网的接口，这决定了传输层在体系结构中的特殊地位。传输层是体系结构中最关键的一个层次，通过传输层的服务可以弥补通信子网提供的有差异、有缺陷的服务，对高层用户提供一个可靠的通信通路。也就是说，传输层是用于填补通信子网提供的服务和用户要求的服务的间隙的，它反映并扩展了网络层的服务功能，屏蔽了各类通信子网的差异，向用户提供一个统一的接口。对传输层来说，通信子网提供的服务越完善，传输层的协议就越简单；反之，传输层的协议越复杂。

因此，传输层的功能就是在网络层的基础上，完成端到端数据的可靠性传输。

3. 传输层的协议

"服务"是描述相邻层之间关系的一个重要概念，任何服务都有质量的问题，在计算机网络中，服务质量简称 QoS（Quality of Service）。服务质量反映了传输质量及服务的可用性，它用于衡量传输层性能。服务质量主要包括连接建立延迟、连接建立失败概率、吞吐量、传输延迟、残留差错率、安全保护等。

网络服务按质量可划分为三种类型。

A 类：它可提供完善的网络服务，分组的丢失、重复和乱序的情况可忽略不计。广域网几乎不可能提供 A 类的服务，有些局域网可提供接近 A 类的服务、基于 A 类服务的传输层协议非常简单，不需要进行故障恢复和分组的重新排序。

B 类：网络服务较为完善，分组传递没有问题，但有网络连接释放或网络重建问题。广域网常提供该类服务。

C 类：网络提供的数据传送服务是完全不可靠的，具有不可接受的高差错率。无线网及一些国际网络服务属于此类。对于这类网络，传输层协议较为复杂，要有对网络进行检错和差错恢复的能力，对失序、重复和错误投递的分组进行更正的能力。

在 TCP/IP 的传输层中，传输控制协议（TCP）是一个面向连接的、可靠的传输层协议，用户数据报协议（UDP）是一个面向无连接的、不可靠的传输层协议。注意，此处的"无连接"代表的含义是通信时不需事先建立起一条物理链路；"不可靠"代表的含义是通信质量不高，同一报文的不同分组会出现乱序、重复或丢失等现象。

3.3.7　会话层

1. 会话层的概念

会话层是 OSI 参考模型的第 5 层，在 OSI 之前的网络中几乎都没有设置该层，可以说会话层是 OSI 的发明，事实上，它提供的有限功能在许多非 OSI 网络中也没有使用。

会话层的作用就是有效地组织和同步进行合作的会话服务用户之间的对话，并对它们之间的数据交换进行管理。在 OSI 环境中，一次会话就是两个用户进程之间为完成一次通信而建立的会话连接。应用进程为完成某项处理任务而需进行一系列内容相关的信息交换，会话层就是为有序、方便地控制这种信息交换提供控制机制。

2. 会话层的功能

会话层位于传输层和表示层之间，其基本功能是在传输层提供服务的基础上为表示层提供服务。会话层服务就如同两个人进行对话。考察两个人之间的对话主要包括以下几个方面。①会话方式：一般两个人面对面交谈时，是一个人讲另一个人听，这就是半双工通信方式。②会话协调：通过会话双方的表情、手势、语调等进行发言权交替等协调工作，使会话能够顺利进行。③会话同步：会话双方的进展必须是一致的，如果一方说的话另一方没有听懂或听清，说话方需要重说一遍，这就是会话同步，否则会话就会出现混乱。④会话隔离：指的是说话方要让听的一方能分清所说不同内容的界限。

上述对两个人会话进行考察的几个方面，都是会话层所要完成的功能。

3. 会话层提供的服务

会话层提供的服务主要是会话连接的管理和会话数据交换两个方面。

会话连接管理服务使得一个应用层的进程在一个完整的活动中，通过表示层提供的服务，与对等应用进程建立和维持一条畅通的通信信道。会话连接要通过传输层连接来实现。一个会话连接可以对应一个或多个传输连接；多个会话连接也可以对应一个传输连接。

数据交换服务为两个应用进程提供在信道上交换会话单元的手段。会话单元是一次活动中数据的基本交换单位。在半双工通信中，会话层通过给会话服务用户提供数据令牌来控制常规数据的传送，有令牌一方发送数据，另一方只能接收数据。当数据发送完之后，将令牌转让给对方，使对方能发送数据。这样，可以确定谁发送数据，谁接收数据，并可以确保发送完整的数据，使会话顺利进行。

此外，会话服务还包括会话活动的管理、隔离服务、会话同步管理、故障管理等内容。

3.3.8 表示层

1. 表示层的概念

表示层是 OSI 的第 6 层，它的目的是处理有关被传送数据的表示问题。不同厂家的计算机产品常使用不同的信息表示标准，例如，在字符编码、数值表示等方面存在着差异。如果不解决信息表示上差异的问题，即使信息被准确可靠地传送，也无法被用户识别，所以数据格式的转换是必需的。表示层就好像一个翻译者，将信息转换成某标准的数据表示格式，让对端设备能够正确识别。需要指出的是，表示层只涉及数据的表示，即语法，不涉及数据对于应用层的意义，即语义问题。

2. 表示层的功能

表示层的主要功能如下。

（1）数据语法转换。语法转换涉及代码转换、字符集的转换以及数据格式的修改等。

（2）数据语法的表示。表示层提供在连接初始选择一种语法，随后可选择另一种数据语法的方法。

（3）连接管理。利用会话层服务建立表示连接，管理在这个连接上的数据传送和同步控制，以及连接的释放等。

（4）数据压缩。数据压缩是采用某种编码技术，在保持数据原意的基础上减少传送或存储的信息量，以满足通信带宽的要求。常用的数据压缩方法有 3 种：符号有限集合编码及替换法、字符的可变长编码、霍夫曼编码与解码。使用数据压缩技术可以提高传输效率、降低传输费用和节约存储空间。

（5）数据加密。数据加密可以增加数据的安全性，对于网络的安全有十分重要的意义。网络的加密一般遵守如下原则：能使数据彻底非规则化，不易破译；采用多重密码技术，以防止经多次试验后被破译；不过多地增加不必要的传输；硬件与软件相结合。

（6）数据编码。数据编码是表示层服务的典型例子。用户程序之间交换的并不是随机的比特流，而是诸如人名、日期、货币数量等的生活信息。这些对象是以字符串、浮点型数的形式，以及由几种简单类型组成的数据结构来表示的。不同的机器由不同的代码来表示字符串、整型数等。为了让采用不同表示法的计算机之间能进行通信，交换中使用的数据结构可以用抽象的方式来定义，并且使用标准的编码方式。表示层管理这些抽象数据结构，并且在计算机内部表示法和网络的标准表示法之间进行转换。

3.3.9 应用层

1. 应用层的概念

应用层是 OSI 参考模型的最高层，它直接与用户和应用程序打交道，为用户使用网络服务提供了接口。应用层作为用户使用 OSI 功能的唯一窗口，其内容取决于用户的需要，这一层涉及的主要问题有文件传输、电子邮件、远程作业等。由于应用类型的复杂性和多样性，目前为止应用层还没有一套完整的标准，是一个范围很广的研究领域。

2. 应用层的功能

应用层的作用不是把各种应用进行标准化，而是把一些应用进程经常使用到的应用层服务、功能以及实现这些功能所要求的协议进行标准化。所以说应用层是直接为用户的应用进程提供服务的。但是需要注意，应用层并不等同于一个应用程序。

3. 应用层协议

在应用层中，人们已制定了多种广泛使用的协议，其中很多是有代表性的协议。

（1）虚拟终端协议（VTP）。世界上有上百种不兼容的终端型号，每个终端包括一个数据结构，但每种终端的功能都有差异，这给终端之间的通信带来很大的困难。解决这一问题的方法是定义一个抽象的网络虚拟终端（Network Virtual Terminal，NVT），编辑程序和其他所有程序都面向该虚拟终端，对每种终端类型，都有软件把网络虚拟终端映射到实际的终端。

虚拟终端的基本思想类似操作系统中虚拟外设的设想，虚拟终端协议就是在对等实体之间实施的一套通信约定，其目的就是把实际终端的特性变成标准的形式，即网络虚拟终端的形式。虚拟终端协议的功能有建立和维护两个应用层实体之间的连接，实施对终端特性标准化表示的翻译转换工作，创建、维护表示终端状态的数据结构等。

（2）文件传输协议（FTP）和简单文件传输协议（TFTP）。应用层的另一个重要功能是解决不同系统中文件传输的问题。不同系统的文件命名原则、文本行表示方法是不一样的，应用层的工作就是让不同系统之间的文件传输不会出现不兼容问题。

文件传输协议（File Transfer Protocol，FTP）是用于文件传输的 Internet 标准，它支持文本文件和面向二进制流的文件结构，适合于远距离、可靠性较差的线路上的文件传输。简单文件传输协议（Trivial File Transfer Protocol，TFTP）通常用于比较稳定、可靠的局域网内部，进行文件传输。

（3）其他常用应用层协议。简单邮件传输协议（Simple Mail Transfer Protocol，SMTP）：支持电子邮件的 Internet 传输。简单网络管理协议（Simple Network Management Protocol，SNMP）：负责网络设备监控和维护，支持安全管理、性能管理等。Telnet 协议是客户机使用的与远端服务器建立连接的标准终端仿真协议。HTTP 协议是用来在浏览器和 WWW 服务器之间传送超文本的协议。DNS 协议是用于实现域名和 IP 地址之间的相互转换的协议。

3.4 TCP/IP 体系结构

3.4.1 TCP/IP 体系结构的层次划分

1. TCP/IP 的产生和发展

OSI 参考模型的提出在计算机网络发展上具有里程碑式的意义，以至于提到计算机网络就不能不提到 OSI 参考模型。但是，它并没有成为事实上的标准，目前最流行的是 TCP/IP。尽管它不是某一标准化组织提出的正式标准，但已经被公认为事实上的工业标准。

TCP/IP 是基于美国国防部坚持的计算机应能在一种公共协议上进行通信的观点产生的。ARPANet 作为其研究成果于 1969 年投入使用，解决了异种计算机互联的基本问题，获得广泛应用，并最终构成了当今 Internet 的主体。TCP/IP 从发展到现在，一共出现了 6 个版本，目前使用的主要是版本 4，它的网络层 IP 协议一般记作 IPv4。随着网络的发展，IPv4 也出现了一些问题，如 32 位地址匮乏、地址类型复杂以及存在的安全问题等，都还待改进。版本 5 是基于 OSI 模型提出的，由于层次变化大，代价高，因此其只是处于建议阶段，并未形成标准。版本 6 的网络层协议一般记作 IPv6，IPv6 被称为下一代的 IP。IPv6 在地址空间、数据完整性、保密性与实时语音、视频传输等方面有很大的改进。

2. TCP/IP 的特点

TCP/IP 具有以下几个特点。

（1）开放的协议标准。可以免费使用，并且独立于特定的计算机硬件与操作系统。

（2）统一分配网络地址。使整个 TCP/IP 设备在网络中具有唯一的 IP 地址。

（3）适应性强。可同时适用于局域网、广域网以及互联网。

（4）标准化的高层协议。可为用户提供多种可靠的网络服务。

3. TCP/IP 参考模型的层次划分

与 OSI 参考模型不同，TCP/IP 体系结构将网络划分为应用层、传输层、互联层和网络接口层 4 层。

实际上，TCP/IP 的分层体系结构与 OSI 参考模型有一定的对应关系。其中，TCP/IP 的应用层与 OSI 参考模型的应用层相对应；TCP/IP 的传输层与 OSI 参考模型的传输层相对应；TCP/IP 的互联层与 OSI 参考模型的网络层相对应；TCP/IP 的网络接口层与 OSI 参考模型的数据链路层和物理层相对应。在 TCP/IP 参考模型中，没有单独设置会话层和表示层。图 3-6 给出了 TCP/IP 参考模型以及其与 OSI 参考模型的层次对应关系。

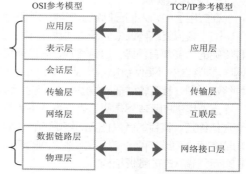

图 3-6　TCP/IP 参考模型与 OSI 参考模型的层次对应关系

3.4.2　TCP/IP 体系结构中各层的功能

1. 网络接口层

在 TCP/IP 体系结构中，网络接口层是最低层，它负责通过网络发送和接收 IP 数据报。TCP/IP 体系结构并未对网络接口层使用的协议做硬性的规定，它允许主机连入网络时使用多种现成的与流行的协议，如局域网协议或其他一些协议。网络接口层的协议非常多，如局域网的以太网协议、令牌环协议、FDDI 协议、ATM 协议、帧中继协议等。

2. 互联层

互联层是 TCP/IP 体系结构的第 2 层，它实现的功能相当于 OSI 参考模型网络层的无连接网络服务。互联层负责把源主机的数据报发送到目的主机，并可以实现跨网传输。

互联层的主要功能包括以下 3 方面。

（1）处理来自传输层的分组发送请求。在收到请求后，将分组装入 IP 数据报，填充报头，选择路径，然后将数据报发送到相应的网络接口。

（2）处理接收的数据报。在收到其他主机发送的数据报后，检查目的地址，需要转发则选择路径转发出去；如目的地址为本节点 IP 地址，则除去报头送交传输层处理。

（3）处理互联网络中路径、流量控制、拥塞控制等问题。

互联层的主要协议有 IP、ICMP、ARP、RARP 等。

3. 传输层

传输层是 TCP/IP 参考模型的第 3 层,在互联层之上,主要处理应用进程之间的端到端的通信。传输层的主要目的是在互联网中的两个通信主机的相应应用进程之间建立通信的端到端的连接,从这点来看,它和 OSI 参考模型中传输层的功能是相似的。

在 TCP/IP 参考模型的传输层,定义了以下两种协议。

(1)传输控制协议(TCP)。TCP 协议是一种可靠的面向连接的协议,提供主机间字节流的无差错传输。TCP 协议同时要完成差错恢复和流量控制功能,协调双方的发送与接收速度,达到正确传输的目的。

(2)用户数据报协议(UDP)。UDP 协议是一种不可靠的面向无连接的协议,它主要用于不要求分组顺序到达的传输中分组传输顺序检查与排序由应用层完成,不提供流量控制和差错恢复功能。

4. 应用层

TCP/IP 参考模型省略了会话层和表示层,应用层位于传输层之上,是其最高层,它通过使用传输层所提供的服务,直接向用户(用户的应用程序)提供服务。它包括了所有的高层协议,并不断有新的协议加入,基于这些协议,应用层向用户提供众多的网络应用。

常用的应用层协议有文件传输协议 FTP、Telnet 协议、域名系统 DNS、超文本传输协议 HTTP、简单网络管理协议 SNMP 等。

3.4.3　TCP/IP 体系结构中的协议栈

计算机网络的层次结构使网络中的各个层次的协议形成了一种从上至下的依赖关系。在计算机网络中,从上至下相互依赖的各种协议就形成了网络中的协议栈。TCP/IP 体系结构与 TCP/IP 协议栈之间的对应关系如图 3-7 所示。

从图中可以看出,应用层的 FTP 协议依赖于传输层的 TCP 协议,而 TCP 协议又依赖于互联层的 IP 协议。应用层的 SNMP 协议依赖于传输层的 UDP 协议,而 UDP 协议也依赖于互联层的 IP 协议等。

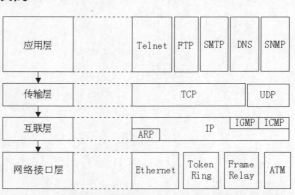

图 3-7　TCP/IP 体系结构与 TCP/IP 协议栈之间的对应关系

📝 本章小结

网络体系结构与网络协议是网络技术中两个最基本的概念。计算机网络是由多个互联的计算机节点组成的,各计算机之间要做到有条不紊地交换数据,每个节点都必须遵守事先约定好的通信规则。这些为网络中的数据交换而制定的规则、约定与标准被称为网络协议。功能完备的网络需要制定一系列的协议。对这一系列复杂的网络协议,最好的组织方法就是层次化的结构模型。计算机网络中的协议就是按照层次结构来组织的,网络的层次结构模型与各个层次协议的集合就是计算机网络体系结构。

国际标准化组织 ISO 定义了计算机网络的 7 层结构模型,即开放系统互联参考模型,它对于推动网络协议标准化的研究起到了重要的作用,对计算机网络的研究具有良好的指导意义。TCP/IP 协议对 Internet 的发展起到了重要的推动作用，而 Internet 的广泛应用又使得 TCP/IP 协议成为事实上的标准。

 习题

1. 请举出生活中的一个例子来说明"协议"的基本含义，并举例说明网络协议中"语法""语义""时序"三个要素的含义和关系。
2. 计算机网络采用层次结构的模型有哪些好处？
3. 描述 OSI 参考模型中数据的流动过程。
4. 描述 OSI 的 7 层模型结构并说明各层次的功能。
5. 描述 TCP/IP 模型的层次结构并说明各层次的功能。
6. 比较 OSI 参考模型和 TCP/IP 参考模型的异同点。

第 4 章
局域网技术

04

自 20 世纪 80 年代以来，随着计算机硬件价格不断下降，用户共享需求增强，局域网技术得到了飞速发展。局域网应用范围非常广泛，从简单的分时服务到复杂的数据库系、管理信息系统、事务处理系统等。其网络结构简单、经济、功能强且灵活性大。本章主要介绍了局域网的基本知识、局域网的模型和标准、介质访问控制方法和虚拟局域网技术，其中重点阐述了以太网技术及应用。

本章主要学习内容如下。

- 局域网的特点、体系结构和拓扑结构。
- IEEE 802 模型与标准。
- 介质访问控制方法。
- 以太网技术。
- 生成树协议。
- 虚拟局域网。

4.1　局域网技术概述

局域网技术对计算机信息系统的发展有很大影响，人们借助于局域网这一资源共享平台可以很方便地实现以下功能：共享存储和打印等硬件设备；共享公共数据库等各类信息和软件；向用户提供诸如电子邮件传输等高级服务。因此，它不仅广泛应用于办公自动化、企业管理信息处理自动化以及金融、外贸、交通、商业、军事、教育等部门，而且随着通信技术的发展，它在相关的领域中所起的作用也会越来越大。

4.1.1　局域网的特点

局域网（LAN）和广域网（WAN）一样，也是一种连接各种设备的通信网络，并为这些设备间的信息交换提供相应的路径。局域网和广域网相比，有其自身的特点，它的主要特点如下。

（1）规划、建设、管理与维护的自主性强。局域网通常为一个单位或一个部门所有，不受其他网络规定的约定，易进行设备的更新和技术的更新，易于扩充，但要自己负责网络的管理和维护。

（2）覆盖地理范围小。局域网的分布地理范围小，如一个学校、工厂、企事业单位，各节点距离一般较短。

（3）综合成本低。局域网覆盖范围有限，通信线路较短，网络设备相对较少，使得网络建设、管理和维护的成本相对较低。

（4）传输速率高。由于局域网通信线路较短，故可选用较高性能的传输介质作为通信线路，通过较宽的频带，可以大幅度提高通信速率，缩短延迟时间。目前，局域网的传输速率均在 100 Mbit/s 以上。

（5）误码率低，可靠性高。局域网通信线路短，其信息传输可以避免时延和干扰，因此时延低，误码率低。通常局域网误码率为 $10^{-11} \sim 10^{-8}$。

（6）通常由微机和中小型服务器构成。基于局域网的功能和应用，其构成主要是微机和中小型服务器等。

基于局域网的以上特点，在局域网的设计过程中，其关键技术为网络拓扑、传输介质与介质访问控制方法。

4.1.2　局域网的关键技术

1. 局域网的网络拓扑结构

计算机网络的连接方式叫作网络拓扑结构，网络拓扑是指使用传输介质互联的各种设备之间的物理布局。局域网拓扑结构是指在一个局部的地理范围内（如一个学校、工厂和机关内），将各种计算机、外部设备和网络设备等互联起来的计算机通信网。

2. 局域网的传输介质

局域网常用的传输介质有同轴电缆、双绞线、光纤和无线通信信道。早期（20 世纪 80 年代到 90 年代中期）应用最多的是同轴电缆。随着计算机通信技术的飞速发展和网络应用的日益普及，双绞线与光纤尤其是双绞线产品的发展更快、应用更广泛，其已普遍应用于数据传输速率为 100 Mbit/s、1 Gbit/s 的高速局域网中，因此，双绞线越来越受到大家的欢迎。

3. 局域网的介质访问控制方法

介质访问控制（Media Access Control，MAC）方法。传统的局域网采用"共享介质"的工作方法。为达到能够实现对多节点使用同一共享传输介质发送和接收数据的控制，经过多年的研究，多种不同的介质访问控制方法被提出。IEEE 802 标准主要定义了以下 3 种类型的 MAC 方法。

- 带有冲突检测的载波监听多路访问（CSMA/CD）方法的总线型局域网。
- 令牌总线（Token Bus）方法的总线型局域网。
- 令牌环（Token Ring）方法的环形局域网。

4.1.3　局域网的体系结构

局域网出现不久，数量和品种就迅速增多，在网络拓扑、传输介质与介质访问控制技术等方面都形成了自己的特点。局域网是计算机网络系统的一种。与一般的网络相比，它在信息的传输上具有两个特点：①数据是以帧寻址方式工作的；②局域网内一般不存在中间转换问题。对于局域网来说，物理层是用来建立物理连接的，数据链路层将数据以帧为基本单位进行传输，并实现帧的顺序控制、差错控制和流量控制功能，使不可靠的链路变成可靠的链路，因此，根据 OSI 参考模型，结合局域网本身的特点，IEEE802 委员会制定了具体的局域网模型和标准。图 4-1 为 OSI 参考模型与 LAN 参考模型的对应关系。

局域网不提供 OSI 网络层及以上高层的主要原因

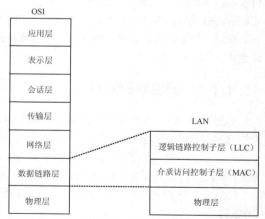

图 4-1　OSI 参考模型和 LAN 参考模型的对应关系

是：首先，局域网属于通信网，它只涉及与通信有关的功能，因此，它至多与 OSI 中的低三层有关；其次，由于局域网基本上采用共享信道技术和第二层交换技术，因此，可以不设单独的网络层。可以这样理解，对于不同的局域网技术来说，它们的主要区别体现在物理层和数据链路层，当这些不同的局域网需要网络层互联时，可以借助现有的网络层协议，如 TCP/IP 中的 IP，而不需单独定义网络层。

局域网各层功能如下。

（1）物理层。物理层负责物理连接管理以及在介质上传输比特流。其主要任务是描述传输介质接口的一些特性，如接口的机械特性、电气特性、功能特性、规程特性等。这与 OSI 参考模型的物理层相同，但由于 LAN 可以采用多种传输介质，各种介质的差异很大，使得其物理层的处理过程较为复杂。

（2）数据链路层。数据链路层的主要作用是通过一些数据链路层协议，负责帧的传输管理和控制，在不太可靠的传输信道上实现可靠的数据传输。

在 LAN 中，由于各节点共享网络公共信道，因此，首先必须解决信道争用问题，即数据链路层必须有介质访问控制功能。又由于 LAN 采用的拓扑结构不同，传输介质各异，相应的介质访问控制方法也存在差异，这就导致了数据链路层存在与介质有关的和无关的两部分。在数据链路功能中，将与介质有关的部分和无关的部分分开，可以降低不同类型介质接口设备的费用，所以又可将 LAN 的数据链路层划分为两个子层：逻辑链路控制（Logic Link Control，LLC）子层和介质访问控制（Medium Access Control，MAC）子层。

① LLC 子层。LLC 子层集中了与介质无关的部分，并将网络层服务访问点 SAP 设在 LLC 子层与高层的交界面上。LLC 具有帧传输、接收功能，并具有帧顺序控制、流量控制等功能。在不设网络层时，此子层还负责通过服务访问点（SAP）向网络层提供服务。

② MAC 子层。MAC 子层集中了与介质有关的部分，负责在物理层的基础上进行无差错通信，维护数据链路功能，并为 LLC 子层提供服务，其支持 CSMA/CD、Token-Bus、Token-Ring 等介质访问控制方式；发送信息时负责把 LLC 帧组装成带有 MAC 地址（也称为网卡的物理地址或二层地址）和差错校验的 MAC 帧，接收数据时对 MAC 帧进行拆卸、目标地址识别和 CRC 校验。

4.1.4　局域网的拓扑结构

局域网在网络拓扑结构上主要分为总线型、环形与星形 3 种基本结构。

总线型结构是局域网主要的拓扑结构之一，是一种基于公共主干信道的广播式拓扑形式，常见的总线型局域网有由粗、细同轴电缆作总线的 10BASE-5 和 10BASE-2 以太网等。

环形结构是一种基于公共环路的拓扑形式，其控制方式可集中于某一节点，其信息流一般是单向的，路径选择较为简单。FDDI 网即环形结构。

星形结构是一种集中控制的结构形式，在出现了交换式以太网后，才真正出现了物理结构与逻辑结构一致的星形拓扑结构。常见的星形局域网有基于集线器的 10/100/1000BASE-T 共享式以太网和基于各种交换机的交换式以太网。

4.2　局域网的模型与标准

4.2.1　IEEE 802 参考模型

20 世纪 80 年代初期，美国电气电子工程师协会 IEEE 802 委员会结合局域网自身的特点，参考 ISO 的 OSI/RM，提出局域网的参考模型（LAN/RM）——IEEE 802 参考模型（又称为 IEEE 802 标准），制定出局域网体系结构。因 IEEE 802 标准诞生于 1980 年 2 月，故称为 IEEE 802 标准。由于计算机网络的体系结构和国际标准化组织（ISO）提出的开放系统互联参考模型 OSI/RM 已得到广泛认同，并提供了一个便于理解、易于开发的统一计算机网络体系结构，因此，IEEE 802 参考模型在参考了 OSI 参考模型的基础上，根据局域网的特征，定义的局域网的体系结构仅包含了 OSI 参考模型的最低两层（物理层和数据链路层）。许多 IEEE 802 标准现已成为 ISO 的国际标准。

4.2.2 IEEE 802 标准

　　IEEE 802 委员会为局域网制定了一系列标准，它们统称为 IEEE 802 标准，IEEE 802 各标准之间的关系如图 4-2 所示，表 4-1 所示为 IEEE 802 已经公布的标准。

图 4-2　IEEE 802 标准体系

表 4-1　IEEE 802 为局域网制定的一系列标准

标准	研究内容
IEEE 802.1 标准	定义了局域网体系结构、寻址、网络互联以及网络管理
IEEE 802.2 标准	定义了逻辑链路控制（LLC）子层功能与服务协议
IEEE 802.3 标准	定义了 CDMS/CD 访问方法及物理层技术规范
IEEE 802.4 标准	定义了令牌总路线访问方法及物理层技术规范
IEEE 802.5 标准	定义了令牌环访问方法及物理层技术规范
IEEE 802.6 标准	定义了城域网络（MAN）访问控制方法及物理层技术规范
IEEE 802.7 标准	定义了宽带网络规范
IEEE 802.8 标准	定义了光纤网络传输规范
IEEE 802.9 标准	定义了综合业务局域网接口
IEEE 802.10 标准	定义了可互操作的 LAN 的安全性规范
IEEE 802.11 标准	定义了无线 LAN 规范
IEEE 802.12 标准	定义了 100VG-AnyLAN 规范
IEEE 802.13 标准	定义了交互式电视网规范
IEEE 802.14 标准	定义了电缆调制解调器规范
IEEE 802.15 标准	定义了个人无线网络标准规范
IEEE 802.16 标准	定义了宽带无线局域网标准规范

　　随着局域网技术的发展，该体系还在不断地增加新的标准与协议。例如，目前常用的以太网（Ethernet）IEEE 802.3 家族出现了 802.3u（快速以太网）、802.3z（吉比特光纤以太网）、802.3ab（吉比特双绞线以太网）、802.3ae（十吉比特光纤以太网）、802.3ak（十吉比特铜缆以太网，铜缆距离小于 15 m）、802.3an（十吉比特双绞线以太网，六类/七类双绞线）。

4.3　介质访问控制方法

　　在局域网的发展中，以太网、令牌总线和令牌环在 20 世纪 80 年代基本形成三足鼎立的局面，但是到了今天，以太网已经超越了其他两者，成为目前应用最广泛的局域网标准。IEEE 802.3 标准规定了

CSMA/CD 访问方法和物理层技术规范，采用 IEEE 802.3 协议标准的典型局域网是以太网。

以太网的核心技术是随机争用型介质访问控制方法，即带有冲突检测的载波监听多路访问（CSMA/CD）方法。CSMA 起源于 ALOHA 网，采用 CSMA/CD 方法作为以太网的介质访问方法的总线型网是一种多点共享式网络，它将所有的设备都直接连到一条物理信道上，该信道承担任何两个设备之间的全部数据传输任务。节点以帧的形式发送数据，帧中含有目的节点地址和源节点地址，帧通过信道的传输是广播式的，所有连在信道上的设备都能检测到该帧。当目的节点检测到该帧目的地址与本节点地址相同时，就接收该帧，不然，则丢弃该帧。采用这种操作方法，在信道上可能有两个或更多的设备在同一瞬间都发送帧，从而在信道上造成帧的重叠而出现差错，这种现象称为冲突。

1. CSMA/CD 的发送工作过程

有人将 CSMA/CD 协议的工作过程形象地比喻成很多人在一间黑屋子里举行的讨论会，参加人只能互相听到其他人的声音。参加会议的每个人在说话前必须先倾听，只有等会场安静下来之后，他才能发言。人们把发言之前需要"监听"，以确定是不是已经有人在发言的动作叫作"载波侦听"。一旦会场安静，则每个人都有平等的机会讲话的状态叫作"多路访问"。如果在同一时刻有两个人或两个以上的人同时说话，那么大家就无法听清其中任何一个人的发言，这种情况叫作发生"冲突"。发言人在发言过程中需要及时发现是否发生了冲突，这个动作叫作"冲突检测"。如果发言人发现冲突已经发生，那么他就需要停止讲话，然后随机等待延迟一段时间，再次重复上述过程，直到讲话成功。如果失败的次数太多，他也许就放弃了这次发言的想法。

CSMA/CD 方法与上面描述的过程非常相似，可以把它的工作过程概括为发前先听，边发边听，冲突停止，随机重发。

（1）载波监听。使用载波监听多路访问（CSMA）协议时，每个节点在使用信道发送信息之前，都会对信道的使用情况进行检测，即检查是否在信道中存在载波。如图 4-3 所示，物理层的收发器可以通过总线的电平跳变情况来判断总线的忙闲情况。这种检测方法可以大大降低信道中发生冲突的可能性。

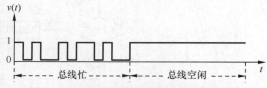

图 4-3　通过对总线电平的跳变判断总线的状态

（2）冲突检测方法。载波监听并不能完全消除冲突，数字信号在传输介质中是以一定的速度传输的，速度为 1.95×10^8 m/s。如果局域网中的两个节点 A 与 B 相距 2 km，那么 A 向 B 发送一帧数据大约需要 10 μs 的传输时间，也就是说 B 在 10 μs 内并不能接收到 A 传送来的数据，即不能监听到信道上有数据发送，那么它就可能在这段时间内向 A 或者其他节点传送数据。如果出现了这种情况，则产生了"冲突"，即采用载波监听也不可避免，因此，在多个节点共享公共传输介质时，就需要进行"冲突检测"。

例如，可以采用比较法来检测冲突，也就是将发送信号波形和从总线上接收的信号波形进行比较。如果发现从总线上接收的信号与发送出去的信号不一致，说明总线上有多个节点发送了数据，即信号由于叠加，改变了原始波形，造成了冲突。

（3）发现冲突，停止发送。如果检测到总线上信息与本节点发送的信息不一致，则说明发生了冲突，此次占用总线未成功，这时为了确保其他节点也能够检测冲突，该节点要发送一串短的阻塞信号，阻塞信号是在检测到冲突后向正在尝试发送信息的节点所发出的帧，其目的是避免其他卷入冲突的节点由于没有检测到冲突而继续发送。阻塞信号是一个节点在检测到冲突时通知其他节点的一种有效方法，这样就确保有足够的冲突持续时间，使得网中所有的节点都能检测出冲突，就可以马上丢弃产生冲突的帧并且停止发送，从而减少了时间的浪费，提高了信道的利用率。

（4）随机延迟重发。停止发送并等待一个随机周期后该节点再尝试发送信息（该等待的随机时间周期是按一定算法计算出来的）。

在由于检测到冲突而停止发送后，一个节点必须等待一个随机时间段才能重新尝试传输，这一随机等待时间是为了降低再次发生冲突的可能性。通常，人们把这种等待一段随机时间再重传的处理方法称为退避处理，把计算随机时间的方法称为退避算法。一般如果重发次数≤16，则允许节点随机延迟一段时间后再重发，连续出现冲突次数越多，计算出的等待时间越长。当冲突次数超过了16次时，表示发送失败，放弃该帧发送。

CSMA/CD 的发送工作过程概括如下。

（1）侦听信道，如果信道空闲则发送信息。

（2）如果信道忙，则继续侦听，直到信道空闲时立即发送。

（3）发送信息的同时进行冲突检测，如发生冲突，立即停止剩余信息的发送，并向总线上发出阻塞信号，通知总线上各节点冲突已发生，使各节点重新开始侦听与竞争。

（4）已发出信息的各节点收到阻塞信号后，都停止继续发送，各等待一段随机时间（不同节点计算得到的随机时间应不同），重新进入侦听发送阶段。

CSMA/CD 发送过程流程如图 4-4 所示。

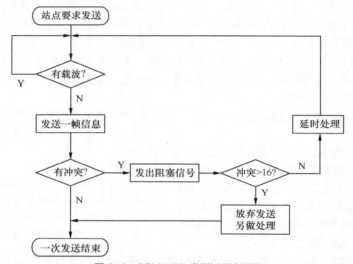

图 4-4　CSMA/CD 发送过程流程图

2. CSMA/CD 的接收工作过程

CSMA/CD 方法的数据接收过程相对简单。总线上每个节点随时都在监听总线，如果有信息帧到来，则接收并且得到 MAC 帧；再分析和判断该帧中的目的地址，如果目的地址与本节点地址相同，则复制接收该帧，否则，丢弃该帧。由于 CSMA/CD 控制方法的数据发送具有广播性特点，对于具有组地址或广播地址的数据帧来说，同时可被多个节点接收。

CSMA/CD 方法的优点是，每个节点都平等地去竞争传输介质，实现的算法较为简单；要发送的节点可以直接获得对介质的访问权，实现数据发送操作，效率较高。但该方法的缺点是，不具有优先权；总线负载重时，容易出现冲突，使传输速率和有效带宽大大降低。

4.4　以太网技术

4.4.1　以太网的产生与发展

1975 年美国 DEC、Intel 和 Xerox 三家公司联合研制成功并公布了 Ethernet 的物理层与数据链路层的规范。以太网最初采用总线结构，用同轴电缆作为总线传输信息，现在也采用星形结构。尤其是在 20 世纪 90 年代，IEEE 802.3 标准中物理层标准 10BASE-T 的产生，使得 Ethernet 性能价格比大大提高，这就使得 Ethernet 在各种局域网产品竞争中占有明显的优势。目前，不仅吉比特、十吉比特以太网已经进入主流应用，100 Gbit/s 的以太网产品也已经开始应用。

4.4.2 传统以太网技术

传统以太网典型速率是 10 Mbit/s。其物理层定义了多种传输介质（同轴电缆、双绞线以及光纤）和拓扑结构（总线型、星形和混合型），形成了一个 10 Mbit/s 以太网标准系列，主要包括 10BASE-2、10BASE-5、10BASE-T 等标准。

1. 10BASE-2

10BASE-2 网络采用总线结构。在这种网络中，各节点一般通过 RG-58/U 形细同轴电缆连接成网络。根据 10BASE-2 网络的总体规模，它可以分割为若干个网段，每个网段的两端要用 50 Ω 的终端器端接，同时要有一端接地。图 4-5 所示为一段 10BASE-2 网络。

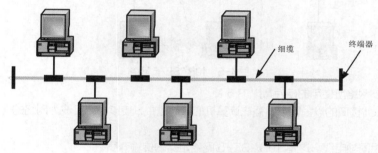

图 4-5　10BASE-2 网络

10BASE-2 网络所使用的硬件有以下几种。

（1）带有 BNC 接口的以太网卡（内收发器）。它插在计算机的扩展槽中，使该计算机成为网络的一个节点，以便连接入网。

（2）50 Ω 细同轴电缆。这是 10BASE-2 网络定义的传输介质。

（3）T 形连接器。用于细同轴电缆与网卡的连接。

（4）50 Ω 终端器。电缆两端各接一个终端器，用于阻止电缆上的信号反射。

10BASE-2 标准中规定的联网技术指标和参数如表 4-2 所示。

表 4-2　　几种以太网络的指标和参数

网络 参数	10BASE-2	10BASE-5	10BASE-T
单网段最大长度	185 m	500 m	100 m
网络最大长度（跨距）	925 m	2 500 m	500 m
节点间最小距离	0.5 m	2.5 m	
单网段的最多节点数	30	100	
拓扑结构	总线型	总线型	星形
传输介质	细同轴电缆	粗同轴电缆	双绞线
连接器	BNC、T	AUI、U 筒	RJ-45
最多网段数	5	5	5

2. 10BASE-5

10BASE-5 网络也采用总线介质和基带传输，速率为 10 Mbit/s，单个网段最大长度为 500 m。10BASE-5 网络采用的电缆是 50 Ω 的 RG-8 粗同轴电缆。10BASE-5 网络并不是将节点直接连到粗同轴电缆上，而是在粗同轴电缆上接一个外部收发器，外部收发器中有一个附加装置接口（AUI），由一段收发器电缆将外部收发器与网卡连接起来，收发器电缆长度不得超过 50 m。

10BASE-5 网络的安装比细电缆复杂，但它能更好地抗电磁干扰，防止信号衰减。在每个网段的两端也要用 50 Ω 的终端器进行连接，同时要有一端接地。图 4-6 所示为一段 10BASE-5 网络。

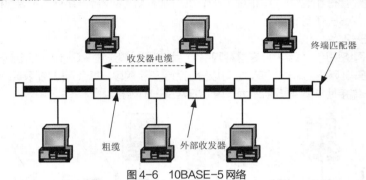

图 4-6　10BASE-5 网络

10BASE-5 网络所使用的硬件有以下 5 种。

（1）带有 AUI 接口的以太网卡。插在计算机的扩展槽中，使该计算机成为网络的一个节点，以连接入网。

（2）50 Ω 粗同轴电缆。这是 10BASE-5 网络定义的传输介质。

（3）外部收发器。两端连接粗同轴电缆，中间经 AUI 接口由收发器电缆连接网卡。

（4）收发器电缆。两头带有 AUI 接头，用于外部收发器与网卡之间的连接。

（5）50 Ω 终端匹配器。电缆两端各接一个终端匹配器，用于阻止电缆上的信号反射。

10BASE-5 标准中规定的网络指标和参数如表 4-2 所示。

在实际应用中，由于粗缆可以传输更长的距离，而细缆通常比较经济，可以将粗缆和细缆结合起来使用。一般可以通过一个粗细转接器来完成粗缆和细缆的连接，粗细缆混连时，网络干线长度为 185～500m，也可以通过中继设备将粗缆网段和细缆网段相连接。

3. 10BASE-T

10BASE-T 网络也采用基带传输，传输速率为 10 Mbit/s，T 表示使用双绞线作为传输介质。10BASE-T 网络的技术特点是使用已有的 802.3 MAC 层，通过一个介质连接单元（MAU）与 10BASE-T 物理连接。典型的 MAU 设备是集线器（Hub）或交换机（Switch），常用的 10BASE-T 物理介质是 2 对 3 类 UTP，UTP 电缆内含 4 对双绞线，收、发各用一对。连接器是符合 ISO 标准的 RJ-45 接口，所允许的最大 UTP 电缆长度为 100 m，网络拓扑结构为星形，如图 4-7 所示，这是一段 10BASE-T 网络的物理连接。

10BASE-T 网络所使用的硬件有以下几种。

（1）带有 RJ-45 接口的以太网卡。插在计算机的扩展槽中的以太网卡使该计算机成为网络的一个节点，与网内其他节点通信。

（2）RJ-45 接头。电缆两端各压接一个 RJ-45 接头，一端连接网卡，另一端连接集线器。

（3）3 类以上的 UTP 电缆。这是 10BASE-T 网络定义的传输介质。

（4）10BASE-T 集线器。10BASE-T 集线器是 10BASE-T 网络技术的核心。集线器是一个具有中继器特性的有源多口转发器，其功能是接收从某一端口发送来的数据信息，再将接收到的数据信息广播发送到网中的每个端口。

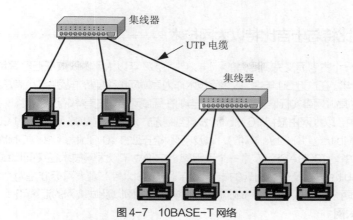

图 4-7　10BASE-T 网络

10BASE-T 标准中规定的网络指标和参数如表 4-2 所示。

以太网上的计算机用 MAC 地址作为自己的唯一标识。MAC 地址为二进制 48 位，常用 12 位十六进制数表示，如 00-E0-FC-01-23-45。MAC 地址固化在网卡的 ROM 中，因此也称为硬件地址。每块网卡的 MAC 地址是全球唯一的。一台计算机可能有多个网卡，因此也可能同时具有多个 MAC 地址。

4.4.3　快速以太网技术

随着局域网应用的深入，传统以太网 10 Mbit/s 的传输速率在多方面都限制了其应用，人们对局域网带宽提出了更高的要求。1995 年 9 月，IEEE 802 委员会正式公布了快速以太网标准 IEEE 802.3u。该标准在 MAC 子层使用了 CSMA/CD 方法，在 LLC 子层使用了 IEEE 802.2 标准，定义了新的物理层标准，提供了 100 Mbit/s 的传输速率，100BASE-T 作为以太网 IEEE 802.3 标准的扩充条款。快速以太网的传输速率比普通以太网快 10 倍，数据传输速率达到了 100 Mbit/s。快速以太网基本保留了传统以太网的基本特征，即相同的帧格式、介质访问控制方法与组网方法。但是，为了实现 100 Mbit/s 的传输速率，它在物理层做了一些重要改进，将原来编码效率较低的曼彻斯特编码改为效率更高的 4B/5B 编码，在传输介质上，取消了对同轴电缆的支持。

100BASE-T 标准定义了介质专用接口（Media Independent Interface，MII），它将 MAC 子层与物理层分隔开来。这样，物理层在实现 100 Mbit/s 速率时所使用的传输介质和信号编码方式的变化不会影响 MAC 子层。快速以太网的协议结构如图 4-8 所示。

通过图 4-8 可以看到以下内容。

（1）100BASE-TX。100BASE-TX 支持 2 对 5 类非屏蔽双绞线 UTP 或 2 对 1 类屏蔽双绞线 STP，其中 1 对 5 类 UTP 或 1 对 1 类 STP 用于数据的发送，另 1 对双绞线用于接收。

（2）100BASE-T4。100BASE-T4 支持 4 对 3/4/5 类非屏蔽双绞线 UTP，其中，3 对 UTP 用于数据的传输，另 1 对 UTP 用于检测冲突。

（3）100BASE-FX。100BASE-FX 支持 2 芯的多模（62.5/125）或单模（8/125）光纤。100BASE-FX 主要用作高速主干网。

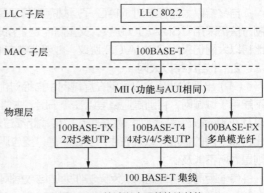

图 4-8　快速以太网的协议结构

4.4.4 吉比特与十吉比特以太网技术

以太网标准是一个古老而又充满活力的标准。自 1982 年以太网协议被 IEEE 采纳成为标准到 2009 年，已走过了近 30 年。在这近 30 年中，以太网技术作为局域网链路层标准战胜了令牌总线、令牌环、ATM、FDDI 等技术，成为局域网事实标准。以太网技术当前在局域网市场占有率超过 90%。

在这近 30 年中，以太网由最初 10 Mbit/s 发展到目前广泛应用的 100 Mbit/s、1 000 Mbit/s（1 Gb/s 标准）和 10 000 Mbit/s（10 Gb/s 标准），以及不久将出现的 40 Gbit/s、100 Gbit/s 以太网标准。

在以太网技术中，100BASE-T 是一个里程碑，它确立了以太网技术在桌面局域网技术中的统治地位。吉比特（1 Gbit/s）以及随后出现的十吉比特（10 Gbit/s）以太网标准是两个比较重要的标准，以太网技术通过这两个标准从桌面的局域网技术延伸到校园网以及城域网的汇聚和骨干。

1. 吉比特以太网

吉比特以太网标准分成两类，IEEE 802.3z 和 IEEE 802.3ab。IEEE 802.3z 吉比特以太网标准是由 IEEE 标准组织于 1998 年 6 月出台的，它分别定义了 3 种传输媒质：1000BASE-LX，1000BASE-SX，1000BASE-CX。IEEE 802.3ab 定义如何在 5 类 UTP 上运行吉比特以太网的物理层标准。IEEE 标准化委员会在 1999 年 6 月批准了 1000BASE-T 标准。

（1）IEEE 802.3z。IEEE 802.3z 定义了基于光纤和短距离铜缆的 1000BASE-X 标准，采用 8B/10B 编码技术，传输速率为 1 000 Mbit/s。IEEE 802.3z 具有下列吉比特以太网标准。

① 1000BASE-SX。1000BASE-SX 只支持多模光纤，可以采用纤芯直径为 62.5 μm 或 50 μm 的多模光纤工作在全双工模式，工作波长为 770～860 nm，最大传输距离为 220～550m。

② 1000BASE-LX。1000BASE-LX 既可以驱动多模光纤，也可以驱动单模光纤。

- 多模光纤：1000BASE-LX 可以采用直径为 62.5 μm 或 50 μm 的多模光纤工作在全双工模式，工作波长范围为 1 270～1 355 nm，最大传输距离为 550 m。
- 单模光纤：1000BASE-LX 可以支持直径为 9 μm 或 10 μm 的单模光纤工作在全双工模式，工作波长范围为 1 270～1 355 nm，最大传输距离为 5 km。

③ 1000BASE-CX。采用 150 Ω 屏蔽双绞线（STP），传输距离为 25 m。

（2）IEEE 802.3ab。IEEE 802.3ab 定义的传输介质为 5 类 UTP 电缆，信息沿 4 对双绞线同时传输，传输距离为 100 m，与 10Base-T、100Base-T 完全兼容。

吉比特以太网标准对 MAC 子层规范进行了重新定义，以维持适当的网络传输距离，但介质访问控制方法仍采用 CSMA/CD 协议，又重新制定了物理层标准，使之能提供 1 000 Mbit/s 的带宽。由于吉比特以太网仍采用 CSMA/CD 协议，能够非常方便地从传统以太网向吉比特以太网升级。

2. 十吉比特以太网

（1）出现的背景。以太网在局域网中占绝对优势，但是在很长的一段时间里，人们普遍认为以太网不能用于城域网，特别是汇聚层以及骨干层。主要原因在于以太网用作城域网骨干带宽太低（10 Mbit/s 以及 100 Mbit/s 快速以太网的时代），传输距离过短，当时认为最有前途的城域网技术是 FDDI。随着吉比特以太网的标准化以及在生产实践中的广泛应用，以太网技术逐渐延伸到城域网的汇聚层，作为骨干则是力所不能及。

传输距离也曾经是以太网无法作为城域数据网骨干层链路技术的一大障碍。无论是 100 Mbit/s 还是 1 000 Mbit/s 以太网，由于信噪比、碰撞检测、可用带宽等原因，五类线传输距离都是 100 m。使用光纤传输时距离由以太网使用的主从同步机制所制约，即便是使用纤芯为 10 μm 的单模光纤，最长传输距离也只有 5 km，最长传输距离为 5 km 的吉比特以太网链路在城域范围内远远不够。

综上所述，以太网技术不适于用在城域网骨干/汇聚层的主要原因是带宽以及传输距离。随着十吉比特以太网技术的出现，上述两个问题基本已得到解决。

（2）技术标准。以太网采用 CSMA/CD 机制，即带碰撞检测的载波监听多重访问。吉比特以太网接口基本应用在点对点线路，不再共享带宽，碰撞检测、载波监听和多重访问已不再重要。吉比特以太网与传统低速以太网最大的相似之处在于采用相同的以太网帧结构。十吉比特以太网技术与吉比特以太网类似，仍然保留了以太网帧结构。

十吉比特以太网能够使用多种光纤介质，具体表示方法为 10GBASE-[光纤介质类型][编码方案][波长数]，或更加具体些表示为 10GBASE[E/L/S][R/W/X][/4]。

① 光纤介质类型。S 为短波长（850 nm），用于多模光纤在短距离（约为 35 m）传送数据；L 为长波长，用于在校园的建筑物之间或大厦的楼层进行数据传输，可以使用多模或单模光纤。在使用多模光纤时，传输距离为 90 m，而当使用单模光纤时可支持 10 km 的传输距离；E 为特长波长，用于单模光纤的广域网或城域网中的数据传送，当使用 1 550 nm 波长的单模光纤时，传输距离可达 40 km。

② 编码方案。X 为局域网物理层中的 8B/10B 编码，R 为局域网物理层中的 64B/66B 编码，W 为广域网物理层中的 64B/66B 编码（简化的 SONET/SDH 封装）。

③ 波长数。波长数可以为 4，使用的是宽波分复用（WWDM）。在进行短距离传输时，WWDM 要比密集波分复用（DWDM）适宜得多。如果不使用波分复用，则波长数为 1，可将其省略。为了解决因现有多模光纤模式带宽过低而造成传输距离过短这一问题，又开发出一种高带宽多模光纤（HDMMF），可以使多模光纤支持的最远传输距离达到 300 m。

十吉比特以太网与传统以太网的不同之处主要有 3 点：一是十吉比特以太网在数据链路和物理层上包括了专供城域网和广域网使用的新接口；二是十吉比特以太网只以全双工模式运行，而其他类型的以太网都允许半双工运行模式；三是十吉比特以太网不支持自动协商。自动协商功能的目的是方便用户，但在实际中其被证明是造成连接性障碍的主要原因，去除自动协商可简化故障的查找。

4.4.5　交换式以太网技术

以太网交换技术是在多端口网桥的基础上于 20 世纪 90 年代初发展起来的。交换式以太网的核心是交换式集线器（交换机），其主要特点是，所有端口平时都不联通；当站点需要通信时，交换机才同时联通许多对端口，使每一对相互通信的站点都能像独占通信信道那样，无冲突地传输数据，即每个站点都能独享信道速率；通信完成后就断开连接。因此，交换式以太网技术是提高网络效率、减少拥塞的有效方案之一。

1. 交换式以太网概述

在传统的共享式以太网中，因为网络中各个节点共享总线，这使得任一时刻在传输介质上只能有一个数据包传输，其他想同时发送数据的节点只能退避等待，否则就会造成冲突，这就造成了等待时间较长。共享式以太网在实际应用中会存在以下问题。

（1）多个节点共享传输介质，当网络负载较重（节点多）时，由于冲突和重发事件的大量发生，网络的信息传输效率变得很低，导致网络性能急剧下降。

（2）随着 Client/Server 体系结构的发展，客户端需要更多地与服务器交换信息，这导致网络的通信信息成倍地增加，共享式网络所提供的网络带宽越来越难以满足不断增长的数据传输需求。

（3）随着多媒体信息的广泛使用，特别是多媒体信息的实时传输，需要占用大量的网络带宽，共享式局域网难以给予充分的网络带宽支持。

典型的交换式局域网是交换式以太网（Switched Ethernet），它的核心部件是以太网交换机（Ethernet Switch）。以太网交换机可以有多个端口，每个端口可以单独与一个节点连接，也可以与一个共享介质式的以太网集线器（Hub）连接。以 10 Mbit/s 以太网交换机为例，如果一个端口只连接一个节点，那么这个节点就可以独占 10 Mbit/s 的带宽，这类端口通常被称为"专用 10 Mbit/s 的端口"，如果一个端口连接一个 10 Mbit/s 的以太网，那么这个端口将被以太网中的多个节点所共享，这类端口就被称为"共享 10 Mbit/s

的端口"。图 4-9 所示为典型的交换式以太网的结构，交换式以太网从根本上改变了"共享介质"的工作方式，它通过以太网交换机支持交换机端口节点之间的多个并发连接，实现多节点之间数据的并发传输。因此，交换式以太网可以增加网络带宽，改善局域网的性能与服务质量。

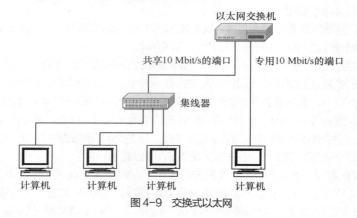

图 4-9 交换式以太网

2. 交换机的转发方式

交换机的实现技术主要有以下 3 种。

（1）存储转发技术。存储转发技术要求交换机在接收到全部数据包后再决定如何转发。这样一来，交换机可以在转发之前检查数据包的完整性和正确性。其优点是没有残缺帧（碎片）和错误帧的转发，可靠性高，另外，其还支持不同速度的端口之间的数据交换。其缺点是转发速率比直接交换技术慢。

（2）直接交换技术。交换机一旦解读到帧的目的地址，就开始向目的端口发送数据包。通常，交换机在接收到帧的前 6 个字节时，就已经知道目的地址，从而可以决定向哪个端口转发这个数据包。直接转发技术的优点是转发速率快、延时小及网络整体吞吐率高等。其缺点是交换机在没有完全接收并检查帧的正确性之前就已经开始了数据转发，浪费了宝贵的网络带宽，另外，其不提供数据缓存，因此，不支持不同速率的端口之间的数据交换。

（3）改进的直接交换技术。改进的直接交换是直接交换和存储转发的一种折中方案。根据以太网的帧结构，一个正常的以太网的帧长度至少是 64 byte，小于 64 byte 的帧是错误的，称为帧碎片。改进的直接交换方式中，交换机读取并检测帧的长度，当满足 64 byte 要求时就转发出去。这种方法与直接交换相比有一定的差错检测能力（主要是帧碎片的检测），和存储转发方式相比，延迟又较小，所以说是一种折中的方案。

3. 以太网交换机工作过程

交换机跟 Hub 的最大区别就是能做到端口到端口的转发。如接收到一个数据帧以后，交换机会根据数据帧头中的目的 MAC 地址，发送到适当的端口，而 Hub 则不然，它把接收到的数据帧向所有端口广播转发。交换机之所以能做到根据 MAC 地址选择端口，完全依赖内部的一个重要的数据结构（MAC 地址表）。交换机接收到一个数据帧，依靠该数据帧的目的 MAC 地址来查找 MAC 地址表，查找的结果是一个或一组端口，根据查找的结构，把数据包送到相应端口的发送队列。

MAC 转发表包含下面几项内容。

（1）MAC 地址。

（2）一个或一组端口号。

（3）如果交换机上划分了 VLAN，还包括 VLAN ID 号。

交换机根据接收到的数据帧的目的 MAC 地址，来查找该表格，根据找到的端口号，把数据帧发送出去。

这个表格可以通过以下两种途径生成。

（1）手工配置加入。通过配置命令的形式告诉交换机 MAC 地址和端口的对应。

（2）交换机动态学习获得。交换机通过查看接收的每个数据帧来学习生成该表。

手工生成该表很简单，不过配置起来会占用大量的时间，所以通常情况下是交换机自动获得的。

下面分析一下交换机是如何获得这个 MAC 地址表的，首先，提出交换机转发数据帧的如下基本规则。

● 交换机查 MAC 地址表，如果查找到结果，根据查找结果进行转发。

● 如果交换机在 MAC 地址表中查找不到结果，则根据配置进行处理，通常情况下是向所有的端口发送该数据帧，在发送数据帧的同时，学习到一条 MAC 地址表项。

开始的时候，交换机的 MAC 地址表是空的，如图 4-10 所示，当交换机接收到第 1 个数据帧的时候，查找 MAC 地址表失败，于是向所有端口转发该数据帧，在转发数据帧的同时，交换机把接收到的数据帧的源 MAC 地址和接收端口进行关联，形成一项记录，填写到 MAC 地址表中，这就是学习的过程，如图 4-11 所示。

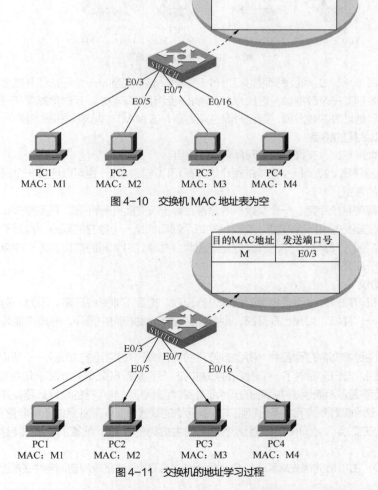

图 4-10　交换机 MAC 地址表为空

图 4-11　交换机的地址学习过程

学习过程持续一段时间之后，交换机基本上把所有端口和相应端口下终端设备的 MAC 地址都学习到了，于是进入稳定的转发状态。这时候，对于接收到的数据帧，总能在 MAC 地址表中查找到一个结果，于是数据帧的发送是点对点的，达到了理想的状态，如图 4-12 所示。

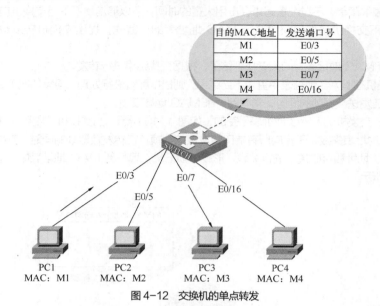

目的MAC地址	发送端口号
M1	E0/3
M2	E0/5
M3	E0/7
M4	E0/16

图 4-12　交换机的单点转发

交换机还为每个 MAC 地址表项提供了一个定时器，该定时器从一个初始值开始递减，每当使用了一次该表项（接收到了一个数据帧，查找 MAC 地址表后用该项转发），定时器被重新设置。如果长时间没有使用该 MAC 地址表的转发项，则定时器递减到零，该 MAC 地址表项将被删除。

4．交换式以太网的特点

与共享式以太网相比，交换式以太网具有以下优点。

（1）端口独占带宽。以太网交换机的每个端口既可以连接站点，也可以连接一个网段，该站点或网段均独占该端口的带宽。

（2）具有较高的系统带宽。一个交换机的总带宽等于该交换机所有端口带宽的总和。

（3）网络的逻辑分段和安全功能。交换机的每个端口都是一个独立的网段，均属于不同的冲突域，既可隔离随意的广播，又具有一定的安全控制。因此，共享式以太网的广播域等于冲突域，而交换式以太网的广播域大于冲突域。

5．生成树协议

以太网交换机可以按照水平或树型的结构进行级联，但是不能形成环路。因为，用以太网交换机构成的网络属于同一广播域，如果出现环路，则数据会无休止地在网中循环，形成广播风暴，造成整个网络瘫痪。

在一些可靠性要求较高的网络中，采用物理环路的冗余备份是常用的方法之一，所以，保证网络不出现环路是不现实的。IEEE 提供了一个很好的解决办法，那就是 802.1D 协议标准中规定的生成树协议（STP）。STP 能够通过阻断网络中存在的冗余链路来消除网络可能存在的路径环路，并且在当前活动路径发生故障时，激活被阻断的冗余备份链路来恢复网络的联通性，保障业务的不间断服务。

生成树协议在交换机之间传递配置消息以完成生成树的计算。配置消息主要包括以下几个重要信息。

（1）根桥 ID：由根桥的优先级和 MAC 地址组成。STP 通过比较配置消息中的根桥 ID 最终决定谁是根桥。

（2）根路径开销：到根桥的最小路径开销。根桥的根路径开销为 0，非根桥的根路径开销为到达根桥的最短路径上所有路径开销的和。

（3）指定桥 ID：生成或转发配置消息的桥 ID，由桥优先级和桥 MAC 地址组成。

（4）指定端口 ID：发送配置消息的端口 ID，由端口优先级和端口索引号组成。

生成树计算时主要做以下工作。

（1）从网络中的所有网桥中，选出一个作为根网桥。在进行桥 ID 比较时，先比较优先级，优先级值小者为优；在优先级相等的情况下，再用 MAC 地址来进行比较，MAC 地址小者为优。根桥上的所有端口为指定端口。

（2）计算本网桥到根网桥的最短路径开销。根路径开销最小的那个端口为根端口，该端口到根桥的路径是此网桥到根桥的最佳路径。

（3）为每个物理网段选出根路径开销最小的那个网桥作为指定桥，该指定桥到该物理网段的端口作为指定端口，负责所在物理网段上的数据转发。

（4）既不是根端口也不是指定端口的端口就置于阻塞状态，不转发普通以太网数据帧，避免环路形成。

在配置消息的比较过程中，始终遵循值越小优先级越高的原则。图 4-13 所示为一个配置消息处理的实例。图 4-14 所示实例为生成树协议运行前后网络拓扑的变化。

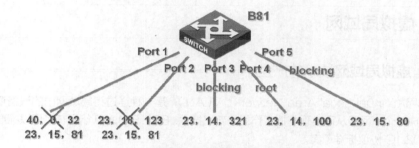

图 4-13　配置消息处理实例

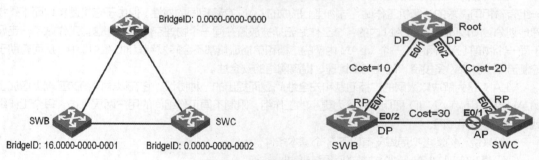

图 4-14　生成树运行实例图

为了使配置消息在网络中能有充分的时间传播，避免由于配置消息丢失而造成的 STP 的计算错误，导致环路的可能，STP 给端口设定了 5 种状态：Disabled、Blocking、Listening、Learning 和 Forwarding。其中 Listening 和 Learning 是不稳定的中间状态，端口的状态迁移如图 4-15 所示。

在实际应用中，STP 也有很多不足之处。最主要的缺点是当网络拓扑发生变化时，收敛速度慢，需要几十秒的时间才能恢复联通性，这对有些用户来说无法忍受。为了在拓扑变化后网络能尽快恢复联通性，在 STP 的基础上又发展出快速生成树协议 RSTP。RSTP 和 STP 的基本思想一致，具备 STP 的所有功能。RSTP 通过使根端口快速进入转发状态，采用握手机制和设置边缘端口等方法，提供了更快的收敛速度，更好地为用户服务。

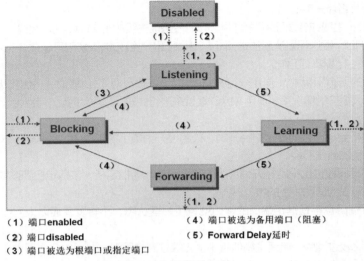

（1）端口**enabled**
（2）端口**disabled**
（3）端口被选为根端口或指定端口
（4）端口被选为备用端口（阻塞）
（5）**Forward Delay**延时

图4-15　端口状态迁移图

4.5　虚拟局域网

4.5.1　虚拟局域网技术的产生

虚拟局域网（Virtual Local Area Network，VLAN），是一种通过将局域网内的设备逻辑地而不是物理地划分成一个个网段从而实现虚拟工作组的新兴技术。IEEE 于 1999 年颁布了用以标准化 VLAN 实现方案的 802.1Q 协议标准草案。

VLAN 技术允许网络管理者将一个物理的 LAN 逻辑地划分成不同的广播域，每一个 VLAN 都包含一组有着相同需求的计算机工作站，与物理上形成的 LAN 有着相同的属性。但由于它是逻辑地而不是物理地划分，所以同一个 VLAN 内的各个工作站无须被置放在同一个物理空间里，即这些工作站不一定属于同一个物理 LAN 网段。一个 VLAN 内部的广播和单播流量都不会转发到其他 VLAN 中，从而有助于控制流量、减少设备投资、简化网络管理、提高网络的安全性。

VLAN 是为解决以太网的广播问题和安全性问题而提出的一种协议，它在以太网帧的基础上增加了 VLAN 头，用 VLAN ID 把用户划分为更小的工作组，限制不同工作组间的用户两层互访，每个工作组就是一个虚拟局域网。

一般来说，构造虚拟局域网有以下 3 个基本条件。

（1）具有实现 VLAN 划分功能的两层交换机。

（2）不同交换机上相同 VLAN 之间的通信。

（3）不同 VLAN 之间的路由。

4.5.2　VLAN 的特征和特点

1. VLAN 的特征

同一个 VLAN 中的所有成员共同拥有一个 VLAN ID，组成一个虚拟局域网络；同一个 VLAN 中的成员均能收到同一个 VLAN 中的其他成员发来的广播包，但收不到其他 VLAN 中成员发来的广播包；不同 VLAN 成员之间不可直接通信，需要通过路由支持才能通信，而同一个 VLAN 中的成员通过两层交换机可以直接通信，不需路由支持。

2. VLAN 的特点

（1）增强网络管理。采用 VLAN 技术，使用 VLAN 管理程序可对整个网络进行集中管理，能够更容易地实现网络的管理性。用户可以根据业务需要快速组建和调整 VLAN。VLAN 还能减少因网络成员变化所带来的开销。在添加、删除和移动网络成员时，不用重新布线，也不用直接对成员进行配置。若采用传统局域网技术，那么当网络达到一定规模时，此类开销往往会成为管理员的沉重负担。

（2）控制广播风暴。网络管理必须解决大量广播信息带来的带宽消耗问题。VLAN 作为一种网络分段技术，可将广播风暴限制在一个 VLAN 内部，避免影响其他网段。与传统局域网相比，VLAN 能够更加有效地利用带宽。在 VLAN 中，网络被逻辑地分割成广播域，由 VLAN 成员所发送的信息帧或数据包仅在 VLAN 内的成员之间传送，而不是向网上的所有工作站发送。这样可减少主干网的流量，提高网络速度。

（3）提高网络的安全性。共享式 LAN 上的广播必然会产生安全性问题，因为网络上的所有用户都能监测到流过的信息，用户只要插入任一活动端口就可访问网段上的广播包。采用 VLAN 提供的安全机制，可以限制特定用户的访问，控制广播组的大小和位置，甚至锁定网络成员的 MAC 地址，这样，就限制了未经安全许可的用户和网络成员对网络的使用。

4.5.3 VLAN 的划分方法

VLAN 的划分方法有以下 5 种。

（1）按交换机端口划分。基于端口的 VLAN 的划分是最简单、有效的 VLAN 划分方法，它按照局域网交换机端口来定义 VLAN 成员。基于端口的 VLAN 又分为在单交换机端口和多交换机端口定义 VLAN 两种情况。单交换机端口划分的结构如图 4-16（a）所示，图中局域网交换机端口 1、4 和 5 组成 VLAN 1，端口 2、3 和 6 组成 VLAN 2。VLAN 也可以跨越多个交换机，多交换机端口划分的结构如图 4-16（b）所示，交换机 1 的 2、3、6 端口和交换机 2 的 1、5、6 端口组成 VLAN 1，交换机 1 的 1、4、5 端口和交换机 2 的 2、3 和 4 端口组成 VLAN 2。

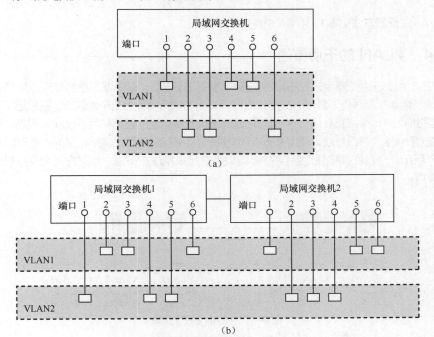

图 4-16 按交换机端口划分 VLAN

端口定义 VLAN 的缺点是，当用户从一个端口移动到另一个不属于同一 VLAN 的端口时，网络管理者必须对 VLAN 成员重新进行配置。

（2）按 MAC 地址划分。这种方法使用节点的 MAC 地址来定义 VLAN。它的优点是，由于节点的 MAC 地址是与硬件相关的地址，所以，用节点的 MAC 地址定义的 VLAN，允许节点移动到网络的其他物理网段。由于节点的 MAC 地址不变，所以该节点将自动保持原来的 VLAN 成员地位。从这个角度看，基于 MAC 地址定义的 VLAN 可以视为基于用户的 VLAN。

用 MAC 地址定义 VLAN 的缺点是，它要求所有用户在初始阶段必须配置到至少一个 VLAN 中，初始配置通过人工完成，随后就可以自动跟踪用户。但是在较大规模的网络中，初始化时把上千个用户配置到某个 VLAN 中显然是很麻烦的。

（3）用网络层地址划分。这种方法使用节点的网络层地址定义 VLAN。例如，用 IP 地址来定义 VLAN。这种方法具有自己的优点。首先，它允许按照协议类型来组成 VLAN，这有利于组成基于服务或应用的 VLAN；其次，用户可以随意移动工作节点而无须重新配置网络地址，这对于 TCP/IP 的用户是特别有利的。

与用 MAC 地址定义或用端口地址定义的方法相比，用网络层地址定义 VLAN 的方法的缺点是性能比较差，检查网络层地址要比检查 MAC 地址花费更多的时间，因此用网络层地址定义 VLAN 的速度会比较慢。

（4）按网络协议划分。VLAN 按网络层协议来划分，可分为 IP、IPX、DECnet、AppleTalk、Banyan 等 VLAN 网络。这种按网络层协议来组成的 VLAN，可使广播域跨越多个 VLAN 交换机。这对于希望针对具体应用和服务来组织用户的网络管理员来说是非常具有吸引力的，而且，用户可以在网络内部自由移动，但其 VLAN 成员身份仍然保持不变。这种方式的不足之处在于，其可使广播域跨越多个 VLAN 交换机，容易造成某些 VLAN 站点数目较多，产生大量的广播包，使 VLAN 交换机的效率降低。

（5）按策略划分。基于策略组成的 VLAN 能实现多种分配方法，包括 VLAN 交换机端口、MAC 地址、IP 地址、网络层协议等。网络管理人员可根据自己的管理模式和本单位的需求来决定选择哪种类型的 VLAN。

有关 VLAN 配置方法见本书 10.4 节内容。

4.5.4　VLAN 的干道传输

所谓的 VLAN 干道传输用来在不同的交换机之间进行连接，以保证跨越多个交换机建立的同一个 VLAN 的成员能够相互通信，其中，交换机之间级联用的端口就称为主干道端口。我们把交换机之间直接相连的链路称为 Trunk 链路，把交换机与终端计算机直接相连的链路称为 Access 链路。两个交换机通过主干道（Trunk）端口互联，使得处于不同交换机，但具有相同 VLAN 定义的主机可以互相通信。如图 4-17 所示，两台交换机通过各自的 1 端口级联起来构成主干道，用来在两台交换机之间传输各 VLAN 的数据。

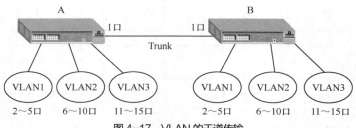

图 4-17　VLAN 的干道传输

可供选择的 VLAN 中继协议有两种：ISL 和 IEEE 802.1Q。

1. 交换机间链路

交换机间链路（ISL）是一种 Cisco 专用的私有协议，主要用于维护交换机和路由器间的通信流量等 VLAN 信息。在一个 ISL 干道端口中，所有接收到的数据包被期望使用 ISL 头部封装，并且所有被传输和发送的包都带有一个 ISL 头。从一个 ISL 端口收到的本地帧（Non-tagged）被丢弃，它只用在 Cisco 产品中。

2. IEEE 802.1Q

在 VLAN 初始时，各厂商的交换机互不识别，不能兼容。新的 VLAN 标准 IEEE 802.1Q 出现后，不同厂商的设备可同时在一网络中使用，符合 IEEE 802.1Q 标准的交换机可以和其他交换机互通。IEEE 802.1Q 标准定义了一种新的帧格式，它在标准的以太网帧的源地址后面增加了 4 个字节的帧标记（Tag Header），其中包含 2 个字节的标记协议标记符（TPID）和 2 个字节的标签信息段（TCI），如图 4-18 所示。

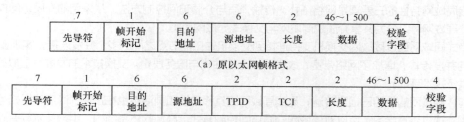

（a）原以太网帧格式

（b）带IEEE802.1Q标记的以太网帧

图 4-18　以太网帧格式

（1）TPID 字段。这是 IEEE 定义的新的类型，表明这是一个加了 802.1Q 标签的帧，TPID 的取值为固定的 0x8100。

（2）TCI 字段。其包含的是帧的控制信息，它包含了下面的一些元素。

① Priority：共 3 个比特，指明帧的优先级，一共有 8 种优先级。

② CFI：共 1 个比特，CFI 值为 0 说明是以太网络格式，1 为非以太网络格式（令牌环等）。

③ VLAN ID：共 12 个比特，指明 VLAN 的 ID 号，取值为 0～4 095，每个支持 802.1Q 协议的交换机发送出来的数据包都会包含这个域，以指明自己属于哪一个 VLAN。

3. 干道的作用

在设置了 Trunk 后，Trunk 链路不属于任何一个 VLAN。Trunk 链路在交换机之间起着 VLAN 管道的作用，交换机会将该 Trunk 端口以外，并且和该 Trunk 端口处于同一个 VLAN 中的其他端口的负载，自动分配到该 Trunk 中的其他各个端口中。因为，同一个 VLAN 中的端口之间会相互转发数据报，而位于 Trunk 中的 Trunk 端口被当作一个端口来看待，如果 VLAN 中的其他非 Trunk 端口的负载不分配到各个 Trunk 端口，则有些数据报可能随机发往该 Trunk 端口，从而导致数据帧顺序的混乱。由于 Trunk 端口被作为一个逻辑端口看待，因此在设置了 Trunk 后，该 Trunk 将自动加入它的成员端口所属的 VLAN，而其成员端口则自动从 VLAN 中删除。

在 Trunk 线路上传输不同的 VLAN 的数据时，有两种方法识别不同的 VLAN 的数据：帧过滤和帧标记。帧过滤法是根据交换机的过滤表检查帧的详细信息。每一个交换机要维护复杂的过滤表，同时对通过干道的每一个帧进行详细检查，这会增加网络延迟时间，目前在 VLAN 中这种方法已经不使用了，现在使用的是帧标记法。数据帧在中继线上传输的时候，交换机在帧头的信息中加标记来指定相应的 VLAN ID。当数据帧通过中继以后，去掉标记的同时把帧交换到相应的 VLAN 端口。帧标记法被 IEEE 选定为标准化的中继机制。

有关 VLAN 主干道配置方法见本书 10.4 节内容。

当网络中不同 VLAN 间进行相互通信时，需要路由的支持，既可采用路由器，也可采用三层交换机来完成。

有关 VLAN 之间的路由配置方法见本书 10.4 节内容。

除了 Access 和 Trunk 链路类型端口外，交换机还支持第三种链路类型端口，称为 Hybrid 链路类型端口。Hybrid 端口的工作机制比 Trunk 端口和 Access 端口更为丰富灵活，Hybrid 端口可以接收和发送多个 VLAN 的数据帧，同时还能够指定对任何的 VLAN 帧进行剥离标签操作。在有些情况下，我们可以使用 Hybrid 端口灵活控制哪些 VLAN 的数据帧允许通过，并且指定哪些 VLAN 的数据帧被剥离标签。

✍ 本章小结

决定局域网特性的三要素是网络拓扑、传输介质与介质访问控制方法。从采用的介质访问控制方法的角度，局域网可以分为共享介质式局域网与交换式局域网两类。

交换式局域网通过局域网交换机支持连接到交换机端口的节点之间的多个并发连接，实现多节点之间数据的并发传输，增加了网络带宽，改善局域网的性能与服务质量。交换技术的发展为虚拟局域网的实现提供了技术基础。

目前，局域网的使用已相当普遍，无线局域网因其移动性和灵活性也在企业、商店和学校等得到了广泛应用。通过本章学习，可以对局域网介质访问控制方式、局域网体系结构、组网技术等有较深入的了解。

✍ 习题

1. 简述局域网的主要特点。
2. 简述实现局域网的关键技术。
3. 用图示说明 IEEE 802 参考模型和 OSI 参考模型的对应关系。
4. 简述局域网各层的主要功能。
5. 局域网有哪些常见的拓扑结构，这些拓扑结构的特点是什么？
6. 常见的局域网技术所对应的 IEEE 802 标准分别是什么？
7. 分别简述 CSMA/CD 的发送和接收工作过程。
8. 分别简述 3 种 10 Mbit/s 以太网的主要硬件组成和连接的技术指标。
9. 分别简述 100BASE-T 的 3 种传输介质标准。
10. 分别简述吉比特以太网的 4 种传输介质标准。
11. 交换机的转发方式有哪些？这些转发方式的特点是什么？
12. 简述交换机 MAC 地址表的形成过程。
13. 简述交换式以太网的特点。
14. 什么叫虚拟局域网？构造虚拟局域网的 3 个基本条件是什么？
15. 简述 VLAN 划分的方法及特点。
16. 什么是 VLAN 的干道传输？干道的作用是什么？
17. 用 VLAN 干道传输的中继协议有哪些？
18. IEEE 802.1Q 标记的以太网帧格式和原以太网帧格式的区别是什么？
19. 列出几种常见的 WLAN 技术并说明特点。

第 5 章
广域网技术与Internet

　　广域网是一种跨地区的数据通信网络，所覆盖的范围从几十千米到几千千米，它能连接多个城市或国家或横跨几个大洲，并能提供远距离通信。广域网一般是使用电信运营商提供的设备及网络作为信息传输平台，其所涉及的技术较多且复杂，通常只涉及 OSI 模型的下三层。Internet 是全球最大、最典型的广域网，伴随着其普及和发展，Internet 的应用广度和深度都在不断加强。

　　本章主要介绍广域网的链路层技术和有关 Internet 的协议、路由、接入方式及应用等内容。

　　本章主要学习内容如下。

- 常见的广域网连接技术。
- IP 协议与路由技术。
- TCP 与 UDP 协议。
- VPN 与 NAT 技术。
- Internet 的接入方法。

5.1　广域网连接技术

　　广域网是一种地理跨度很大的网络，要利用一切可以利用的连接技术来实现网络之间的互联，因此技术比较复杂。从连接方式来讲，广域网的连接方式包括 3 种：专线方式、电路交换方式和分组交换方式。

　　下面通过这 3 种连接方式简单介绍几种常用的广域网连接技术及对应的链路层技术，其中包括 PSTN、HDLC、PPP 等。

5.1.1　专线方式

　　在专线连接的方式中，通信运营商利用其通信网络中的传输设备和线路，为用户配置一条专用的通信线路，专线既可以是数字的，也可以是模拟的，其连接方式和结构如图 5-1 所示。用户通过自身设备的串口短距离连接到接入设备，再通过接入设备跨越一定距离连接到运营商通信网络。

图 5-1　专线方式连接示意图

　　通信设备的物理接口通常可分为 DCE（Data Circuit-terminating Equipment，数据电路终止设备）

和 DTE（Data Terminal Equipment，数据终端设备）两类。运营商网络为客户提供的接入设备，通常称为 DCE，这种设备通常处于主动位置，为用户提供网络通信服务的接口，并且提供用于同步数据通信的时钟信号；客户端的用户设备被称为 DTE，通常处于被动位置，接收线路时钟，获得网络通信服务。

客户在专线连接中，这种结构线路的速率由运营商确定，因此专线方式的特点包括：

（1）用户独占一条永久性、点对点专用线路；

（2）线路速率固定，由客户向运营商租用，并独享带宽；

（3）部署简单，通信可靠，传输延迟小；

（4）资源利用率低，费用高；

（5）点对点的结构不够灵活。

国内专线电路（简称：DPLC）是指通过 DDN、SDH、综合传输设备等传输方式，向用户提供包括市内、省内、省际在内的，速率从 64 kbit/s～2.5 Gbit/s 的端到端专有带宽连接的服务。DPLC 适用于任何高速率、大信息量、高实时性要求的信息传送，可广泛使用于银行、证券、教育、ISP 等行业，也适用于任何局域网间的高速互联，以及视频会议、远程教育、远程医疗等实时性强的媒体流传送。

专线电路只是完成了数据的专线连接，但这样的连接方式很不经济。如果一个企业在不同地理位置有多个分支机构想要互联，则需要在不同分支机构之间均建立专线连接，从而形成全连接结构，这在费用上是一般中小企业无法承受的，所以在 VPN 技术出现以前，一般的中小企业对租用"专线"缺乏兴趣。随着 SDN 技术和云计算技术的发展，目前出现的 SD-WAN 技术是企业获得广域网连接更好的途径。

5.1.2 电路交换方式

由于专线方式的费用过于昂贵，用户希望能够使用一种按需建立连接的通信方式来实现不同地域局域网的连接，这就是电路交换方式。电路交换方式的结构与图 5-1 类似，只是运营商提供的是广域网交换机，从而让用户设备接入电路交换网络。典型的电路交换网是 PSTN（Public Switch Telephone Network，公共电话交换网）。

PSTN 是以电路交换技术为基础的用于传输模拟话音的网络。这个网络中拥有数以亿计的电话机和各种交换设备，为了使庞大的电话网能够正常工作，PSTN 采用分级交换方式工作。通常情况下 PSTN 主要由 3 个部分组成：本地回路、干线和交换机。其中干线和交换机是 PSTN 的主干部分，一般采用数字传输和交换技术，而本地回路（用户电话机到局级交换机之间）基本上采用模拟线路。

PSTN 的主要业务是固定电话服务。根据生理学原理，20～20 000 Hz 的声音是人类可以听到的声音，其中 300～3 400 Hz 是人类听觉最灵敏的频率范围，因此 PSTN 线路上信号的传输频带就采用了这个值。同时为了保证电话通信的实时性，PSTN 采用了电路交换技术，这种情况导致 PSTN 的交换机不具有存储转发的能力，线路利用率较低。PSTN 的以上特点导致 PSTN 在进行数据传输时带宽很小。但使用 PSTN 实现计算机之间的数据通信是最廉价的，用户可以使用普通拨号电话线或租用一条电话专线进行数据传输。

其中，最常使用普通拨号电话线的场合是商场中常见的刷卡消费时使用 POS 机时，对于商场来讲，每次刷卡只是相当于打了一个市内电话，费用相当低。而电话专线通常是作为备份线路使用的，例如，银行的储蓄所为了防止主干线路出现问题，而租用电话专线为主干线路进行备份。

5.1.3 链路层协议

在专线方式和电路交换方式的点对点连接中，运营商提供的线路属于物理层，要想很好地利用这些物理资源，需要在数据链路层提供一些协议，建立端到端的数据链路。这些数据链路层协议包括 SLIP（Serial Line Internet Protocol，串行线路网际协议）、SDLC（Synchronous Data Link Control，同步数据链路控制）、HDLC（High-Level Data Link Control，高级数据链路控制）和 PPP（Point to Point

Protocol，点对点协议）。专线连接常用 HDLC、PPP 等协议，电路交换连接常用 PPP 协议。

1. HDLC 协议

20 世纪 70 年代初，IBM 公司率先提出了面向比特的 SDLC（Synchronous Data Link Control，同步数据链路控制）。随后，ANSI 和 ISO 均采纳并发展了 SDLC，并分别提出了自己的标准：ANSI 的 ADCCP（Advanced Data Communication Control Procedure，高级通信控制）、ISO 的 HDLC（High-level Data Link Control，高级数据链路控制）。

作为面向比特的数据链路控制协议的典型，HDLC 具有如下特点：

（1）协议不依赖于任何一种字符编码集；

（2）数据报文可透明传输，用于实现透明传输的"0 比特填充法"易于硬件实现；

（3）全双工通信，不必等待确认便可连续发送数据，有较高的数据链路传输效率；

（4）所有帧均采用 CRC 校验，对信息帧进行编号，可防止漏收或重份，传输可靠性高；

（5）传输控制功能与处理功能分离，具有较大的灵活性和较完善的控制功能。

以上特点使得网络设计普遍使用 HDLC 作为数据链路控制协议。

为了能够区分链路层的比特流，HDLC 的每个帧前、后均有一标志码 01111110，用作帧的起始、终止，同时也可用来进行帧的同步。标志码不能出现在帧的内部，以免引起歧义。为保证标志码的唯一性，同时兼顾帧内数据的透明性，可以采用"0 比特填充法"来解决。

该方法是在发送端监视除标志码以外的所有字段，当发现有连续 5 个 1 出现时，便在其后添插一个 0，然后继续发送后继的比特流。在接收端，同样监视除起始标志码以外的所有字段。当发现连续 5 个 1 出现后，若其后一个比特为 0 则自动删除它，以恢复原来的比特流；若发现连续 6 个 1，则可能是插入的 0 发生差错变成的 1，也可能是收到了帧的终止标志码。后两种情况，可以进一步通过帧中的帧检验序列来加以区分。"0 比特填充法"原理简单，很适合于硬件实现。

2. PPP 协议

PPP 协议是一种点对点串行通信协议。PPP 具有处理错误检测、支持多种协议、允许在连接时协商 IP 地址、允许身份认证等功能，因此获得了广泛使用。

PPP 提供了三类功能：

（1）成帧：它可以毫无歧义地分割出一帧的起始和结束；

（2）链路控制：有一个称为 LCP 的链路控制协议，支持同步和异步线路，也支持面向字节的和面向比特的编码方式，可用于启动线路、测试线路、协商参数，以及关闭线路；

（3）网络控制：具有协商网络层选项的方法 NCP，并且协商方法独立于使用的网络层协议。

PPP 的工作流程如图 5-2 所示，当需要连接时，接收方设备对接入方信号做出确认，并建立一条物理连接（底层 UP），从 Dead 阶段进入 Establish 阶段，在此阶段接入方设备向接收方设备发送一系列的 LCP 分组（封装成多个 PPP 帧），进行链路层参数协商，协商完成即实现 LCP Opened，从而进入 Authenticate 阶段，如果协商失败，则进入 Dead 阶段。

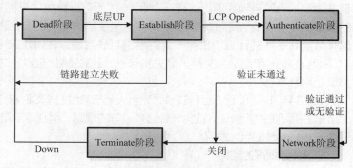

图 5-2　PPP 协议的工作过程

在 Authenticate 阶段可以选择 PAP 和 CHAP 两种验证方式中的一种实现接收方对接入方的验证或双向验证。相对来说，PAP 的认证方式安全性没有 CHAP 高。PAP 在传输用户密码时是明文传输的，而 CHAP 在传输过程中不传输密码，取代密码的是哈希值。关于这两种验证协议的细节，读者可以参考本书第 10 章的相关部分。

5.1.4 分组交换方式

分组交换技术是计算机技术发展到一定程度而产生的，是为了能够更加充分利用物理线路而设计的一种广域网连接方式，在每个分组的前面加上一个分组头，其中包含发送方和接收方地址，然后由分组交换机根据每个分组的地址，将它们转发至目的地，这一过程称为分组交换。分组交换利用统计时分复用原理，将一条数据链路复用成多个逻辑信道，最终构成一条主叫、被叫用户之间的信息传送通路，这种分组交换方式被称为虚电路（VC）连接。

分组交换的基本业务有交换虚电路（SVC）和永久虚电路（PVC）两种。交换虚电路如同电话电路，即两个数据终端要通信时先用呼叫程序建立电路（虚电路），然后发送数据，通信结束后用拆线程序拆除虚电路。永久虚电路如同专线，在分组网内两个终端之间在申请合同期间提供永久逻辑连接，无须呼叫建立与拆线程序，在数据传输阶段，与交换虚电路相同。

分组交换实质上是在"存储-转发"基础上发展起来的，它兼有电路交换和报文交换的优点。分组交换在线路上采用动态复用技术，传送按一定长度分割为许多小段的数据（分组）。每个分组标识后，在一条物理线路上采用动态复用的技术，传送多个不同用户的数据分组。把来自不同用户端的数据暂存在交换机的存储器内，接着在网内转发，到达接收端后，再去掉分组头将各数据字段按顺序重新装配成完整的报文。分组交换比电路交换的电路利用率高，比报文交换的传输时延小，交互性好。

在通信线路误码率较高的情况下，X.25协议出现了，其采用比较复杂的流程控制保证数据的准确传输，但是效率低下，后来在通信线路误码率降到非常低的情况下，该技术逐渐退出了人们的视线，代之以简化流程后的帧中继技术。随着人们对广域网传输速度的需求不断提升，光纤通信技术已经成为广域网的主流。关于广域光纤通信技术中SDH的内容，读者可以参考第2章的相关内容。

5.2 IP

5.2.1 IP概述

ARPAnet建立之初，科学家并没有预测到后来计算机网络所面临的问题。当大量不同厂商，不同标准的设备大量进入ARPAnet的时候就产生了很多问题。大部分计算机相互不兼容，在一台计算机上完成的工作，很难拿到另一台计算机上去用，想让硬件和软件都不一样的计算机联网，也有很多困难。当时科学家提出这样一个理念："所有计算机生来都是平等的。"为了让这些"生来平等"的计算机能够实现"资源共享"，就得在这些系统的标准之上，建立一种大家都必须共同遵守的标准，这样才能让不同的计算机按照一定的规则互联互通。在确定这个规则的过程中，最重要的人物当数TCP/IP的发明和定义人文顿·瑟夫和卡恩，正是他们的努力，才使今天各种不同的计算机能按照IP协议上网互联。

1983年1月1日，运行较长时期且人们已习惯的NCP被停止使用，TCP/IP协议作为Internet上所有主机间的共同协议，成为一种必须遵守的规则，得到肯定和应用。正是由于TCP/IP协议，才有了今天Internet的巨大发展。

1. IP数据报的结构

按照IP协议的规定，在IP层，需要传输的数据首先需要加上IP首部信息，封装成IP数据报。IP数据报是IP协议使用的数据单元，互联层数据信息和控制信息的传递都需要通过IP数据报进行。

IP数据报的格式（以IPv4为例）可分为报头区和数据区两大部分，其结构如图5-3所示。

数据区包括了高层需要传输的数据，报头区是为了正确传送高层数据而增加的控制信息。

IP数据报的报头中各字段的主要功能如下。

版本（4 bit）	头部长度（4 bit）	服务类型（8 bit）	总长度（16 bit）
标识（16 bit）		标志（3 bit）	片偏移（13 bit）
生存时间（8 bit）	协议（8 bit）	头部校验和（16 bit）	
源地址（32 bit）			
目的地址（32 bit）			
选项			
数据区			

图 5-3　IPv4 数据报的结构

（1）版本和协议。IP 数据报的第一个域就是版本域，长度为 4 bit。它表示该数据报对应的 IP 协议的版本号，不同 IP 协议版本规定的数据报格式是不同的，目前使用的 IP 协议版本是 IPv4，下一代是 IPv6。版本域的值为 4，就表示 IPv4，版本域的值为 6，则表示 IPv6。

（2）长度。IP 数据报报头中有两个表示长度的字段：一个是报头长度；另一个是总长度。报头长度以 4 byte 为单位，指出了该报头区的长度。此域最小值为 5，即报头最小长度为 20 byte（4 byte×5）。如果含有选项域字段，则长度取决于选项字段长度，协议规定报头长度最大值为 15，表示报头最大长度为 60 byte。所以，IP 数据报的报头长度是可变的，为 20~60 byte。

总长度字段为 16 bit，它定义了数据报的总长度。总长度最大值为 65 535 字节，其中包括报头长度。这样，数据报的总长度减去报头长度就等于 IP 数据报中高层协议的数据长度。

（3）服务类型。服务类型字段长度为 8 bit，它用于规定对 IP 数据报的处理方式。利用该字段，发送端可为数据报分配优先级，并设定服务类型参数，如延迟、可靠性、成本等，指导路由器对数据报进行传送。当然，处理的效果还要受具体设备及网络环境限制。

（4）生存时间。IP 数据报的路由选择具有独立性，所以，各数据报的传输时间也不相同。如果出现选路错误，可能造成数据报在网络中无休止地循环流动。为此，生存时间（Time to Live，TTL）字段被设计以避免这种情形的发生。沿途路由器对该字段的处理方法是"先减后查，为 0 抛弃"。

（5）协议。协议指的是使用此数据报的高层协议类型，如 TCP 或 UDP 等，协议域长度为 8 bit。

（6）头部校验和。头部校验和字段用来保证 IP 数据报报头的完整性。

（7）地址。地址字段包括源地址和目的地址。源地址和目的地址的长度都是 32 bit，分别表示发送数据报的主机和接收数据报的主机的地址。在数据报的整个传输过程中，无论选择什么样的路径，源地址和目的地址始终保持不变。

（8）标识、标志和片偏移。这 3 个字段和 IP 数据报的分片重组相关，将在后面介绍。

（9）选项。IP 选项字段主要用于控制和测试，用户可以根据需要来选择是否使用该字段。但作为 IP 协议的组成部分，所有实现 IP 的设备都要能处理选项字段。在使用选项字段的过程中，可能会造成报头部分长度不是整字节，这时可以通过填充位来处理。

2. IP 数据报的分片和重组

（1）最大传输单元 MTU 和 IP 数据报的分片。IP 数据报是网络层的数据，它在链路层需要封装成帧来传输。不同物理网络使用的技术不同，每种网络都规定了一个帧最多能够携带的数据量，这一限制称为最大传输单元（Maximum Transmission Unit，MTU）。IP 数据报的长度不超过网络的 MTU 值才能在网络中进行传输。互联网包含各种各样的物理网络，不同物理网络的最大传输单元长度也不相同，例如，以太网的 MTU 长度大约为 1 500 字节。

路由器可能连着两个具有不同 MTU 值的网络，如果数据报来自一个 MTU 值较大的局域网，要发往一个 MTU 值较小的局域网，那么就必须把大的数据报分成多个较小的部分，使它们小于局域网的 MTU 值，才能被传送，这个过程叫作数据报的分片。一旦进行分片，每片都会像正常的 IP 数据报一样经过独立的路由选择处理，最终到达目的主机。

（2）分片重组。在接收到所有分片的基础上，把各个分片重新组装的过程叫作 IP 数据报重组。IP 协议规定，目的主机负责对分片进行重组。这样处理，可以减少路由器的计算量，使路由器可以对分片独立选择路径。另外，由于分片可能经过不同的路径到达目的主机，因此，中间路由器也不可能对分片进行重组。

（3）分片控制。在 IP 数据报的报头中，标识、标志和片偏移 3 个字段与数据报的分片和重组相关。

① 标识（identification）字段。标识是源主机给予 IP 数据报的标识符，是分片识别的标记。因为数据报是独立传送的，属于同一数据报的各个分片到达目的地时可能会出现乱序，也可能会和其他数据报混在一起，含有同样标识字段的分片属于同一个数据报，目的主机正是通过标识字段来将属于同一数据报的各个分片挑出来进行重装的，所以，分片时标识字段必须被不加修改地复制到各分片当中。

② 标志（flags）字段。标志字段由 3 个标志位组成。最高位为 0，第 2 位（DF 位）是标识数据报能否被分片。当 DF 位值为 0 时，表示可以分片；当 DF 位值为 1 时，表示禁止分片。第 3 位（MF 位）表示该分片是否是最后一个分片，当 MF 位值为 1 时，表示是最后一个分片。

③ 片偏移（fragment offsets）字段。片偏移字段指出本片数据在 IP 数据报中的相对位置，片偏移量以 8 个字节为单位。分片在目的主机被重组时，各个分片的顺序由片偏移量提供。

5.2.2　IP 地址

1. IP 地址的分类

MAC 地址用于数据链路层，但是当数据的传输要通过不同的网络类型时，MAC 地址就不能满足了。为了解决这种问题，可使用一个更高层的协议，如 IP 协议，它允许给一个物理设备分配一个逻辑地址。不论使用哪种通信方法，都可以通过一个唯一的逻辑地址来识别这个设备。当然，在实际通信中，逻辑地址最终还要转换成物理地址。

IPv4 协议中的 IP 地址共由 32 位二进制位组成，通常按照 8 位划分成 4 个字节。IP 地址也分为网络 ID 和主机 ID 两部分。网络 ID 用来标识某个网段，主机 ID 用来标识某个网段内的一个 TCP/IP 节点。为了方便记忆和使用，IP 地址最常见的形式是点分十进制，就是把 4 个字节分别换算成十进制来表示，中间用"."来分隔，例如，211.69.0.3。

IP 地址是每一个连接 Internet 的主机都必须具备的，就像电话号码一样，否则无法联系。在进行 IP 地址管理时，很重要的一点就是要理解"网络"这个词的含义。一个网络就是一组由通信介质连接的多台计算设备的集合。从地址管理的角度来看，在一个网络上的所有计算机都应由同一个组织来管理。网络很大，就需要大量的地址，网络很小，所需要的地址量就相对较少。

为此，IP 协议的设计者在设计 IPv4 的地址空间时也考虑了这方面的因素。因此 IPv4 的 IP 地址有 5 种类别（A、B、C、D、E 类），每类地址中定义了它们的网络 ID 和主机 ID 占用的位数，也就意味着每类地址可以表示的网络数以及每个网络中的主机数都是已经确定了的。

IPv4 协议中的 IP 地址共 32 位，也就意味着全世界共有 40 多亿 IP 地址，这个数量对于当时的 ARPAnet 是绰绰有余的。按照当时地址分类的思想，各类地址的编码方式如下所示。

（1）A 类地址：最高位是 0，随后的 7 位是网络地址，最后 24 位是主机地址。

（2）B 类地址：最高两位分别是 1 和 0，随后的 14 位是网络地址，最后 16 位是主机地址。

（3）C 类地址：最高的三位是 110，随后的 21 位是网络地址，最后 8 位是主机地址。

（4）D 类地址：最高的四位是 1110，随后的所有位用来作为组播地址使用。

（5）E 类地址：最高的五位是 11110，这类地址为保留地址，不使用。

其中的 A、B、C 三类地址是用来作为主机地址的，D 类地址被用来作为组播地址，E 类被保留。经常使用的 A、B、C 三类地址格式如图 5-4 所示，其中的阴影部分为主机 ID 部分。

A	0××××××			
B	10×××××	××××××××		
C	110××××	××××××××	××××××××	

图 5-4　A/B/C 类地址的网络 ID 与主机 ID 的分配格式

根据分类 IP 地址的格式可以算出这 3 类地址中容纳的网络数和主机数。具体情况如表 5-1 所示。

表 5-1　IP 地址分类情况表

类别	第一个字节的格式	网络数	每个网络容纳的主机数	分辨方法
A	0×××××××	126	16 777 214	1~126
B	10××××××	16 384	65 534	128~191
C	110×××××	2 097 152	254	192~223

可以看出，表中每个网络容纳的主机数目与实际按位数计算的值不对应，这是因为并不是所有的 IP 地址都能拿来分配，其中一些地址是有特殊含义的，大致有以下 3 种情况。

（1）主机 ID 不能"全部是 0"或"全部是 1"。这是因为在 Internet 中，主机部分全部为 0，表示的是网络地址，相当于电话号码中只有区号，没有电话号。主机部分全部为 1，则表示这是一个面向某个网络中所有节点的广播地址，如 C 类地址 211.69.0.255。

（2）IP 地址的网络 ID 和主机 ID 不能设成"全部为 0"或"全部为 1"。如果 IP 地址中的所有位都设置为 1，就会得到一个地址 255.255.255.255，这个地址的含义是向本地网络中的所有节点发送广播，这种广播路由器是不会传送的。当 IP 地址中的所有位都设置为 0，IP 地址就是 0.0.0.0，这个地址的含义表示 Internet 中的所有网络。

（3）IP 地址的头一个字节不能是 127。IP 地址中的 127.×××.×××.×××是用来做回环测试的地址，已经分配给本地环路。

表 5-2 中列出了所有特殊地址，请读者在使用 IP 地址时注意。

表 5-2　特殊用途的 IP 地址

网络 ID	主机 ID	地址类型	用途
ANY	全部是 0	网络地址	代表一个网络
ANY	全部是 1	广播地址	特定网段的所有节点
首字节 127	ANY	回环地址	回环测试
全部是 0		所有网络	用于路由器指定默认路由
全部是 1		本地广播	向本网段的所有节点广播

2. 子网划分

TCP/IP 协议设计之初，开发人员虽然意识到由于网络规模不同，需要的 IP 地址数目也会不同，并为此对 IP 地址进行了分类，但是这个分类的设计不够合理，其表现在以下 3 个方面。

（1）IP 地址空间的利用率有时很低。

（2）给每个物理网络都分配一个网络号，会使路由表太大，从而导致路由效率下降。

（3）两级的 IP 地址不够灵活。

为此，从 1985 年开始，在 IP 地址中引入了子网划分的概念。子网编址技术的核心就是将原有的网络在逻辑上进一步划分为更小的网络，为了表示这些子网，需要为每个子网编号，在 IP 地址中就需要有子网 ID，子网 ID 是不能从网络 ID 部分划分的，否则就改变了整个网络对外的地址，就如同改变了一个地区的电话区号一样，所以只能从主机 ID 部分划分。这样原来的主机 ID 部分就进一步划分成了子网

ID 和主机 ID 两部分，其形式如图 5-5 所示。

原来的 IP 地址中，网络 ID 可以标识一个独立的物理网络，引入了子网模式后，一个子网的标识就需要网络 ID 和子网 ID 两部分联合才可以标识，所以子网的概念延伸了地址的网络部分。要注意的是，这部分的划分是属于一个网络内部的事情，划分只是使原来的网络具有了一定的层次，使网络便于管理和分配，这种划分是由网络管理员按照本网络的需要进行的，所以其他网络的主机是不知道这种划分的。本地的路由器当然必须清楚这个划分，当一个网络外的主机向网络内的主机发送数据时，路由器需要知道这个数据是发送到哪个子网的，这就需要使用子网掩码来判断目的网络究竟是哪个子网。

网络 ID	主机 ID	
网络 ID	子网 ID	主机 ID

图 5-5　主机 ID 的进一步划分

子网掩码的产生就是要在有子网划分的情况下，帮助路由器判断出 IP 地址中哪部分是网络 ID，哪部分是主机 ID。在二进制的逻辑运算中有一个"与"运算，"与"运算的特点就是任何数与 0 相"与"，结果为 0；与 1 相"与"，结果不变。这样就可以编写一个 32 位的子网掩码，让其和需要判断的 IP 地址相"与"，把感兴趣的网络 ID 部分保留，不感兴趣的主机 ID 部分变成 0，由此可以得出子网掩码的编写方法如下。

- 对应于 IP 地址的网络 ID 的所有位都设为 1，1 必须是连续的。
- 对应于主机 ID 的所有位都设为 0。

根据上面所述子网掩码的编写方法，可以写出 A 类、B 类和 C 类的默认子网掩码如下。

A 类　11111111 00000000 00000000 00000000　255.0.0.0

B 类　11111111 11111111 00000000 00000000　255.255.0.0

C 类　11111111 11111111 11111111 00000000　255.255.255.0

习惯上用两种方法来表示子网掩码：一种是点分十进制，如 255.255.255.0；另一种是用子网掩码中 1 的个数来标记，如 255.255.0.0 可以写为"/16"。

子网掩码就像一条一半透明的纸条，把感兴趣的网络 ID 部分显示出来，把不感兴趣的主机 ID 部分掩盖起来。具体的过程可以通过一个例子来了解，例如，现在有一台网络中的主机，其 IP 地址是 211.69.1.183，这个网络的子网掩码是 255.255.255.240，要想了解这台主机所处的子网，只需要用该网络的子网掩码与这台主机的地址相"与"就可以了。具体过程如图 5-6 所示。

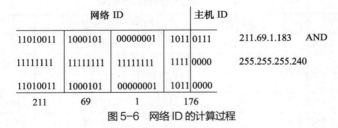

图 5-6　网络 ID 的计算过程

了解了 IP 地址和子网掩码，就可以进行子网划分了。子网划分在理论上是很容易理解的，但真正做划分前有许多相关问题需要分析清楚。子网划分主要考虑以下两个问题。

- 当前网络需要划分几个子网。
- 每个子网最多支持多少台主机。

这两个问题中只要有一个无法完成，这次划分就是不可行的。同时子网划分也要考虑前面所说的特殊 IP 地址的影响，如从主机 ID 部分划分出一部分作为子网 ID，只给主机 ID 留下一位，这时主机的地址要么为 0 要么为 1，为 0 就是一个网络地址，为 1 就是一个广播地址，这都是不允许分配给主机的，所以主机 ID 最少要留 2 位。为了符合 IP 地址的规范，子网 ID 最少也要有两位，并且全 0 和全 1 的子网 ID 也不允许使用。综上所述，对于一个 C 类网络的子网划分，读者可以参考表 5-3。A 类和 B 类网络的划分读者可以推算。

表 5-3　C 类网络的子网划分

子网位数	子网数量	主机位数	主机数量	掩码
2	2	6	62	255.255.255.192
3	6	5	30	255.255.255.224
4	14	4	14	255.255.255.240
5	30	3	6	255.255.255.248
6	62	2	2	255.255.255.252

　　下面用一个具体的实例来说明子网划分的过程。例如，某个公司获得了一个 C 类网络地址 201.100.100.0，该公司现有负责市场、生产和科研的 3 个部门，这 3 个部门要分属不同的子网，每个子网最多支持 20 台主机，现在要求规划出子网掩码和每个子网可用的 IP 地址。

　　根据前面所介绍的划分子网的两个条件来判断，首先，该公司申请到的是一个 C 类网络地址，如果不做划分的话，可以容纳 254 台主机。公司有 3 个部门，就至少需要 3 个子网，从表 5-3 可以看出需要从主机 ID 部分划分出 3 位作为子网 ID，可以获得 6 个子网，每个子网可以提供 30 个 IP 地址，所以两个条件都是满足的。这时可以得出子网掩码为 255.255.255.224，然后来推算每个网络可以使用的 IP 地址。在推算每个网络可以使用的 IP 地址时，自然要考虑主机 ID。按照前面所述的规则，分析过程如图 5-7 所示。

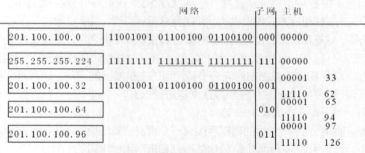

图 5-7　划分 3 位形成的子网及主机地址范围

　　尽管子网划分便于对网络的管理，但是也应该注意，子网划分实际上要耗费一些 IP 地址。从上面的例子来看，当拿出 3 位主机 ID 作为子网 ID 时，原本可以获得 8 个子网，每个子网有 30 个可用 IP 地址。但是，按照子网划分的要求，全 0 和全 1 的子网 ID 不能使用。这就意味着有 60 个 IP 地址因为子网划分而不能分配。由此可见，子网划分同样有利有弊。

5.2.3　Internet 控制报文协议

　　IP 协议本身是不可靠、无连接的协议，为了能够更有效地转发 IP 数据报并增加发送成功的机会，在网际层使用了与互联网通信有关的协议，即 Internet 控制报文协议（ICMP）。该协议允许主机和路由器报告 IP 报文传输过程中出现的差错和其他异常情况。通过该协议，用户可以了解 IP 报文传输的情况。

　　ICMP 与 IP 协议同属于网络层，但从体系结构上讲 ICMP 在 IP 协议之上，因为 ICMP 的数据需要用 IP 协议进行传输，因此，ICMP 的数据加上 IP 报文首部就构成了 ICMP 的报文。ICMP 报文格式如图 5-8 所示。

　　ICMP 报文的种类分为 ICMP 差错报文和 ICMP 查询报文。从图 5-8 可知 ICMP 报文的第一个 32 位字格式

图 5-8　ICMP 报文格式

是统一的，共有三个字段，类型、代码和校验和。ICMP 报文的内容由类型和代码两个字段决定。表 5-4 列出了常用的一些 ICMP 报文类型，这里给出一些典型报文的解释。

表 5-4　ICMP 协议报文的种类

ICMP 报文种类	类型字段的取值	ICMP 报文的类型
差错报文	3	目标不可达
	4	源抑制
	5	重定向
	11	数据报 TTL 超时
	12	数据报的参数有问题
查询报文	0	Echo（回送）应答
	8	Echo（回送）请求
	13	时间戳请求
	14	时间戳应答
	17	地址掩码请求
	18	地址掩码应答

（1）目标不可达。由于 IP 协议是无连接、不可靠的协议，因此 IP 协议不能保证分组的投递，目的地可能不存在或已经关机，也可能发送者提供的源路由要求无法实现，或者设定了 IP 报文分组不能分段，而分组过大不能传送等。这些情况都会使路由器向原发送者发送一个 ICMP 分组，这个分组包含了不能到达目的地的分组的完整 IP 头，以及分组数据的前 64 byte，这样发送者可以判断哪个分组无法投递。

（2）回送请求。这是由主机或路由器向一个特定目的主机发出的询问。这种询问报文用来测试目的站是否可达，收到该报文的机器必须向主机发送回送应答报文。

（3）回送应答。用于响应回送请求报文。

（4）参数问题。假设一个 IP 分组的首部字段有一个错误或非法值，路由器在发现后会向源主机发送一个参数问题分组。该分组包含了问题 IP 分组的首部和指向出错字段的指针。

（5）重定向。假如主机站点向路由器发送了一个分组，而该路由器知道其他路由器能够更快地投递分组，为了方便以后的路由操作，该路由器会向主机发送一个重定向报文。

（6）源抑制。当某个速率较高的主机向另一个速率较低的主机发送一串数据报时，可能会使目标主机产生拥塞，因而会造成数据的丢失。通过高层协议，源主机得知丢失了一些分组，就会不断重发，从而造成更严重的拥塞。这时，目标主机可以向源主机发送 ICMP 源站抑制报文，使源主机暂停发送，过一段时间逐渐恢复正常。

（7）数据报 TTL 超时。当 IP 分组的 TTL 字段减到 0 时，路由器会在丢弃分组的同时，向源主机发送一个超时分组，报告分组未被投递。

在网络工作实践中，ICMP 被广泛用于网络测试。这里以常用的基于 ICMP 的测试工具 Ping 为例，描述 ICMP 的工作过程以帮助读者理解该协议。

Ping 的功能是向发送者提供 IP 联通性的反馈消息，是检测网络联通性的重要工具。其原理就是利用 ICMP 的回送请求和回送应答报文实现网络联通性测试，其使用方法和具体参数如图 5-9 所示。当在主机上执行 ping 211.69.0.3 命令时，源主机会以 211.69.0.3 为目的地址，构造一个 ICMP 回送应答请求报文，并发送出去，如果这个报文通过网络顺利到达了目的主机，那么按照 ICMP 的协议规范，IP 地址为 211.69.0.3 的主机必须向源主机回送一个 ICMP 回送应答响应报文，如果这个报文顺利地通过网络到达了源主机，则源主机可以认为和目的主机之间的网络是联通的。该命令的其他参数如图 5-10 所示。

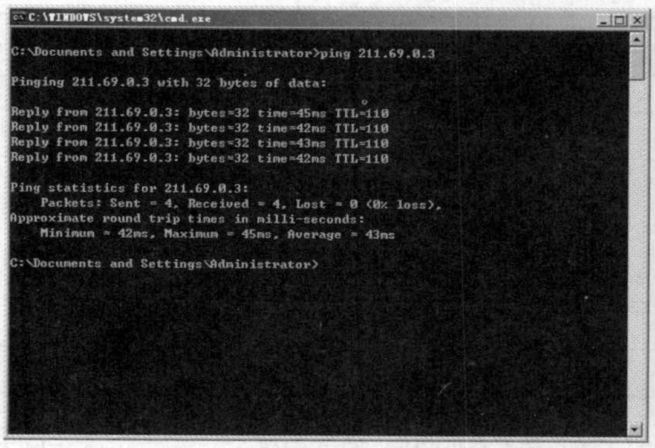

图 5-9　ping 命令示例

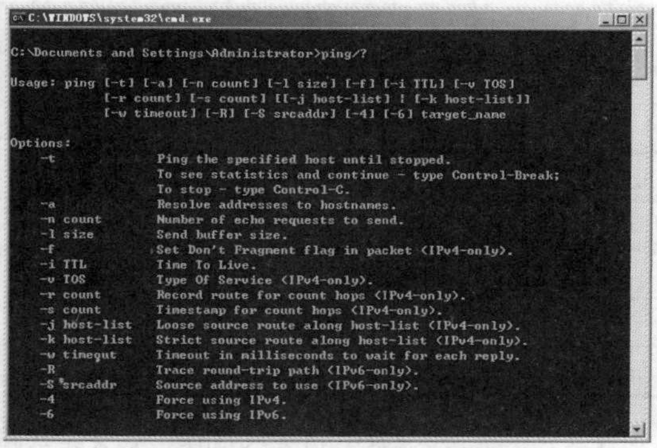

图 5-10　ping 命令的有关参数

5.3　路由

路由是把信息从源地址通过网络传递到目的地的行为，传输过程中至少会遇到一个中间节点。路由通常与桥接对比，它们的主要区别在于桥接发生在 OSI 参考协议的第二层，而路由发生在第三层。这一区别使两者在传递信息的过程中使用的信息不同，工作的方式也不同。

5.3.1　路由器

完成路由工作的设备主要是路由器（Router）。路由器有以下 3 个特征。

（1）路由器工作在第三层。路由器是第三层网络设备，因此它能理解数据中的 IP 地址，如果它接收到一个数据包，就检查其中的 IP 地址，如果目标地址是本地网络的就不理会，如果是其他网络的，就将数据包转发出本地网络。

（2）路由器能连接不同类型的网络。常见的集线器和交换机一般都是用于连接以太网的，但是如果将两种异构网络连接起来，如以太网与令牌环，就无法使用集线器和交换机了。这是由于不同类型的网络，其传送的数据单元帧（Frame）的格式和大小是不同的，就像公路运输是以汽车为单位装载货物，而铁路运输是以车皮为单位装载货物，从汽车运输改为铁路运输，必须把货物从汽车上放到火车车皮上，网络中的数据也是如此，数据从一种类型的网络传输至另一种类型的网络，必须进行帧格式转换。路由器就有这种能力，而交换机和集线器则没有。事实上 Internet 就是由大量的异构网络组成的，所以必须用路由器进行互联，因此互联网的核心设备是路由器。

（3）路由器具有路径选择能力。在互联网中，从一个节点到另一个节点，可能有许多路径，路由器具有的选路功能可以为 IP 分组选择通畅快捷的近路，从而提高通信速度，减轻网络系统负担。

5.3.2　路由选择协议与算法

1．路由的组成

路由包含两个基本的动作——选路与传输信息。后者也称为（数据）交换。交换相对来说比较简单，而选路比较复杂。

（1）路径选择。路由器的路径选择是根据路由表中的信息进行的。路由表中记录了各个目标网络的地址以及到达该目标网络的最近路径的信息，所谓最近路径的判断是通过对多条路径的 metric 值的比较得来的，metric 值代表了在某路径上传递分组的开销。实际上路径信息是通过路由算法得到的，不同路由算法得到的路径信息没有可比性。一个典型的路由表如表 5-5 所示。

表5-5　路由表示例

目的网络/掩码	协议	优先级	Metric	下一跳	接口
0.0.0.0/0	Static	60	0	120.0.0.2	Serial0
8.0.0.0/8	RIP	100	3	120.0.0.2	Serial0
9.0.0.0/8	OSPF	10	50	20.0.0.2	Ethernet0
10.0.0.0/8	RIP	100	4	120.0.0.2	Serial0
11.0.0.0/8	Static	60	0	120.0.0.2	Serial0
20.0.0.0/8	Direct	0	0	20.0.0.1	Ethernet0
20.0.0.1/32	Direct	0	0	127.0.0.1	LoopBack0

（2）交换。交换相对而言较简单，对大多数路由协议而言是相同的，多数情况下，某主机决定向另一个主机发送数据，通过某些方法获得路由器的地址后，源主机发送指向该路由器的物理（MAC）地址的数据包，其IP协议地址是指向目的主机的。

路由器查看了数据包的目的协议地址后，通过与路由表中的项目进行比较，确定如何转发该包，如果路由器不知道如何转发，通常就将其丢弃。如果路由器知道如何转发，就把目的物理地址变成下一跳的物理地址并向其发送。下一跳可能就是最终的目的主机，如果不是，通常为另一个路由器，它将执行同样的步骤。当分组在网络中流动时，它的物理地址在改变，但其IP协议地址始终不变。

2. 路由协议

路由表中的信息从何而来是读者关心的一个问题，这个问题就涉及路由协议。路由协议通常使用某种路由选择算法来获取路由信息，也就是说路由表中的内容是通过路由协议获得的。由于路由表是路由选择的依据，因此为路由表获取内容的路由选择算法就显得非常重要了。路由选择算法实际上就是路由协议的核心，为此路由选择算法应该具有以下特性。

- 正确性和完整性。
- 计算上的简单性。
- 很强的适应性。
- 稳定性。
- 公平性。
- 最佳性。

路由协议分为静态路由协议和动态路由协议。静态路由协议中的路由获取方法很难算得上是算法，只不过是开始路由前由网管建立的路由表项。这些路由表项自身并不会随着网络的改变而改变，除非网管去改动。但是静态路由协议较容易设计，在网络通信可预测及简单的网络中工作得很好。

由于静态路由协议不能对网络改变做出反应，因此其通常被认为不适用于现在的大型、易变的网络。常用的路由协议都是动态路由协议，这类协议通过分析收到的路由更新信息来适应网络环境的改变，如果信息表示网络发生了变化，路由软件就重新计算路由并发出新的路由更新信息，这些信息传播到网络内，促使其他路由器重新计算并对路由表做相应的改变。下面主要介绍动态路由协议及其算法。

基于以下两个方面的原因，在Internet上采用的是分层次的路由协议。

（1）由于Internet的规模非常大，连接在内的路由器达到了几百万个，如果让每一个路由器将所有网络都记录下来，则路由表会变得非常庞大，处理起来也会消耗大量时间和资源，而且这些路由器进行信息交换时必然会占用大量的网络带宽。

（2）很多接入Internet的单位出于自身网络安全的考虑，不愿意让本部门的网络细节和所采用的路由选择协议被他人知道。

为此，Internet将整个网络划分为了大量较小的自治系统（Autonomous System，AS）。所谓自治系统指的是由单一实体进行控制和管理的路由器集合，AS 通常又称为域。在 AS 内部的路由更新被认为是可知、可信和可靠的。在进行路由计算时首先要在自治系统内，而后在自治系统之间，这样当自治系统内部的网络发生改变时，影响的只是自治系统内部的路由器，而不会影响其他的自治系统，具体情况如图 5-11 所示。

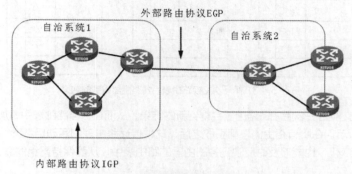

图 5-11　自治系统及路由协议的分类

根据路由选择协议与自治系统的关系，路由协议可以分为以下两类。

（1）域内协议（又称内部网关协议或 IGP），IGP 包括 RIP、OSPF 和 IS-IS 等；

（2）域间协议（又称外部网关协议或 EGP），EGP 目前只有一种，即 BGP。

IGP 被用于同一个自治系统内部的路由器之间，其作用是计算自治系统内部任意两个网络之间的最优通路。EGP 被用在不同自治系统之间的路由器上，其作用是计算那些需要穿越不同自治系统的通路。

3. 路由算法

从算法角度讲，动态路由算法可以分为链路状态算法和距离矢量算法两大类。它们各有各的特点。其中采用距离矢量算法的路由协议包括 RIP、EIGRP、IGRP 等，而采用链路状态算法的路由协议包括 OSPF、IS-IS 等。下面分别介绍这两种算法。

（1）距离矢量算法。距离矢量算法的基本原理就是相邻路由器之间互相交换整个路由表。路由器在此信息基础之上建立自己的路由表，然后，将自己的路由表再传递到它的相邻路由器。就这样一级一级地传递下去，直到全网同步，其过程如图 5-12～图 5-14 所示。

首先图中的三个路由器在各自的路由表里会记录下与自己直接相连的网络（直连路由），如图 5-12 所示。之后相邻的路由器会定期将自己的路由表交给邻居，通过与自身的路由表进行比较，各路由器会在各自的路由表中增加新发现的路由表项或根据较好的路由信息修改原来的路由表项，其结果如图 5-13 所示。

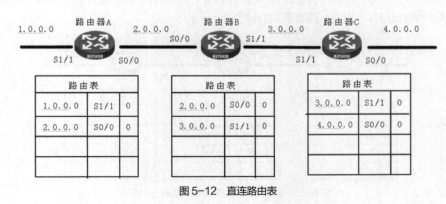

图 5-12　直连路由表

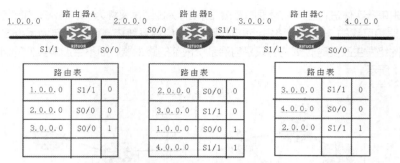

图 5-13　第一次交换路由表后各路由器得到的结果

在经过第二次交换路由表后，各路由器会得到新的结果，从而在各自路由表中添加新的路由表项，其结果如图 5-14 所示。在所有路由信息都获取之后，这种传递路由表的活动仍然继续，这样即便网络中的拓扑结构发生了变化，也能够及时反映到各路由器的路由表中，从而保持网络的联通性。

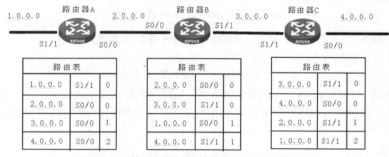

图 5-14　第二次交换路由表后各路由器得到的结果

虽然距离矢量算法能够满足动态路由协议的要求，但是读者也会发现，如果网络的规模较大，所有路由器要获得所有的路由信息需要花费很长的时间，也就是说距离矢量算法的收敛速度较慢，因此这种算法不适合大规模的网络。

同时这种算法还有一个重要的问题，就是会产生路由环路。所谓路由环路就是指由多个路由器中的路由表项之间形成的一个环路，IP 报文会在这个环路中不断被循环传递，直至 TTL 成为 0 而被丢弃。路由环路会造成很大的网络资源浪费，而且影响网络的联通性，因此无论在配置静态路由中，还是在动态路由协议中都是要尽量避免的。但是路由环路问题是距离矢量算法无法避免的，这是由距离矢量算法的原理决定的。其产生过程如图 5-15～图 5-17 所示。

假如在运行中，1.0.0.0 这个网络出现故障，不能运行了，则其在路由器 A 的路由表中会被删除，但是这个消息其他路由器并不知道，其结果就如图 5-15 所示。

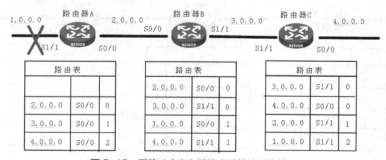

图 5-15　网络 1.0.0.0 链路出现故障后的情况

当路由器 A 从路由器 B 得到其路由表时，路由器 A 会发现其中有一个自己没有的新路由信息，因此会将其添加到自己的路由表中，同时由于路由器 B 到 1.0.0.0 的网络开销是 1，因此路由器 A 会认为通过路由器 B 还可以到达 1.0.0.0 网络，而且网络开销是 2，其结果如图 5-16 所示。

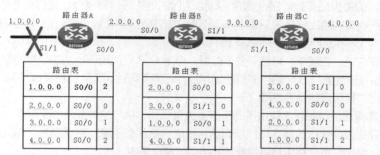

图 5-16 路由器 A 反相学习后得到了错误的路由

当路由器 A 将这个新路由表交给路由器 B 时，路由器 B 会发现，原来从 S0/0 口学到的关于 1.0.0.0 网络的路由表项发生了变化，开销成了 2，因此需要将自己对应项的开销加 1，即成为 3，同样当这个消息传递到路由器 C 时，路由器 C 会依据同样的理由将开销改为 4，其结果如图 5-17 所示。

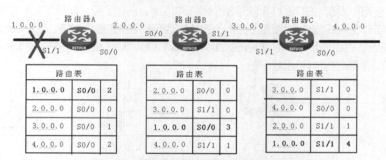

图 5-17 路由器互相学习后将错误路由的开销不断增大

更加严重的是，当路由器 B 的路由表再交给路由器 A 时，路由器 A 发现从 S0/0 接口学到的 1.0.0.0 网络的路由信息已发生了改变，开销变成了 3，因此要将自己对应项的开销增加为 4，如此下去，路由器 B 和路由器 C 也会做同样的修改，直至该路由表项的开销值溢出为止。同时在这个过程中，所有的路由器都会认为 1.0.0.0 网络是可达的，而使网络中出现了环路。

针对该算法产生回路的问题，专门设计了以下的解决方法。

① 定义最大路由权值。即允许上文所述的路由表项开销增加，但是最大只能增加到 16，也就是说如果一个路由表项的开销为 16，就认为该目的网络不可达。该方法可以解决无限循环计数问题，但没有解决慢收敛问题。

② 水平分割。该方法的原理就是不把从对方学到的路由表项再告诉对方。根据该原理，路由器 B 不会将关于 1.0.0.0 网络的内容告诉给路由器 A，这样就不会产生上述问题，因此，在物理链路没有环路的情况下，水平分割可以很好地解决路由环路问题。

③ 毒性逆转。该方法的原理是当路由器的同一个接口收到一个由自身曾经发出的路由信息时，就将那条路由标识为不可达。其效果与水平分割一样。

④ 路由保持。该方法的原理是让路由器对链路损坏的路由不是简单删除，而是将该路由开销表示为无限大，同时启动一个计时器，将该路由保持一段时间，以便网络内的其他路由器能够发现，从而防止错误路由的传播。

⑤ 触发更新。该方法的原理是当路由器检测到链路有问题时立即进行问题路由更新，并迅速将该信

息传播到整个网络中，从而加速收敛，避免产生环路。

距离矢量算法的典型代表是 RIP（Routing Information Protocol，路由信息协议）。RIP 是 Internet 中常用的路由协议，路由器根据距离选择路由，路由器收集所有可到达目的地的不同路径，并且保存有关到达每个目的地的最少站点数的路径信息，除到达目的地的最佳路径外，任何其他信息均予以丢弃。同时路由器也把所收集的路由信息用 RIP 协议通知相邻的其他路由器。这样，正确的路由信息逐渐扩散到全网。RIP 有两个不同的版本——RIPv1 和 RIPv2。

RIP 使用非常广泛，它简单、可靠、便于配置。但是 RIP 只适用于小型的同构网络，因为它允许的最大站点数为 15，任何超过 15 个站点的目的地均被标记为不可达，而且 RIP 每隔 30s 一次的路由信息广播也是造成网络广播风暴的重要原因之一。

（2）链路状态算法。链路状态算法不同于距离矢量算法，执行这种算法的路由器并不是简单地和邻居学习路由，而是通过网络收集同区域内所有路由器的链路状态信息，形成链路状态数据库，根据该数据库生成网络拓扑结构，每个路由器再根据拓扑结构计算出路由。

图 5-18 所示为一个由 4 台路由器组成的网络自治系统，连线旁边的数字表示的是该连接的花费。图中的每一台路由器都根据自己周围的网络拓扑结构生成一条 LSA（链路状态广播），并通过协议报文将这条 LSA 发送到整个网络，这样每台路由器都能够获得网络内其他路由器的 LSA，路由器将收集的所有 LSA 组成一个 LSDB（链路状态数据库），如图 5-19 所示。很明显，所有路由器的这个数据库都是一样的。同时，还可以发现 LSDB 其实就是整个网络的地图，描述了整个网络的拓扑结构。这时，每台路由器所要做的工作就是根据这张地图构建从自己出发到所有网络的最近的路，其方法就是以自己为根，构造一棵最短路径树（见图 5-20），使用的典型算法就是 Dijkstra（迪杰斯特拉）算法。关于这个算法的细节，读者可以参考数据结构相关书籍。

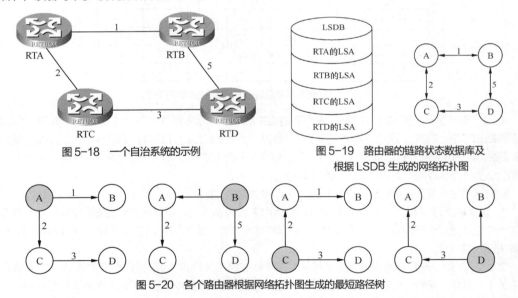

图 5-18　一个自治系统的示例　　　　　图 5-19　路由器的链路状态数据库及根据 LSDB 生成的网络拓扑图

图 5-20　各个路由器根据网络拓扑图生成的最短路径树

在得到了最短路径树后，各路由器根据这棵树构建自己的路由表。显然，各自所得的路由表是不同的。这种算法的实现首先要得到整个网络的拓扑，再根据网络拓扑计算路由，因此这种方法对路由器的硬件要求较高，但这种方法计算准确，一般不会产生路由环路。另外，由于路由的传送不是通过路由器顺序传送，所以网络动荡时，收敛速度快。综上所述，链路状态算法更适合大型网络的要求，因此在 Internet 中得到了大量应用。

链路状态算法的典型代表是 OSPF（Open Shortest Path First）协议。在实现中，OSPF 将一个自治系统再划分为区域，相应地有两种类型的路由选择方式：当源和目的地在同一区域时，采用区内路由选择；当源和目的地在不同区域时，则采用区间路由选择。这就大大减少了网络开销，并增加了网络的稳定性。当一个区域内的路由器出现故障时并不影响自治系统内其他区域路由器的正常工作，这也给网络的管理、维护带来方便。

关于 RIP 和 OSPF 的更多知识及使用方法，读者可以参考本书第 10 章的相关内容。

4. 关于路由的 metric

路由算法使用了许多不同的 metric 以确定最佳路径。复杂的路由算法可以基于多个 metric 选择路由，并把它们结合成一个复合的 metric。常用的 metric 包括路径长度、可靠性、延迟、带宽、负载和通信代价等。

（1）路径长度是最常用的路由 metric。一些路由协议允许网管给每个网络链接人工赋予代价值，这种情况下，路由长度是所经过各个链接的代价总和。其他路由协议定义了跳数，即分组在从源到目的地路途中必须经过的网络产品，如路由器的个数。

（2）可靠性。在路由算法中指网络链接的可依赖性（通常以误码率描述），有些网络链接可能比其他的网络链接失效更多，链路失效后，一些网络链接可能比其他的网络链接更易或更快修复。任何可靠性因素都可以在给可靠率赋值时计算在内，通常是由网管给网络链接赋以 metric 值。

（3）路由延迟指分组从源通过网络到达目的地所花时间。很多因素影响到延迟，包括中间的网络链接的带宽，经过的每个路由器的端口队列，所有中间网络链接的拥塞程度以及物理距离。因为延迟是多个重要变量的混合体，所以它是个比较常用且有效的 metric。

（4）带宽指链接可用的流通容量。在其他所有条件都相等时，10 Mbit/s 的以太网链接比 64 kbit/s 的专线更可取。虽然带宽是链接可获得的最大吞吐量，但是通过具有较大带宽的链接做路由不一定比经过较慢链接路由更好。例如，如果一条快速链路很忙，分组到达目的地所花时间可能要很长。

（5）负载指网络资源，如路由器的繁忙程度。负载可以从很多方面计算，包括 CPU 使用情况和每秒处理分组数。持续地监视这些参数本身也是很耗费资源的。

（6）通信代价是另一种重要的 metric，尤其是有一些公司关系运作费用高于性能运作费用，即使线路延迟可能较长，他们也愿意通过自己的线路发送数据而不采用昂贵的公用线路。

因此，不同的路由协议采用不同的 metric。如 RIP 采用跳数来做判断的依据，跳数即中间经过的路由器个数，而 OSPF 协议采用更多的 metric 来判断路由的好坏。明显地，根据更多的情况判断路由的好坏要比只根据跳数来判断效果好得多，所以在路由表中 OSPF 的优先级比 RIP 要高。

5.4 TCP 与 UDP

5.4.1 TCP 与 UDP 概述

IP 虽然解决了通过 Internet 将分组送到目的主机的问题，但是当分组到达目的主机时，究竟应该将分组交给哪个应用程序的问题，仅仅依靠 IP 本身是不能解决的，这时就需要传输层的帮助了。从传输层的角度看，通信的端点并不是主机，而是主机中的进程，即端到端通信其实是不同主机上的应用进程之间的通信。要实现端到端的通信需要采用传输层的两个协议 TCP 和 UDP。

由于在计算机中运行的进程是动态的，且可能存在多个同时运行的进程，为了分辨端到端的进程间的通信，在传输层使用了协议端口号，简称端口。这样，只要把需要传送的报文交到目的主机的一个合适的端口，其余的由传输层来完成就行了，这样的设计为软件开发人员提供了很大的便利。

传输层协议的端口号共有 16 位，即共有 65 536 个不同的端口号。端口号只有本地意义，在不同的计算机中，相同的端口号并没有关联。因此，如果让两个计算机中的进程互相通信，不仅需要知道对方的 IP 地址，还需要知道对方的端口号。通常使用的端口号可分为以下两大类。

（1）服务器端使用的端口号。首先是知名端口号，数值为 0~1 023。这些端口是整个 Internet 中大家所熟知的端口号，可以从 www.iana.org 中查到，IANA 把这些端口分配给了 TCP/IP 体系中的一些最重要的应用程序。如 FTP（21）、TELNET（23）、SMTP（25）、HTTP（80）、DNS（53）等。其次是登记端口号，数值为 1 024~49 151。这类端口供没有熟知端口的应用程序使用。

（2）客户端使用的端口号。数值为 49 152~65 535 的端口号是留给客户端进程使用的。当服务器端进程收到客户端进程的报文时，就知道了客户端的端口号，就可以把数据发送到客户进程了。

传输层是为应用层服务的，应用层的协议有一些需要可靠的传输服务，也有一些不需要可靠的传输服务。因此，在传输层也提供了两个不同的协议：一个是提供可靠服务的 TCP；另一个是不提供可靠服务的 UDP。

5.4.2 UDP

UDP 是被设计来为不需要可靠传输服务的应用层协议服务的，由于不需要提供可靠性，因此 UDP 很简单。总的来讲 UDP 具有以下 3 个特点。

（1）无连接。即发送数据前不需要建立连接，减少了开销和时延。

（2）不可靠。即不保证可靠传输，只是尽力交付。

（3）面向报文。即 UDP 会原样接收上层交付的报文，而不会做任何拆分或合并等处理。

由于协议很简单，因此 UDP 的报文结构也很简单，其报文结构如图 5-21 所示。

图 5-21　UDP 的报文分段结构

如前文所述，源端口号和目的端口号表示的是该分段是由哪一个进程创建的。通常使用的 UDP 端口号有 DNS（53）、TFTP（69）、SNMP（161）等。

数据报的长度是指包括报头和数据部分在内的总的字节数。因为报头长度固定，所以该域主要用来计算数据部分的字节数。数据报的最大长度根据操作环境的不同而不同。理论上，最大长度可以达到 65 535 bit。但是，考虑到 IP 报文的分片与重组需要消耗大量的时间和资源，因此这个值通常不会做得太大，以便于 IP 协议的处理。

校验和域是用来保证数据安全的。校验和域首先在发送方通过特殊算法计算得出，传递到对方后，还需要重新计算。如果中途被第三方篡改或出现错误，两次计算的结果就不会相符。

UDP 适合用于小数据量、大批次传输的应用，如 SNMP。由于 UDP 不用建立连接，因此 UDP 可以用于点对点、点对多点、多点对多点等应用，如视频流等服务。另外，由于 UDP 协议无须建立连接，所以一些实时性要求高的应用也考虑采用 UDP 协议实现。

5.4.3 TCP

如果应用层协议需要可靠的传输服务，UDP 无法满足，这时就需要 TCP 的支持。由于要提供可靠性，因此 TCP 远比 UDP 要复杂。TCP 协议具有以下 5 个特点。

（1）TCP 是面向连接的协议。即应用程序要使用 TCP 协议，需要先建立连接，传送数据完成后，需要释放连接。

（2）TCP 是点对点协议。即每条 TCP 连接只能有两个端点，因此每条 TCP 连接只能是点对点的

（只能是一对一）。

（3）TCP 提供可靠传输服务。即 TCP 连接可以实现数据的无差错、不丢失、不重复及按序到达的传输。

（4）TCP 提供全双工通信。TCP 连接的两端都有接收缓冲区和发送缓冲区，因此可以实现全双工通信。

（5）TCP 是面向字节流的协议。与 UDP 不同，TCP 将应用程序交下来的数据仅仅看作一连串的无结构的字节流，TCP 并不关心字节流的含义，只保证接收方收到的字节流与发送方发出的字节流一致。

1. TCP 分段格式

为了实现面向连接的可靠传输，TCP 的分段格式比 UDP 要复杂。下面介绍 TCP 的分段格式及各字段的含义。TCP 的分段格式如图 5-22 所示。

（1）源端口和目的端口。这两个字段分别写入源端口号和目的端口号。

（2）序号。TCP 是面向字节流的，因此在一个 TCP 连接中传输的字节流中的每一个字节都按顺序编号。整个要传输的字节流的起始序号必须在连接建立时设置。首部中的序号字段值指的是本报文段所发送数据的第一个字节的序号。

（3）确认号。该字段存放期望收到对方下一个报文段的第一个数据字节的序号。其实也就明确地告诉对方该序号以前的数据已经正确接收，因此叫确认号。

（4）数据偏移。该字段指出 TCP 报文段的数据起始处距离 TCP 报文段的起始处有多远，这个字段实际上指出了 TCP 报文段的首部长度。由于选项字段的长度不固定，因此区别 TCP 报文段的首部与数据部分就要靠该字段了。

图 5-22 TCP 协议的报文分段结构

（5）保留。该字段保留为今后使用，目前应置 0。

（6）控制位。这里的 6 个连续的位是用来做控制用的。它说明了其他字段含有的有意义的数据或说明某种控制功能。ACK 和 URG 说明了确认和紧急数据指针字段是否含有有意义的数据；FIN 指出这是最后的 TCP 数据段，用于连接中止过程；PSH 用于强迫 TCP 提早发送缓冲区中的数据，而不用等待缓冲区填满；RST 用于发送实体指示接收实体，中断传输连接；SYN 用于建立初始连接，允许两实体同步初始序列号。

（7）窗口。该字段指的是发送本报文段的一方的接收窗口。窗口值告诉对方，从本报文段首部中的确认号开始，接收方目前允许对方发送的数据量。

（8）校验和。校验和字段检验的范围包括首部和数据两部分。

（9）紧急指针。该字段在 URG 置位时才有意义，它指出本报文段中紧急数据的字节数（紧急数据结束后就是正常数据）。

（10）选项。该字段长度可变，最长可达 40 byte，用于实现一些特殊功能。

（11）数据。用于存放应用层数据。

2. TCP 连接的建立和释放

TCP 是一个面向连接的可靠的传输控制协议，在每次数据传输之前需要首先建立连接，当连接建立成功后才开始传输数据，数据传输完成后要释放连接，这个过程与打电话类似。由于 TCP 使用的网络层 IP 协议是一个不可靠的、无连接的协议，为了确保连接的建立和释放都是可靠的，TCP 使用三次握手的方式来建立连接，其过程如图 5-23 所示。图 5-23 中的序列号只是作为例子使用，并不意味着每次连接都是从序列号 1 开始。

首先由主机 A 向主机 B 发起连接请求，将分段的序列号设为 1，同时 SYN 置位。主机 B 收到连接请求后，发送序列号为 100 的包，同时将 SYN 和 ACK 置位，并将确认号字段置置为 2，以示序列号为 1 的数据已经收到，等待接收序列号为 2 的数据。当主机 A 收到连接确认后，需要对该确认进行再次确认，为此，主机 A 会发送序列号为 2。确认号为 101 的分段，主机 B 收到后就表明 TCP 连接已经建立。

连接建立后，就可以进行数据传输了。当数据传输完毕，该连接需要释放，其过程如图 5-24 所示。主机 A 在数据传输完毕后，发起连接释放，将 FIN 置位，发送序列号为 P 的报文段，P 的值等于前面已传送过的数据的最后一个字节的序号加 1。主机 B 收到后，将 ACK 置位，发送确认号为 P+1 的报文段，该报文段自己的顺序号为主机 B 前面已经传送的数据的最后一个字节的序号加 1。至此从 A 到 B 这个方向的连接就释放了。但应注意这时的 TCP 连接处于半关闭状态，也就是说，从 B 到 A 这个方向的连接并没有关闭，这个状态可能会持续一些时间。当这个方向的数据也传送完毕时会采取与上文类似的过程释放连接，只是这次是由主机 B 首先发起的。

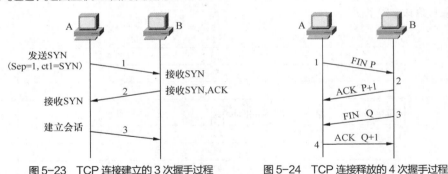

图 5-23　TCP 连接建立的 3 次握手过程　　　　图 5-24　TCP 连接释放的 4 次握手过程

3. TCP 可靠传输技术

在 TCP 连接已经建立之后，为了保证数据传输的正确性，TCP 要求对传输的数据都进行确认，为了保证确认的正常进行，TCP 中对每一个分段都设置了 32 位的编号，称为序列号。每一个分段都以从起始号递增的顺序进行编号。TCP 通过序号和确认号来确保数据传输的可靠性，每一次传输数据时都会标明该段的序号，以便于对方确认。确认并不需要单独发包进行，而是采用捎带确认的方法，即在发送到对方的 TCP 分段中包含确认号。

在 TCP 中，确认并不意味着要明确说明哪些分段已经收到，而是采用期望值的方法来告诉对方该期望值以前的分段已经正确接收。如果收到分段后，自己没有分段要马上发送回去，TCP 通常延时几分之一秒后再做确认，而不是收到一个确认一个，这样可以减少确认的次数，提高确认的效率。如果 M 分段在传输中出错，则确认 M 之前的序号，从而使发送方明白，需要将 M 分段及之后的分段重新传送。

4. TCP 流量控制

TCP 连接建立后，通信双方就可以进行全双工通信了。一般来说，总是希望数据传输能够更快一些，但是如果发送方把数据发送得过快，接收方就可能来不及处理，这就会造成数据的丢失，所谓流量控制，就是控制发送方的发送速率，要让接收方来得及处理。TCP 采用滑动窗口机制来实现流量控制的功能，其过程如图 5-25 所示。

5. TCP 的拥塞控制

1999 年公布的 Internet 建议标准 RFC 2581 中定义了进行拥塞控制的 4 种算法，分别是慢启动、拥塞避免、快重传和快恢复。以后的 RFC2582 和 RFC3390 中对这些算法进行了改进。下面以慢启动为例，介绍 TCP 的拥塞控制。

滑动窗口技术可以实现流量控制，这种控制针对的是发送方和接收方，当拥塞发生在链路中间时，这种方法是无法处理的。因此 TCP

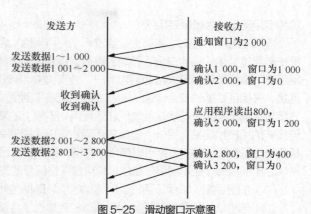

图 5-25　滑动窗口示意图

采用了一种称为慢启动的算法，在这个算法中，除了发送方和接收方的窗口外，还为发送方添加了一个拥塞窗口，拥塞窗口用来描述网络的通行能力。当发送方与另一个网络的主机建立 TCP 连接时，拥塞窗口被初始化为 1 个报文段，每收到一个 ACK，拥塞窗口就增加一个报文段。发送方取拥塞窗口和接收方窗口中的最小值作为发送上限，开始时发送一个报文段，然后等待 ACK。当收到 ACK 时，拥塞窗口从 1 增加为 2，即可以发送 2 个报文段。当再次收到这两个报文段的 ACK 时，拥塞窗口就增加到 4。这是一种指数增加的关系，这种增加直到某些中间节点开始丢弃分组为止，这就说明拥塞窗口开得过大了。

之后的控制方法由其他算法进行，相关的算法一直在不断地改进，限于篇幅，这些内容本书不再详细描述，读者可以参考 RFC 文档或其他文献来了解。

5.5　VPN 与 NAT 技术

为防止 IP 地址短缺并保证机构网络安全，一个机构申请的 IP 地址数目往往小于本机构所拥有的主机数量。实际上，很多情况下机构内部的主机还是需要进行互相通信的，如果机构内部的通信也采用 TCP/IP 协议，那么从原则上讲，机构内部使用的主机的 IP 地址可以由机构自行分配，也就是说，如果这些通信仅限于机构内部，那么机构是没有必要向 Internet 管理机构申请全球唯一的 IP 地址的，只要机构内部不发生地址冲突即可。但是，任意选择地址作为机构内部使用的地址有可能在某些情况下发生混乱。例如，机构内的一台主机需要连接 Internet，那么这时该主机的 IP 地址可能和 Internet 上的 IP 地址重合，导致地址的二义性。

为了解决这个问题，Internet 管理机构指明了一些专用地址。这些地址只能用于一个机构内部的通信，而不能用于和 Internet 上的主机通信。在 Internet 上的所有路由器，对目的地址是专用地址的数据报一律不转发。这些专用地址包括以下地址。

（1）10.0.0.0 到 10.255.255.255。

（2）172.16.0.0 到 172.31.255.255。

（3）192.168.0.0 到 192.168.255.255。

由于这些地址只能用于机构内部，因此在不同的机构内部采用同样的地址是不会发生 IP 地址重合的问题的，因此这些地址叫作私有地址，又叫作可重用地址。

5.5.1　VPN 技术

一个很大的机构有许多部门，分布在一些相距很远的地点，每一个地点都有自己的专用网，采用的是私有地址。假如这些部门之间需要通信，可以采用两种方案。一种是向电信公司申请专线，这种方法的好处是简单方便，但是租金很高。另一种是利用公用的 Internet 作为采用私有地址的专用通信的载体，这种专用网又称为虚拟专用网（Virtual Private Network）。

虚拟专用网（VPN）实质上是通过一个公用网络（通常是 Internet）建立一个临时的、安全的连接，是一条穿过公用网络的安全、稳定的隧道，是对机构内部网的扩展，实现采用私有地址的用户之间跨公网通信。虚拟专用网可以帮助远程用户、分支机构、商业伙伴及供应商同机构的内部网建立可靠的安全连接，并保证数据的安全传输。通过将数据流转移到低成本的公用网络上，一个机构的虚拟专用网解决方案将大幅度地减少花费在城域网和远程网络连接上的费用。同时，这将简化网络的设计和管理，加速连接新的用户和网站。另外，虚拟专用网还可以保护现有的网络投资。随着用户的商业服务不断发展，机构的虚拟专用网解决方案可以使用户将精力集中到自己的业务上，而不是网络上。

为了保证通过公用网络传输的机构内部网络信息的安全，虚拟专用网至少应能提供如下功能。

（1）加密数据，以保证通过公网传输的信息即使被他人截获也不会泄露。

（2）信息认证和身份认证，保证信息的完整性、合法性，并能鉴别用户的身份。

（3）提供访问控制，不同的用户有不同的访问权限。

1．VPN 的分类

根据 VPN 所起的作用，VPN 可以分为 3 类：VPDN、Intranet VPN 和 Extranet VPN。

（1）VPDN（Virtual Private Dial Network）。在远程用户或移动雇员和机构内部网之间的 VPN 称为 VPDN。其实现的过程如下：用户拨号网络服务提供商的网络访问服务器（Network Access Server，NAS），发出 PPP 连接请求，NAS 收到呼叫后，在用户和 NAS 之间建立 PPP 链路，然后 NAS 对用户进行身份验证，确定是合法用户就启动 VPDN 功能，与机构内部网连接，访问其内部资源。

（2）Intranet VPN。Intranet VPN 是机构远程分支部门的 LAN 和机构总部 LAN 之间的 VPN。通过 Internet 这一公共网络将机构在各地分支部门的 LAN 连到公司总部的 LAN，以便公司内部进行资源共享、文件传递等，可节省 DDN 等专线所带来的高额费用。

（3）Extranet VPN。在合作伙伴的 LAN 和机构的 LAN 之间的 VPN。由于不同机构网络环境的差异性及用户的多样性，机构的网络管理员还应该设置特定的访问控制表（Access Control List，ACL），根据访问者的身份、网络地址等参数来确定其相应的访问权限，开放部分资源而非全部资源给外联网的用户。

2．VPN 的实现

VPN 区别于一般网络互联的关键在于隧道的建立，数据包经过加密后，按隧道协议进行封装、传送以确保安全性。一般来说，在数据链路层实现数据封装的协议叫第二层隧道协议，常用的有 PPTP、L2TP 等；在网络层实现数据封装的协议叫第三层隧道协议，如 IPSec。另外，SOCKS v5 协议则在 TCP 层实现数据安全。

（1）PPTP（Point-to-Point Tunneling Protocol）/L2TP（Layer 2 Tunneling Protocol）。1996 年，Microsoft 和 Ascend 等在 PPP 的基础上开发了 PPTP，它集成于 Windows NT Server 4.0 中，Windows NT Workstation 和 Windows 9.X 也提供相应的客户端软件。PPP 支持多种网络协议，可把 IP、IPX、AppleTalk 或 NetBEUI 的数据包封装在 PPP 包中，再将整个报文封装在 PPTP 隧道协议包中，最后，嵌入 IP 报文或帧中继或 ATM 中进行传输。PPTP 提供流量控制，减少拥塞的可能性，避免由包丢弃而引发的包重传的数量。PPTP 的加密方法为 Microsoft 点对点加密（Microsoft Point-to-Point Encryption，MPPE）算法，可以选用强度较弱的 40 位密钥或强度较大的 128 位密钥。

1996 年，Cisco 提出 L2F（Layer 2 Forwarding）隧道协议，它也支持多协议，但其主要用于 Cisco 的路由器和拨号访问服务器。1997 年年底，Microsoft 和 Cisco 公司把 PPTP 和 L2F 的优点结合在一起，形成了 L2TP。L2TP 支持多协议，利用公共网络封装 PPP 帧，可以实现和企业原有非 IP 网的兼容，还继承了 PPTP 的流量控制，支持 MP（Multilink Protocol），把多个物理通道捆绑为单一逻辑信道。L2TP 使用 PPP 可靠性发送（RFC1663）实现数据包的可靠发送。L2TP 隧道在两端的 VPN 服务器之间采用口令握手协议 CHAP 来验证对方的身份。L2TP 受到了许多大公司的支持。

第二层隧道协议具有简单易行的优点，但是它们的可扩展性都不好。更重要的是，它们都没有提供内在的安全机制，它们不能支持企业和企业的外部客户以及供应商之间会话的保密性需求，因此它们不支持用来连接企业内部网和企业的外部客户及供应商的企业外部网 Extranet 的概念。Extranet 需要对隧道进行加密并需要相应的密钥管理机制。

（2）GRE VPN。GRE（Generic Routing Encapsulation，通用路由封装）协议是对某些网络层协议（如 IP 和 IPX）的数据报进行封装，使这些被封装的数据报能够在另一个网络层协议（如 IP）中传输的技术。

GRE 通常用来作为 VPN 的第三层隧道协议，在协议层之间采用了一种被称为 tunnel（隧道）的技术。tunnel 是一个虚拟的点对点的连接，在实际中可以看成仅支持点对点连接的虚拟接口，这个接口提供了一条通路，使封装的数据报能够在这个通路上传输，并且在一个 tunnel 的两端分别对数据报进行封装及解封装。

GRE 协议将私有网络中的 IP 报文重新打包成 GRE 报文，然后在隧道的发送端用公网 IP 地址将 GRE 报文封装进新的 IP 报文，如图 5-26 所示。这样就可以将私有网络的报文作为载荷在公网中传输，到达隧道接收端后，由隧道接收端路由器进行解封装，去掉公网 IP 头和 GRE 头，将私有网络 IP 包在私有网络中进行传输，达到不同地域私有网络之间通信的目的。隧道接口的报文格式如图 5-27 所示。

图 5-26　GRE VPN 封装过程　　　　　图 5-27　隧道接口的报文格式

在实际使用中，需要在路由器的公网接口配置公网地址，同时在两端路由器建立隧道，并为隧道接口配置 IP 地址，以图 5-28 中的 Router A 为例，S2/0 接口作为公网接口，其 IP 地址为 1.1.1.1/24。在该路由器上需要构造 GRE 隧道，为本端隧道接口配置 IP 地址 10.1.2.1/24，并指明隧道的源地址和目的地址分别为 10.1.2.1/24 和 10.1.2.2/24，最后指明到对端公网地址 2.2.2.2/24 的下一跳地址为 10.1.2.2/24。在 Router B 进行类似的设置即可完成 GRE VPN 的配置，实现 GRE VPN。

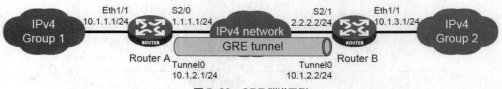

图 5-28　GRE 隧道示例

GRE VPN 在第三层实现了 VPN，但是 GRE VPN 的安全性不足，要想得到更加安全高效的 VPN，可以采用 IPSec VPN。

（3）IPSec。在使用 TCP/IP 的 Internet 协议体系结构中，IP 层是一个附加安全措施的很好的场所，因为 IP 层处于整个协议体系的中间点，它既能捕获所有从高层来的报文，也能捕获所有从低层来的报文；从 IP 层的定义来看，在这一层附加安全措施是与低层协议无关的，可对高层协议和应用进程透明。许多 Internet 网络应用可以从 IP 层提供的安全服务中得益。IETF 已制定了安全协议标准 IPSec 和 IKMP（密钥管理协议），用来提供 IP 层安全服务。目前已有多种产品支持 IPSec 安全协议。IPSec 和一些密钥管理协议为组建 VPN 提供了另一条很好的途径。

在 IPSec 中，定义了两个特殊的报头，它们分别是鉴别报头（Authentication Header，AH）和封装安全载荷（Encapsulating Security Payload，ESP）。AH 报头用来在没有 IP 报文加密机制的条件下提供多个主机或网关之间通信的数据完整性保护和鉴别功能。在缺少加密措施的情况下，AH 在 Internet 中被广泛使用。而 ESP 报头用来对在多个主机或网关之间通信的 IP 报文提供完整性保护、鉴别和加密。

IPSec 可以在网络中主机内实现，也可在位于内部网和外部网的边界上实现访问控制功能的防火墙中实现。利用 IPSec 构筑的 VPN 可以在企业网络的各站点间提供安全 IP 隧道，使企业的敏感数据不被偷窥和篡改。

（4）VPN 展望。由于 Internet 最初的设计不保证网络服务质量，所以现有的 VPN 解决方案必须和一些 QoS 解决方案结合在一起，才能给用户提供高性能的虚拟专用网络。为此 IETF 提出了支持 QoS 解决方案的带宽资源预留协议 RSVP。RSVP 将保证在数据流经过的各个节点预留相应的网络资源，具有 RSVP 功能的路由器能实时地调整网络的能力以适应不同 QoS 的需求。IPv6 也提供了处理 QoS 业务的能力。随着 QoS 在技术上越来越成熟，VPN 技术可以通过 QoS 保证来获得越来越好的 Internet 服务，享受到和真正的专用网络一样的应用感受。

5.5.2 NAT 技术

1. NAT 概述

NAT 英文全称是 Network Address Translation，中文意思是"网络地址转换"，它是一个 Internet 工程任务组（Internet Engineering Task Force，IETR）标准，允许一个整体机构以一个公用 IP（Internet Protocol）地址出现在 Internet 上。顾名思义，它是一种把内部私有网络地址（IP 地址）翻译成合法网络 IP 地址的技术。

简单地说，NAT 就是在内部网络中使用私有地址，而当内部节点要与外部网络进行通信时，就在网关（可以理解为出口）处，将私有地址替换成公用地址，从而在 Internet 上正常使用。NAT 可以使多台计算机共享 Internet 连接，这一功能很好地解决了公共 IP 地址紧缺的问题。通过这种方法，用户可以只申请一个合法 IP 地址，就把整个局域网中的计算机接入 Internet。同时，NAT 屏蔽了内部网络，所有内部网计算机对于公共网络来说是不可见的，而内部网计算机用户通常不会意识到 NAT 的存在，如图 5-29 所示。

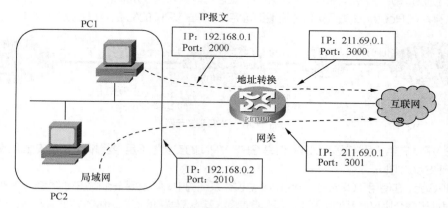

图 5-29　NAT 工作过程示意图

2. NAT 技术类型

NAT 有 3 种类型：静态 NAT（Static NAT）、动态地址 NAT（Pooled NAT）、网络地址端口转换 NAPT（Port-Level NAT）。

其中，静态 NAT 设置起来最为简单且最容易实现，内部网络中的每个主机都被永久映射成外部网络中的某个合法的地址。而动态地址 NAT 是在外部网络中定义了一系列的合法地址，采用动态分配的方法映射到内部网络。NAPT 则是把多个内部地址映射到外部网络的一个 IP 地址的不同端口上。根据不同的需要，3 种 NAT 方案各有利弊。

动态地址 NAT 只是转换 IP 地址，它为每一个内部的 IP 地址分配一个临时的外部 IP 地址，主要应用于拨号，对于频繁的远程连接也可以采用动态 NAT。当远程用户连接上之后，动态地址 NAT 就会分配给用户一个 IP 地址，用户断开时，这个 IP 地址就会被释放而留待以后使用。

网络地址端口转换（Network Address Port Translation，NAPT）是人们比较熟悉的一种转换方式。NAPT 普遍应用于接入设备，它可以将中小型的网络隐藏在一个合法的 IP 地址后面。NAPT 与动态地址 NAT 不同，它将内部连接映射到外部网络中的一个单独的 IP 地址上，同时在该地址上加上一个由 NAT 设备选定的 TCP 端口号。

在 Internet 中使用 NAPT 时，所有不同的信息流看起来好像源于同一个 IP 地址。这个优点在小型办公室内（SKHO）非常实用，通过从 ISP 处申请的一个 IP 地址，将多个连接通过 NAPT 接入 Internet。实际上，许多 SOHO 远程访问设备支持基于 PPP 的动态 IP 地址。这样，ISP 甚至只需要支持 NAPT，就可以做到多个内部 IP 地址共用一个外部 IP 地址访问 Internet，虽然这样会导致信道的一定拥塞，但考虑到节省的 ISP 上网费用和易管理的特点，用 NAPT 还是很值得的。

5.6 常见的 Internet 接入方式

Internet 作为一个全球性的网络，连接着数十亿的主机。在这个网络中，主干网很重要，但是作为连接千家万户的接入线路，对接入 Internet 的用户来说更重要，如果接入部分没解决好，那么 Internet 的发展就会受到直接影响，所以通常说要解决好"最后一公里"的事情。

接入 Internet 的技术分为两大类：有线传输接入和无线传输接入。其中有线传输接入包括基于 PSTN 的拨号接入方式、xDSL 接入、HFC 接入、光纤接入等。目前按照国情来看，使用最广泛的依然还是 xDSL 技术，但 xDSL 技术正逐渐被更为先进的光纤接入技术取代。无线接入为上网方式带来了更大的灵活性，其接入技术包括宽带无线接入、Wi-Fi 和蓝牙等。在这里主要介绍几种常用的有线接入方式。

5.6.1 拨号接入

由于接入费用低，拨号接入方式曾经是使用最普遍的一种接入方式，现在仍然在商场的 POS 系统和线路备份方面使用。作为用户来讲只要有一根电话线和一个 Modem 就可以拨号上网了。下面来详细地分析一下拨号接入的过程。

通过 PSTN 接入 Internet 的过程如图 5-30 所示，其中的 AAA 服务器（验证、授权和计费服务器）和 NAS（接入服务器）是关键。通过 PSTN 接入首先要通过 Modem 呼叫 169，呼叫通过 PSTN 被传送到所连接的电话交换机上。电话交换机从呼叫号码可以分析出是要打电话还是要上网，由于 169 是一个 ISP 的号码，所以电话交换机会将这个呼叫转发到相应的 NAS。NAS 中有很多 Modem，收到呼叫后，NAS 会选择一个空闲

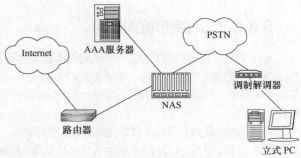

图 5-30 PSTN 接入结构图

的 Modem 与用户端的 Modem 协商传输的具体参数。参数协商完成后，NAS 会要求输入用户名和密码，这时计算机上就会出现相应界面，用户名和密码经过 CHAP 加密后，传递给 NAS，之后又交给 AAA 服务器。AAA 服务器保存了所有合法用户的用户名和密码。如果经过核对，结果正常，AAA 服务器会

通知 NAS 接受连接请求，这时用户会得到一个未被使用的 IP 地址以及一条未被使用的通道，这样就可以自由地进入 Internet 了。当然通过 PSTN 连接 Internet 会受到 PSTN 固有的带宽限制，这种方式理论上的最高速率只有 56 kbit/s，实际上这个值是很难达到的。

5.6.2　光纤接入

随着互联网的飞速发展，层出不穷的新应用不断产生，对带宽的需求不断增长，传统的铜缆介质和有线电视网络已经很难满足要求，同时光网络成本不断降低，三网融合及国家新经济构成的需要等新情况均促使光纤接入成为未来一段时间我国网络建设领域的主要内容。

光纤接入网（OAN）从系统分配上分为有源光网络（AON，Active Optical Network）和无源光网络（PON，Passive Optical Network）两类。有源光网络又可分为基于 SDH 的 AON 和基于 PDH 的 AON，无源光网络可分为窄带 PON 和宽带 PON。

PON 技术是一种无源光网络技术，所谓无源指的是通信过程的中间设备不需要电源，实际上 PON 技术的中间设备是分光器，分光器是一种无源器件，又称光分路器，它们不需要外部能量，只要有输入光即可。分光器由入射和出射狭缝、反射镜和色散元件组成，其作用是将所需要的共振吸收线分离出来。它的功能是分发下行数据，并集中上行数据。分光器带有一个上行光接口和若干下行光接口。从上行光接口过来的光信号被分配到所有的下行光接口并传输出去，从下行光接口过来的光信号被分配到唯一的上行光接口并传输出去。只是光信号从上行光接口转到下行光接口的时候，光信号强度/光功率将下降，从下行光接口转到上行光接口的时候，同样如此。各个下行光接口出来的光信号强度可以相同，也可以不同。PON 中间设备是无源的，因此 PON 技术组建的光网络的可维护性更好，成本更低，使用的范围更广泛。

由于以太网在局域网领域的统治地位，PON 技术自然而然就考虑了借助以太网技术进行发展的路线，为此产生了基于以太网技术的 EPON 技术，并成为当前光纤入户的主要技术。

由于光纤接入网使用的传输媒介是光纤，因此根据光纤深入用户群的程度，光纤接入网可分为 FTTC（光纤到路边）、FTTZ（光纤到小区）、FTTB（光纤到大楼）、FTTO（光纤到办公室）和 FTTH（光纤到户），它们统称为 FTTx。FTTx 不是具体的接入技术，而是光纤在接入网中的推进程度或使用策略。目前我国已经开始大规模推广光纤入户，即 FTTH。

总体来讲，光纤接入网是目前电信网中发展最为快速的接入网技术，除了重点解决电话等窄带业务的有效接入问题外，还可以同时解决数据业务、多媒体图像等宽带业务的接入问题，是固网发展的一个重要方向。

5.6.3　无线宽带接入

无线宽带接入技术面向的是一个固网和移动通信网络相互融合的新市场，它可提供与宽带有线固定接入并行的无线宽带接入业务，支持漫游和移动应用。它与宽带固定接入使用共同的核心网、业务支持和 AAA 系统，其速率可达每秒几百千比特甚至每秒几十兆比特，终端主要是便携式计算机、PDA 和智能手机。

总体来讲，无线宽带接入技术主要有两个技术体系：一个是移动宽带接入技术，以 3G、HSDPA、HSUPA、LTE、AIE、4G 等为代表；另一个是宽带无线接入技术，以 MMDS、Wi-Fi、WiBro、WiMAX、MCWill 等技术为代表。下面简要介绍这两个体系。

（1）移动宽带接入技术。移动数据业务基本是一个专网，是智能手机上网的重要方式，目前的主流技术就是大家常说的 4G。4G 是集 3G 与 WLAN 于一体，能够快速且高质量传输数据、音频、视频和图像等数据的移动接入技术。4G 能够以 100 Mbit/s 以上的速度下载，并能够满足几乎所有用户对于无线服务的要求。

（2）宽带无线接入技术。宽带无线接入（Broadband Wireless Access，BWA）技术目前还没有通用的定义，一般是指把高效率的无线技术应用于宽带接入网络，以无线方式向用户提供宽带接入的技术。IEEE 802 标准组负责制定无限宽带接入 BWA 的各种技术规范，根据覆盖范围将宽带无线接入划分为：无线个域网 WPAN（IEEE 802.15.3 定义的 UWB）、无线局域网 WLAN（IEEE 802.11 定义的 Wi-Fi）、无线城域网 WMAN（IEEE 802.16 定义的 WiMAX）、无线广域网 WWAN（IEEE 802.20）。其中比较有代表性的是 Wi-Fi 和 WiMAX 技术，Wi-Fi 已经有了大规模的应用，详细内容见本书的第 7 章。

今天可以看到互联网的内容和应用已经成为生活工作中不可缺少的一部分。或许随身多媒体服务、信息服务才是最终的需求，追求随时随地的信息服务和快乐体验是人类的本能，而通信的永远在线并非必需，这为随时随地提供互联网接入的无线宽带接入技术赢得了发展机会。

本章小结

广域网是一个包含了大量高新技术的领域，本章只是从最基本的概念方面对广域网的有限领域进行了简要的介绍，包括了广域网的常见形式、网络层的 IP 协议、传输层的 TCP 与 UDP 协议、NAT 和 VPN 技术以及广域网的接入技术。其中 IP 协议和 TCP、UDP 协议是需要读者重点掌握的内容。

习题

1. 列举几种常见的广域网。
2. PSTN 的组成部分有哪些？
3. IPv4 中 IP 地址的长度是多少位？
4. 描述 IP 地址的分类情况。
5. 什么是子网掩码？C 类地址的默认子网掩码是什么？
6. 某单位分配到一个 IP 地址，其网络号为 200.7.7.0，现在该单位共有 5 个不同的部门，每个部门最多 30 台主机，要求进行子网划分，给出子网掩码并给每一个部门分配一个子网号码，最后算出每个地点主机号码的最小值和最大值。
7. 常见的动态路由算法可以分为哪两大类？
8. 比较 TCP 和 UDP 协议的特点。
9. 简述 TCP 建立连接时使用的三次握手方式。
10. 简述 NAT 的 3 种技术类型。
11. 简述常见的 Internet 接入方式。

第6章
计算机网络应用

06

计算机网络的基本功能是资源共享。随着通信技术的发展和多媒体技术的广泛应用，Internet 的功能越来越强大，其用途也更加多样化，本章将介绍网络应用及应用层协议的基本概念，并详细介绍几个常用的 Internet 应用：HTTP、FTP、SMTP 和 Telnet 等。

本章主要学习内容如下。

- 计算机网络应用与应用层协议。
- DNS。
- WWW。
- 电子邮件。
- FTP。

6.1 网络应用概述

6.1.1 网络应用与应用层协议

在过去的 20 多年中，人们已经发明了许多非常富有创造性的奇妙应用。例如，HTML、Web、文件传输、电子邮件、网络新闻、远程存取、可视电话、多媒体彩铃、视频留言、手机办公、手机购物、声音点播、影视点播（Video on Demand）和因特网电话等，以及现在正在构思和开发中的应用，例如，微信、大数据、云计算、物联网等，这些叫作网络应用（networking applications）。这些网络应用需要通过相应的应用层协议（application-layer protocol）来支持。例如，HTTP、FTP、SMTP 和 Telnet 等。这些应用层协议的主要职责是把文件从一台主机传送到另一台主机，协议的主要内容是定义：

（1）消息的内容，如请求消息和响应消息；

（2）各种消息类型的语法结构，也就是消息中的域（field）以及如何描述消息中的域；

（3）域的语义，也就是域所包含的信息的含义；

（4）确定通信程序何时发送消息和接收消息的规则。

应用层协议的特点：每个应用层协议都是为了解决某一类应用问题，而问题的解决又往往是通过位于不同主机中的多个应用进程之间的通信和协同工作来完成的。应用层的具体内容就是规定应用进程在通信时所遵循的协议。

应用层的许多协议都是基于客户服务器方式的。客户（client）和服务器（server）都是指通信中所涉及的两个应用进程。客户服务器方式所描述的是进程之间服务和被服务的关系。客户是服务请求方，服务器是服务提供方。

6.1.2　Internet 应用简介

计算机网络的基本功能是资源共享。随着通信技术的发展和多媒体技术的广泛应用，Internet 的功能越来越强大，其用途也更加多样化，这里介绍几个常用的 Internet 应用。

1. DNS

DNS 是计算机域名系统（Domain Name System 或 Domain Name Service）的缩写，它是由解析器和域名服务器组成的。域名服务器是指保存有该网络中所有主机的域名和对应 IP 地址，并具有将域名转换为 IP 地址功能的服务器。其中域名必须对应一个 IP 地址，而 IP 地址不一定只对应一个域名。域名系统采用类似目录树的等级结构。域名服务器为客户机/服务器模式中的服务器方，它主要有两种形式：主服务器和转发服务器。在 Internet 上域名与 IP 地址之间是一对一（或者多对一）的，也可采用 DNS 轮循实现一对多，域名虽然便于人们记忆，但机器之间只认 IP 地址，它们之间的转换工作称为域名解析，域名解析需要由专门的域名解析服务器来完成，DNS 就是进行域名解析的服务器。DNS 命名用于 Internet 的 TCP/IP 网络中，通过用户友好的名称查找计算机和服务。当用户在应用程序中输入 DNS 名称时，DNS 服务可以将此名称解析为与之相关的其他信息，如 IP 地址。因为，在上网时输入的网址，是通过域名解析系统解析找到相对应的 IP 地址，这样才能上网。其实，域名的最终指向是 IP。

2. WWW 服务

WWW 是 20 世纪 90 年代初从欧洲粒子物理研究中心（CERN）发展起来一种 Internet 信息浏览技术。由于 WWW 除了支持文字界面还支持多媒体信息，所以一出现就改变了以往 Internet 在普通用户面前枯燥的形象，很快得到了推广，成为目前 Internet 上使用最广泛的技术。WWW 获得广泛应用的另一个主要原因是超链接，这种技术可以把全世界所有计算机上的资源互相联系起来，用户只要用鼠标单击就可以看到属于不同计算机上的资源。

WWW 整个系统由 Web 服务器、浏览器及通信协议 3 部分组成。从本质上讲还是客户机 / 服务器模式，但 WWW 体系结构提供了一个灵活且强有力的模型，在客户端使用浏览器，访问 WWW 服务器，两者之间传递信息使用超文本传输协议（HTTP）传输，信息的描述采用超文本标记语言（HTML）编写。

3. 电子邮件

电子邮件是 Internet 上最早开发，使用最多的服务，使用电子邮件可以最方便、快速和经济地传递各种形式的信件。电子邮件系统中有两个重要的协议，即简单邮件传输协议（SMTP）和邮局协议（POP3）。SMTP 协议是在邮件服务器之间传递邮件的使用最广泛的协议。另外，用户端向邮件服务器发送电子邮件也使用 SMTP，SMTP 使用的传输层端口是 TCP 协议的 25 号端口。用户如果希望从邮件服务器下载邮件，则需要使用 POP3 协议。使用 POP3 接收邮件分为 4 个阶段：连接阶段、用户验证阶段、邮件操作阶段和连接释放阶段。

4. FTP

文件传输（FTP）也是 Internet 中一个使用得最早、最广泛的服务。它的作用就是把文件从一台计算机传送到另一台计算机。FTP 也是一种客户机 / 服务器方式的应用，服务器使用 TCP 的 21 号端口传输命令，使用 20 号端口传输数据。这里所指的文件是指计算机文件，通过计算机网络实现在异地计算机之间传输文件是计算机网络的主要和基本功能，其他功能都是以此为基础推广的。Internet 实现了异构网络的互联，因此文件传输的功能就更加广泛。

5. Telnet

Internet 连接了众多的计算机或计算机系统。在这些联网的计算机之间，不仅可以进行通信、传送电子邮件，还可以通过键盘使用异地的计算机。换言之，用户可以调用位于地球任意一个地方的连在 Internet 上的某台计算机系统为自己服务，如同使用自己的计算机，这种计算机系统叫作"远程计算机"或者"远程计算机系统"。注意，远程访问用户必须有权且征得异地计算机系统主人的同意才可以。

6. 远程桌面服务

从 Windows 2000 操作系统开始，微软提供了远程桌面服务并得到了广泛应用。远程桌面功能类似 Telnet，通过远程桌面可以控制 Internet 另一端的计算机，并提供了图形化的界面，使其比 Telnet 更易操控。

7. 网上聊天

利用计算机与生活在地球另一端的朋友聊天，在 Internet 上已经司空见惯。通过计算机屏幕和键盘进行笔谈，一问一答，集传真机的准确和电话的实时快捷于一身，十分方便。

基于 ICQ 技术的聊天软件和网站也非常多，如腾讯的 QQ 聊天软件。该软件可以帮助用户很方便地找到自己的聊天对象，在聊天的同时还可以发送各种文件。

8. 传递和接收声音、图片、动画和电影

随着计算机多媒体技术的发展，Internet 上的用户可以收听和收看到网络上世界各地的电影、电视、图像资料与有声资料，这对于促进全世界政治、经济和文化交流非常有益。相关的软件技术很多，如目前存在很大争议的 BT 下载技术，就可以用来帮助用户在线看电视节目和电影。但是由于这种技术要消耗大量的公共网络资源来满足个人的收看效果，因此被很多电信运营商反对。

6.2 DNS 服务

6.2.1 DNS 协议

TCP/IP 作为 Internet 的主要协议对 Internet 的发展起到很大的推动作用。为了便于计算机处理，IP 地址以二进制表示，虽然可以用点分十进制表示 IP 地址，但是这种地址对人类来说并不适合记忆，世界上没有哪个人可以很容易地记住大量的 IP 地址和对应设备的情况；为此需要引入一种适合人类记忆和使用的通用地址，这就是域名。

域名和 IP 地址一样，也应该是 Internet 上的唯一标识，它由用"."隔开的段组成，每段都有一定的含义，这样用户就可以很方便地记忆和理解域名。如 www.edu.cn，www 指这个域名是 www 服务器，edu 是教育网的名字，cn 指中国，这个域名指的是中国教育和科研计算机网。

域名的管理是通过域名系统（DNS）来进行的。DNS 有一个域名空间，这个域名空间是一个逻辑树状层次化结构的命名空间，这棵树的根是一个虚根，与根直接相连的点称为顶级域，顶级域采用了两种划分模式，即组织模式和地理模式，如表 6-1 所示。顶级域的管理权分派给指定的子管理机构，各子管理机构可以对其管理的域进一步划分成二级域，并将二级域的管理权进行指定，以此类推，就可以得到一个树状层次结构，如图 6-1 所示。由于管理机构是得到授权的，所以最终的域名都得到 NIC 的承认，也就意味着可以通过 DNS 系统进行解析。

表 6-1　Internet 顶级域名

顶级域名	分配对象	顶级域名	分配对象
com	商业组织	net	网络支持中心
edu	教育机构	org	上述以外的组织
gov	政府部门	int	国际组织
mil	军事部门	国家或地区代码	各个国家或地区

域名是供人使用的，计算机并不认识，因此需要将域名和 IP 地址对应起来，这个任务由 DNS 域名解析系统来完成。DNS 系统是一个分布式的数据库系统，由 DNS 域名服务器和 DNS 解析器组成。域名与 IP 地址的对应关系存储在整个 Internet 中的各个 DNS 域名服务器中。用户使用运行在客户机上的

一个本地进程 DNS 解析器，来访问 DNS 分布式数据库系统。DNS 域名服务器从层次结构上分为根域名服务器、顶级域名服务器、授权域名服务器和本地域名服务器。

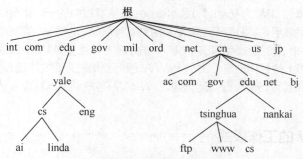

图6-1 Internet 域名结构

（1）根域名服务器：在因特网上共有 13 个不同 IP 地址的根域名服务器，它们的名字分别用一个英文字母命名，从 a 到 m，所有的根域名服务器都要知道所有的顶级域名服务器的域名和 IP 地址，当本地域名服务器对某个域名无法解析时，首先求助于根域名服务器。

（2）顶级域名服务器：负责 cn、com、gov 和 edu 等顶级域名的管理，当收到 DNS 查询请求时，就会给出相应的回答，可能是最终结果，也可能是下一步要查找的域名服务器的 IP 地址。

（3）授权域名服务器：当有新的网络系统建立时，主机域名必须在授权域名服务器处登记注册，授权域名服务器负责对所管辖区域主机域名进行解析，通常是本地域名服务器。

（4）本地域名服务器：一个单位、企业和组织的网络都可以配置本地域名服务器，保存本地所有网络主机域名到 IP 地址的映射，完成本地所有的域名解析，为用户直接提供域名解析服务。

6.2.2 DNS 查询方式

DNS 解析器会根据用户提供的目标计算机的域名，从右至左依次查询相关的 DNS 域名服务器。整个查询分为两类：递归查询和迭代查询。

（1）递归查询：主机向本地域名服务器的查询一般都是采用递归查询，如果主机所询问的本地域名服务器不知道被查询的域名的 IP 地址，那么本地域名服务器就以 DNS 客户机的身份，向根域名服务器继续发出查询请求，替主机继续查询，直至找到答案或返回错误信息。

（2）迭代查询：一般 DNS 服务器之间的查询请求属于迭代查询，当根域名服务器收到本地域名服务器发出的查询请求时，要么给出所要查询的 IP 地址，要么告诉本地服务器下一步应当向哪一个域名服务器进行查询。然后让本地服务器进行后续的查询。根域名服务器通常是把自己知道的顶级域名服务器的 IP 地址告诉本地域名服务器，让本地域名服务器再向顶级域名服务器查询。顶级域名服务器在收到本地域名服务器的查询请求后，要么给出所要查询的 IP 地址，要么告诉本地服务器下一步应当向哪一个权限域名服务器进行查询。最终本地域名服务器把解析的 IP 地址或错误信息发送给主机。

假如一个校园网用户要访问中国教育和科研计算机网，输入域名 www.edu.cn，客户端是无法理解这个名字的，所以客户端通过 DNS 解析器进程向 DNS 域名服务器发出查询请求，具体过程如图 6-2 所示。

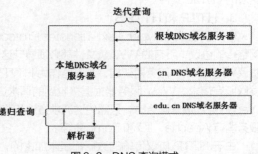

图6-2 DNS 查询模式

6.3 WWW 服务

WWW 又称为万维网，简称为 Web，是 Internet 技术发展中的一个重要的里程碑，也是目前应用最广的一种基本互联网应用，人们每天上网都要用到这种服务。WWW 系统的结构采用了客户/服务器模式；信息资源以 Web 页的形式存储在 WWW 服务器中。通过 WWW 服务，只要用鼠标进行本地操作，就可以到达世界上的任何地方。由于 WWW 服务使用的是超文本链接（HTML），所以可以很方便地从一个页面转换到另一个页面。用户通过 WWW 客户端浏览器程序访问图、文、声并茂的 Web 页内容。

6.3.1 WWW 的工作模式

WWW 是一个大规模的在线式信息储藏所。WWW 采用客户机/服务器架构。在客户端，用户可以通过一个被称为浏览器（browser）的交互式程序来查找信息。在 WWW 服务器端，则是一个支持交互式访问的分布式超媒体（hypermedia）系统，在这个系统中，信息被作为一个文档集（HTML文件）储存起来。除了基本的信息外，文档还能含有指向集合中其他文档的指针，这种指针被称为"超链接"。

当客户端的 WWW 浏览器在其地址栏里输入一个 URL 或单击 Web 页上的一个超链接时，Web浏览器就要检查相应的协议以决定是否需要重新打开一个应用程序，同时对域名进行解析以获得相应的IP 地址。然后，以该 IP 地址并根据相应的应用层协议，即 HTTP 所对应的 TCP 端口，与服务器建立通信连接，在服务器端，HTTP 的默认 TCP 端口为 80。WWW 的连接建立之后，HTTP 服务器将根据客户端所要求的路径和文件名将相应 HTML 文档送到客户端，如果客户端没有指明相应的文件名，则由服务器返回一个默认的 HTML 页面。页面传送完毕则中止相应的会话连接。

6.3.2 与 WWW 服务相关的术语

1. 超链接

超链接是 Web 页上的一个对象，其可以是字、短语或图标，单击该对象可以引导用户到达一个新的Web 页。所以超链接相当于提供了浏览 Web 页的导航，使得 Web 页的浏览更加方便。

2. URL

URL（Uniform Resource Locator，统一资源定位符）用于在因特网上进行资源的定位，其基本格式为<protocol>：//<domain name>/<path/folder>/<file>。

例如，在"http://www.juicemedia.com.au/cisco/cnap/mailer.htm"这个 URL 中，http 代表使用的协议，www.juicemedia.com.au 为 Web 站点的域名，/cisco/cnap/为文件路径，mailer.htm 则为相应的 HTML 文件。

3. HTTP 和 HTTPS

HTTP 协议（Hyper Text Transfer Protocol，超文本传输协议）是因特网上应用最为广泛的一种网络传输协议，所有的 WWW 文件都必须遵守这个标准。它基于 TCP/IP 通信协议来传递数据。HTTP协议采用客户端–服务器架构，浏览器作为 HTTP 客户端，通过 URL 向 HTTP 服务端（Web 服务器）发送所有请求，Web 服务器根据接收到的请求进行数据处理，然后向客户端发送响应信息。客户端向Web 服务器请求服务时，只需传送请求方法和路径，常用的请求方法有 GET 和 POST，常用的 Web服务器有 Apache、IIS 和 Tomcat 等。

由于 HTTP 协议传输的数据都是未加密的，因此使用 HTTP 协议传输隐私信息非常不安全，为了保证这些隐私数据能加密传输，于是采用 SSL（Secure Sockets Layer，安全套接字层）协议，用于对 HTTP 协议传输的数据进行加密，从而就诞生了 HTTPS。简单来说，HTTPS 协议是由 SSL+HTTP 协议构建的可进行加密传输、身份认证的网络协议，要比 HTTP 协议安全，HTTPS 协议的默认端口号是 443。

6.4 FTP 服务

文件传输服务又称为 FTP（File Transfer Protocol）服务，它是 Internet 中最早提供的服务功能之一，目前仍然在广泛使用。文件传输服务是由 FTP 应用程序提供的，而 FTP 应用程序遵循的是 TCP/IP 协议组中的文件传输协议，它允许用户将文件从一台计算机传输到另一台计算机上，并且能保证传输的可靠性。用户通过 FTP 协议能够在两台联网的计算机之间相互传递文件，它是互联网上传递文件最主要的方法。

6.4.1 FTP 工作原理

FTP 有两个过程：一个是控制连接，另一个是数据传输。FTP 协议需要两个端口，如图 6-3 所示。一个端口是作为控制连接端口，也就是 FTP 的 21 端口，用于发送指令给服务器以及等待服务器响应；另外一个端口用于数据传输，端口号为 20（仅用 PORT 模式），是用来建立数据传输通道的，主要有 3 个作用：从客户端向服务器发送一个文件；从服务器向客户端发送一个文件；从服务器向客户端发送文件或目录列表。

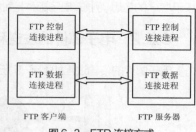

图 6-3　FTP 连接方式

6.4.2 FTP 的传输模式

FTP 协议的任务是从一台计算机将文件传送到另一台计算机，它与这两台计算机所处的位置、连接的方式，甚至是否使用相同的操作系统无关。假设两台计算机通过 FTP 协议对话，并且能访问 Internet，就可以用 FTP 命令来传输文件。每种操作系统使用上有一些细微差别，但是每种协议基本的命令结构是相同的。

FTP 的传输有两种方式：ASCII 传输模式和二进制数据传输模式。

ASCII 模式是默认的文件传输模式，主要特点是：

（1）本地文件转换成标准的 ASCII 码再传输；

（2）适用于传输文本文件。

二进制流模式也称为图像文件传输模式，主要特点是：

（1）文件按照比特流的方式进行传输；

（2）适用于传输程序文件。

6.5 邮件服务

6.5.1 电子邮件的概念

电子邮件（e-mail）是因特网上使用得最多的和最受用户欢迎的一种应用。电子邮件系统不但可以传输各种格式的文本信息，而且还可以传输图像、声音、视频等多种信息。电子邮件不仅使用方便，而且还具有传递迅速和费用低的优点。邮件服务器系统的核心邮件服务器负责接收用户送来的邮件，并根据收件人地址发送到对方的邮件服务器中，同时负责接收由其他邮件服务器发来的邮件，并根据收件人地址分发到相应的电子邮箱中。当用户向 ISP 申请 Internet 账户时，ISP 就会在它的邮件服务器上建立该用户的电子邮件账户，它包括用户名（user name）与用户密码（password）。电子邮件把邮件发送到 ISP 的邮件服务器，并放在其中的收信人邮箱中，收信人可随时上网到 ISP 的邮件服务器进行读取。

邮件服务器的功能是发送和接收邮件，同时还要向发信人报告邮件传送的情况（已交付、被拒绝、丢失等）。

邮件服务器按照客户服务器方式工作。邮件服务器需要使用两个不同的协议。

SMTP 协议用于发送邮件。

邮局协议 POP（Post Office Protocol）用于接收邮件。

电子邮件地址的格式：TCP/IP 体系的电子邮件系统规定电子邮件地址的格式如图 6-4 所示，符号"@"读作"at"，表示"在"的意思。例如，电子邮件地址 zhangsan@163.com。

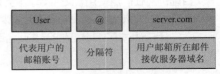

图 6-4　电子邮件地址的格式

6.5.2　电子邮件的发送和接收过程

电子邮件的传输过程如图 6-5 所示。

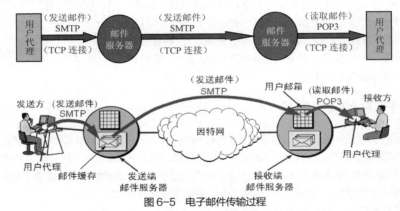

图 6-5　电子邮件传输过程

（1）发信人调用用户代理来编辑要发送的邮件。用户代理用 SMTP 把邮件传送给发送端邮件服务器。

（2）发送端邮件服务器将邮件放入邮件缓存队列中，等待发送。

（3）运行在发送端邮件服务器的 SMTP 客户进程，发现在邮件缓存中有待发送的邮件，就向运行在接收端邮件服务器的 SMTP 服务器进程发起 TCP 连接的建立。

（4）TCP 连接建立后，SMTP 客户进程开始向远程的 SMTP 服务器进程发送邮件。当所有的待发送邮件发送完毕，SMTP 就关闭所建立的 TCP 连接。

（5）运行在接收端邮件服务器中的 SMTP 服务器进程收到邮件后，将邮件放入收信人的用户邮箱，等待收信人在方便时进行读取。

（6）收信人在打算收信时，调用用户代理，使用 POP3（或 IMAP）协议将自己的邮件从接收端邮件服务器的用户邮箱中取回（如果邮箱中有来信的话）。

6.5.3　SMTP：简单邮件传输协议

简单邮件传输协议（Simple Mail Transfer Protocol，SMTP）SMTP 是一种提供可靠且有效电子邮件传输的协议。SMTP 是建立在 FTP 文件传输服务上的一种邮件服务，主要用于传输系统之间的邮件信息并提供和来信有关的通知。

（1）SMTP 协议运行在 TCP 协议之上，使用公开端口号 25；

（2）SMTP 使用简单的命令传输邮件；

（3）SMTP 规定了 14 条命令和 21 种响应信息；

（4）每条命令都是由 4 个字母组成的；

（5）每一种响应信息一般只有一行信息；

（6）SMTP 使用客户/服务器工作模式，发送邮件的 SMTP 进程是 SMTP 客户，接收邮件的 SMTP 进程是 SMTP 服务器。

6.5.4 邮件读取协议 POP3 和 IMAP

在电子邮件程序从邮件服务器中读取邮件时，可以使用邮局协议 POP3 或交互式邮件存取协议 IMAP，取决于邮件服务器支持的协议类型。

1. POP3

邮局协议 POP3 是一个简单的邮件读取协议。POP3 协议使用客户/服务器的工作方式。接收邮件的用户主机运行 POP 客户程序，ISP 的邮件服务器则运行 POP 服务器程序。

（1）POP3 协议运行在 TCP 协议之上，它使用公开的端口号 110；

（2）POP3 协议规定了 15 条命令和 24 种响应信息。

2. IMAP

Internet 报文存取协议 IMAP 与 POP3 都按客户/服务器方式工作，但它们有很大的差别。

对于 POP3 协议，POP3 服务器是具有存储转发功能的中间服务器。在邮件交付给用户之后，POP3 服务器就不再保存这些邮件。

当客户程序打开 IMAP 服务器的邮箱时，用户就可以看到邮件的首部；如果用户需要打开某个邮件，则可以将该邮件传送到用户的计算机；在用户未发出删除邮件的命令前，IMAP 服务器邮箱中的邮件一直保存着；POP3 协议在脱机状态下运行，而 IMAP 协议在联机状态下运行。

6.6 DHCP 服务

6.6.1 DHCP 简介

DHCP 是 Dynamic Host Configuration Protocol（动态主机配置协议）的缩写。DHCP 是从 BOOTP（Bootstrap Protocol）协议发展而来，其作用是向主机动态分配 IP 地址及其他相关信息。DHCP 采用客户端/服务器模式，服务器负责集中管理，客户端向服务器提出配置申请，服务器根据策略返回相应配置信息。DHCP 报文采用 UDP 封装。服务器所侦听的端口号是 67，客户端的端口号是 68。

DHCP 指的是由服务器控制一段 IP 地址范围，客户机登录服务器时就可以自动获得服务器分配的 IP 地址和子网掩码。首先，DHCP 服务器必须是一台安装有 Windows Server 系统的计算机；其次，担任 DHCP 服务器的计算机需要安装 TCP/IP 协议，并为其设置静态 IP 地址、子网掩码和默认网关等内容。

DHCP 是一个局域网的网络协议。两台连接到互联网上的计算机相互之间通信，必须有各自的 IP 地址，但由于现在的 IP 地址资源有限，宽带接入运营商不能做到给每个报装宽带的用户都分配一个固定的 IP 地址（所谓固定 IP 就是即使不上网的时候，其他用户也不能用这个 IP 地址，这个资源一直被独占），所以要采用 DHCP 方式对上网的用户进行临时的地址分配。也就是用户计算机连上网，DHCP 服务器才从地址池里临时分配一个 IP 地址，每次上网分配的 IP 地址可能会不一样，这跟当时的 IP 地址资源有关。当下线的时候，DHCP 服务器可能就会把这个地址分配给之后上线的其他计算机。这样就可以有效节约 IP 地址，既保证了用户通信，又提高了 IP 地址的使用率。

DHCP 特点如下。

（1）即插即用性。客户端无须配置即能获得 IP 地址及相关参数。这简化了客户端网络配置，降低了维护成本。

（2）统一管理。所有 IP 地址及相关参数信息由 DHCP 服务器统一管理，统一分配。

（3）使用效率高。通过 IP 地址租期管理，提高 IP 地址的使用效率。

（4）可跨网段实现。通过使用 DHCP 中继，可使处于不同子网中的客户端和 DHCP 服务器之间实现协议报文交互。

DHCP 地址分配方式如下。

1. 人工分配

人工分配获得的 IP 也叫静态地址，网络管理员为某些少数特定的在网计算机或者网络设备绑定固定 IP 地址，且地址不会过期。同一个路由器一般可以通过设置来划分静态地址和动态地址的 IP 段，比如一般家用 TP-LINK 路由器，常见的是从 192.168.1.100~192.168.1.254，这样如果计算机是自动获得 IP 的话，一般就是 192.168.1.100，下一台电脑就会由 DHCP 自动分到 192.168.1.101。而192.168.1.2~192.168.1.99 为手动配置 IP 段。

2. 自动分配

自动分配为连接到网络的某些主机分配 IP 地址，该地址将长期由该主机使用。

3. 动态分配

动态分配是主机申请 IP 地址最常用的方法。DHCP 服务器为客户端指定一个 IP 地址，同时为此地址规定了一个租用期限，如果租用时间到期，客户端必须重新申请 IP 地址。

6.6.2 工作原理

根据客户端是否第一次登录网络，DHCP 的工作形式会有所不同。

1. 寻找 Server

当 DHCP 客户端第一次登录网络的时候，也就是客户发现本机上没有任何 IP 数据设定，它会向网络发出一个 DHCP DISCOVER 封包。因为客户端还不知道属于哪一个网络，所以封包的来源地址会为0.0.0.0，而目的地址则为 255.255.255.255，然后附上 DHCP DISCOVER 的信息，向网络进行广播。在 Windows 的预设情形下，DHCP DISCOVER 的等待时间预设为 1 s，也就是当客户端将第一个DHCP DISCOVER 封包送出去之后，在 1 s 之内没有得到响应的话，就会进行第二次 DHCP DISCOVER 广播。若一直得不到响应，客户端一共会有 4 次 DHCP DISCOVER 广播（包括第一次在内)，除了第一次会等待 1 s 之外,其余 3 次的等待时间分别是 9 s、13 s、16 s。如果都没有得到 DHCP 服务器的响应，客户端则会显示错误信息，宣告 DHCP DISCOVER 失败。之后，基于使用者的选择，系统会继续在 5 min 之后再重复一次 DHCP DISCOVER 的过程。

2. 提供 IP 租用地址

当 DHCP 服务器监听到客户端发出的 DHCP DISCOVER 广播后，它会从那些还没有租出的地址范围内，选择最前面的空置 IP，连同其他 TCP/IP 设定，响应给客户端一个 DHCP OFFER 封包。由于客户端在开始的时候还没有 IP 地址，所以在其 DHCP DISCOVER 封包内会带有其 MAC 地址信息，并且有一个 XID 编号来辨别该封包，DHCP 服务器响应的 DHCP OFFER 封包则会根据这些资料传递给要求租约的客户。根据服务器端的设定，DHCP OFFER 封包会包含一个租约期限的信息。

3. 接受 IP 租约

如果客户端收到网络上多台 DHCP 服务器的响应，只会挑选其中一个 DHCP OFFER 而已（通常是最先抵达的那个），并且会向网络发送一个 DHCP request 广播封包，告诉所有 DHCP 服务器它将指定接受哪一台服务器提供的 IP 地址。同时，客户端还会向网络发送一个 ARP 封包，查询网络上面有没有其他机器使用该 IP 地址；如果发现该 IP 已经被占用，客户端则会送出一个 DHCP DECLIENT 封包给 DHCP 服务器，拒绝接受其 DHCP OFFER，并重新发送 DHCP DISCOVER 信息。事实上，并不是所有 DHCP 客户端都会无条件接受 DHCP 服务器的 offer，尤其这些主机安装有其他 TCP/IP 相关的客户软件。客户端也可以用 DHCP request 向服务器提出 DHCP 选择，而这些选择会以不同的号码填写在 DHCP option field 里面。

也可理解为，在 DHCP 服务器上面的设定，客户端未必要全都接受。客户端可以保留自己的一些 TCP/IP 设定，并且主动权永远在客户端这边。

4. 租约确认

当 DHCP 服务器接收到客户端的 DHCP request 之后，会向客户端发出一个 DHCP ACK 响应，以确认 IP 租约的正式生效，也就结束了一个完整的 DHCP 工作过程。

DHCP 发放流程：第一次登录之后，一旦 DHCP 客户端成功地从服务器那里取得 DHCP 租约，除非其租约已经失效并且 IP 地址也重新设定回 0.0.0.0，否则就无须再发送 DHCP DISCOVER 信息了，而会直接使用已经租用到的 IP 地址向之前的 DHCP 服务器发出 DHCP request 信息，DHCP 服务器会尽量让客户端使用原来的 IP 地址，如果没问题的话，直接响应 DHCP ACK 来确认即可。如果该地址已经失效或已经被其他机器使用了，服务器则会响应一个 DHCP ACK 封包给客户端，要求其重新执行 DHCP discover。至于 IP 的租约期限却是非常考究的，并非如租房子那样简单，以 NT 为例子：DHCP 客户端除了在开机的时候发出 DHCP request 请求之外，在租约期限一半的时候也会发出 DHCP request，如果此时得不到 DHCP 服务器的确认，客户端还可以继续使用该 IP；当租约期经过 87.5% 时，如果客户端仍然无法与当初的 DHCP 服务器联系上，它将与其他 DHCP 服务器通信。如果网络上再没有任何 DHCP 服务器在运行，该客户端必须停止使用该 IP 地址，并从发送一个 DHCP DISCOVER 数据包开始，再一次重复整个过程。要是想退租，可以随时送出 DHCP release 命令解约，即使租约在前 1 s 才获得也可以。

下面来看跨网络的 DHCP 运作。从前面描述的过程中，不难发现：DHCP DISCOVER 是以广播方式进行的，只能在同一网络之内进行，因为 router 是不会将广播传送出去的。但如果 DHCP 服务器安设在其他的网络上面呢？由于 DHCP 客户端还没有 IP 环境设定，所以也不知道 router 地址，而且有些 router 也不会将 DHCP 广播封包传递出去，因此这一情形下 DHCP DISCOVER 是永远没办法抵达 DHCP 服务器那端的，当然也不会发生 offer 及其他动作了。要解决这个问题，可以用 DHCP Agent（或 DHCP proxy）主机来接管客户的 DHCP 请求，然后将此请求传递给真正的 DHCP 服务器，再将服务器的回复传给客户。这里，proxy 主机必须自己具有路由能力，才能将双方的封包互传给对方。若不使用 proxy，也可以在每一个网络之中安装 DHCP 服务器，但这样的话，一来设备成本会增加，二来管理上面也比较分散。当然，如果在一个十分大型的网络中，这样的均衡式架构还是可取的。这就要视实际情况而定了。

本章小结

应用层是 OSI 网络模型的最高层，是用户应用程序与网络的接口。应用进程通过应用层协议为用户提供最终服务。所谓应用进程是指在为用户解决某一类应用问题时在网络环境中相互通信的进程。每个应用层协议都为了解决某一类应用问题，而问题的解决又往往是通过位于不同主机中的多个应用进程之间的通信和协同工作来完成的。应用层的具体内容就是规定应用进程在通信时所遵循的协议。应用层的许多协议都基于客户服务器方式。客户（client）和服务器（server）都是指通信中所涉及的两个应用进程。客户服务器方式所描述的是进程之间服务和被服务的关系。客户是服务请求方，服务器是服务提供方。常用的应用层协议包括 HTTP、FTP、SMTP 和 Telnet 等，这些协议的功能和使用是掌握网络应用及 Internet 应用的基础。

习题

1. 简述计算机网络常用的应用。
2. 计算机网络常用的应用协议有哪些？
3. 邮件服务用到的协议有哪些？
4. 简述 FTP 协议的功能。
5. 简述 HTTP 协议的功能。
6. 什么是域名？叙述 Internet 的域名结构。什么是域名系统（DNS）？
7. 简述 DHCP 协议的功能。

第 7 章
无线局域网技术

07

通信网络随着 Internet 的飞速发展，从传统的布线网络发展到无线网络，作为无线网络之一的无线局域网 WLAN（Wireless Local Area Network），满足了人们实现移动办公的梦想，创造了一个丰富多彩的自由天空。本章将主要介绍 WLAN 的基本概念、基本技术和方法。

本章主要学习内容如下。
- 无线局域网的概念及其协议标准。
- 无线局域网网络结构。
- 无线局域网的应用场合。
- 常见的无线网络设备。
- 常见的无线上网方式。
- 无线局域网安全与防范。

7.1 WLAN 概念及其协议标准

7.1.1 WLAN 的概念

WLAN 是利用无线通信技术在一定的局部范围内建立的网络，是计算机网络与无线通信技术相结合的产物，它以无线多址信道作为传输媒介，提供传统有线局域网 LAN（Local Area Network）的功能，能够使用户真正实现随时、随地、随意的宽带网络接入。

7.1.2 WLAN 的特点

WLAN 开始是作为有线局域网络的延伸而存在，各团体、企事业单位广泛地采用了 WLAN 技术来构建其办公网络，但随着应用的进一步发展，WLAN 正逐渐从传统意义上的局域网技术发展成为"公共无线局域网"，成为国际互联网（Internet）宽带接入手段。WLAN 具有易安装、易扩展、易管理、易维护、高移动性、保密性强、抗干扰等特点。

7.1.3 WLAN 的标准

局域网协议标准的结构主要包括物理层和数据链路层，有线局域网和无线局域网的不同主要体现在这两层上，因此，WLAN 标准主要是针对物理层和媒质访问控制层（MAC），涉及所使用的无线频率范围、空中接口通信协议等技术规范与技术标准。

1. IEEE 802.11X 标准

（1）IEEE 802.11。1990 年 IEEE 802 标准化委员会成立 IEEE 802.11 WLAN 标准工作组。IEEE

802.11（别名：Wi-Fi，Wireless Fidelity，无线保真）是在 1997 年 6 月由大量的局域网以及计算机专家审定通过的标准，该标准定义物理层和媒体访问控制（MAC）规范。物理层定义了数据传输的信号特征和调制，定义了两个 RF 射频（Radio Frequency）传输方法和一个红外线传输方法，RF 传输标准是跳频扩频和直接序列扩频，工作在 2.4 GHz～2.483 5 GHz 频段。而 WLAN 由于其传输介质及移动性的特点，采用了与有线局域网有所区别的 MAC 层协议。

IEEE 802.11 是 IEEE 最初制定的一个无线局域网标准，主要用于办公室局域网和校园网中用户与用户终端的无线接入，业务主要限于数据访问，速率最高只能达到 2 Mbit/s。由于它在速率和传输距离上都不能满足人们的需要，所以 IEEE 802.11 标准被 IEEE 802.11b 所取代了。

（2）IEEE 802.11b。1999 年 9 月 IEEE 802.11b 被正式批准，该标准规定 WLAN 工作频段在 2.4 GHz～2.483 5 GHz，数据传输速率达到 11 Mbit/s，使用范围在室外为 300 m，在办公环境中最长为 100 m。该标准是对 IEEE 802.11 的一个补充，采用补码键控调制技术（Complementary Code Keying，CCK），并且采用点对点模式（Ad-Hoc）和基本模式（Infrastructure）两种运作模式，在数据传输速率方面可以根据实际情况在 11 Mbit/s、5.5 Mbit/s、2 Mbit/s、1 Mbit/s 的不同速率间自动切换，它改变了 WLAN 设计状况，扩大了 WLAN 的应用领域。

IEEE 802.11b 已被多数厂商所采用，所推出的产品广泛应用于办公室、家庭、宾馆、车站、机场等众多场合，但是由于许多 WLAN 的新标准的出现，IEEE 802.11a/g/n/ac 更是备受业界关注。

（3）IEEE 802.11a。1999 年 IEEE 802.11a 标准制定完成，该标准规定 WLAN 工作频段在 5.15 GHz～5.825 GHz，数据传输速率达到 54 Mbit/s，传输距离控制在 10～100 m。该标准也是 IEEE 802.11 的一个补充，物理层采用正交频分复用（OFDM）的独特扩频技术，采用 QFSK 调制方式，可提供 25 Mbit/s 的无线 ATM 接口和 10 Mbit/s 的以太网无线帧结构接口，支持多种业务如话音、数据和图像等，可以接入多个用户，每个用户可带多个用户终端。

IEEE 802.11a 标准是 IEEE 802.11b 的后续标准，其设计初衷是取代 802.11b 标准。然而，工作于 2.4 GHz 频带是不需要执照的，该频段属于工业、教育、医疗等专用频段 ISM，是公开的。工作于 5.15 GHz～5.825 GHz 频带是需要执照的，因此一些公司更加看好最新混合标准——802.11g。

（4）IEEE 802.11g。2003 年 6 月，IEEE 推出 IEEE 802.11g 认证标准，该标准拥有 IEEE 802.11a 的传输速率，安全性较 IEEE 802.11b 好，采用 2 种调制方式，含 IEEE 802.11a 中采用的 OFDM 与 IEEE 802.11b 中采用的 CCK，做到与 802.11a 和 802.11b 兼容。

（5）IEEE 802.11n。2009 年 9 月通过正式标准。通过对 802.11 物理层和 MAC 层的技术改进，无线通信在吞吐量和可靠性方面都获得显著提高，速率可达到 300 Mbit/s，其核心技术为 MIMO（多入多出）+OFDM（正交频分复用）技术，同时 802.11n 可以工作在双频模式，包含 2.4 GHz 和 5 GHz 两个工作频段，可以与 802.11a/b/g 标准兼容，采用此标准的设备正逐步被采用 802.11ac 标准的设备所取代。

（6）IEEE 802.11ac。此标准草案发布于 2011 年，2014 年 1 月发布正式版本。802.11ac 是一个 802.11 无线局域网（WLAN）通信标准，它通过 5 GHz 频带进行通信。它能够提供最少 1 Gbit/s 带宽进行多站式无线局域网通信。由于多数的 802.11n 设备是为 2.4 GHz 频段设计的，而 2.4 GHz 本身的可用信道较少，同时还有其他工作于 2.4 GHz 频段的设备（如蓝牙、微波炉、无线监视摄像机等）的干扰，即使其连接速率能达到 300 Mbit/s，但是实际网络环境中，由于相互的信道冲突等原因，其实际吞吐并不高，用户体验差。802.11ac 专门为 5 GHz 频段设计，其特有的新射频特点，能够将现有的无线局域网的性能吞吐提高到与有线吉比特级网络相媲美的程度。

802.11ac 作为 IEEE 无线技术的新标准，借鉴了 802.11n 的各种优点并进一步优化，除了最明显的高吞吐特点外，其不仅可以很好地兼容 802.11a/n 的设备，同时还提升了多项用户体验，是目前市场的主流标准。

2．其他无线局域网标准

目前使用较广泛的无线通信技术有蓝牙（Bluetooth），红外数据传输（IrDA），同时还有一些具有发展潜力的近距无线技术标准，它们分别是 ZigBee、WiMAX、超宽频（Ultra WideBand）、短距通信（NFC）、NB-IoT、WiMedia、GPRS、EDGE。它们都有其立足的特点，或基于传输速度、距离、耗电量的特殊要求；或着眼于功能的扩充性；或符合某些单一应用的特别要求；或建立竞争技术的差异化等，但是没有一种技术可以完美到足以满足所有的需求。

（1）蓝牙技术（Bluetooth Technology）。蓝牙技术是使用 2.4 GHz 频段传输的一种短距离、低成本的无线接入技术，主要应用于近距离的语言和数据传输业务。蓝牙设备的工作频段选用全世界范围内都可自由使用的 2.4 GHz ISM 频段，其数据传输速率为 1 Mbit/s，蓝牙系统具有足够高的抗干扰能力，设备简单、性能优越。根据其发射功率的不同，蓝牙设备之间的有效通信距离大约为 10～100 m。

随近年来个人通信的发展，蓝牙技术得到广泛的推广应用，目前最新的蓝牙技术标准速率达到 24 Mbit/s，广泛应用于手机、耳机、便携式计算机、PDA 等个人电子消费品中。

（2）UWB（Ultra-Wideband）。UWB 是一种新兴的高速短距离通信技术，在短距离（10 m 左右）有很大优势，最高传输速度可达 1 Gbit/s。UWB 技术覆盖的频谱范围很宽，发射功率非常低。一般要求 UWB 信号的传输范围为 10 m 以内，其传输速率可达 500 Mbit/s，是实现个人通信和无线局域网的一种理想调制技术，完全可以满足短距离家庭娱乐应用需求，直接传输宽带视频数码流。

（3）ZigBee（IEEE 802.15.4）。ZigBee 是一种新兴的短距离、低功率、低速率无线接入技术。工作的速率范围为 20～250kbit/s，传输距离为 10～75 m，技术和蓝牙接近，但大多时候处于睡眠模式，适合于不需实时传输或连续更新的场合。ZigBee 采用基本的主从结构配合静态的星形网络，因此更适合于使用频率低、传输速率低的设备。由于激活时延短，仅 15 ms，低功耗等特点，ZigBee 将成为未来自动监控、遥控领域的新技术。

（4）WiMAX 技术。WiMAX（Worldwide Interoperability for Microwave Access），即全球微波互联接入。WiMAX 的另一个名字是 802.16。WiMAX 是一项新兴的宽带无线接入技术，能提供面向互联网的高速连接，数据传输距离最远可达 50 km。WiMAX 还具有 QoS 保障、传输速率高、业务丰富多样等优点。WiMAX 的技术起点较高，采用了代表未来通信技术发展方向的 OFDM/OFDMA、AAS、MIMO 等先进技术，WiMAX 是一种为企业和家庭用户提供"最后一英里"服务的宽带无线连接方案。

（5）IrDA（InfraRed Data Association）红外技术。红外通信一般采用红外波段内的近红外线、波长 0.75～25 μm。由于波长短，对障碍物的衍射能力差，所以其更适合应用在需要短距离无线点对点的场合。1996 年，IrDA 发布了 IrDA 1.1 标准，即 Fast InfraRed，简称为 FIR，速率可达 4 Mbit/s，继 FIR 之后，IrDA 又发布了通信速率高达 16 Mbit/s 的 VFIR 技术（Very Fast InfraRed）。目前其应用已相当成熟，其规范协议主要有物理层规范、连接建立协议和连接管理协议等。IrDA 以其低价和广泛的兼容性，得到广泛应用。

（6）HomeRF。HomeRF 工作组是由美国家用射频委员会领导于 1997 年成立的，其主要工作任务是为家庭用户建立具有互操作性的话音和数据通信网。作为无线技术方案，它代替了需要铺设昂贵传输线的有线家庭网络，为网络中的设备，如便携式计算机和 Internet 应用提供了漫游功能。但是，HomeRF 占据了与 802.11X 和 Bluetooth 相同的 2.4 GHz 频率段，所以在应用范围上有很大的局限性，更多的是在家庭网络中使用。

（7）NB-IoT（Narrow Band Internet of Things）。基于蜂窝的窄带物联网，成为万物互联网络的一个重要分支，NB-IoT 聚焦于低功耗广覆盖（LPWA）物联网（IoT）市场，是一种可在全球范围内广泛应用的新兴技术。NB-IoT 自身具备的低功耗、广覆盖、低成本、大容量等优势，使其可以广泛应用于多种垂直行业，如远程抄表、资产跟踪、智能停车、智慧农业等。

3．中国 WLAN 规范

中华人民共和国工业和信息化部制定了 WLAN 的行业配套标准，包括《公众无线局域网总体技术要求》和《公众无线局域网设备测试规范》。该标准涉及的技术体制包括 IEEE 802.11X 系列（IEEE 802.11、802.11a、IEEE 802.11b、IEEE 802.11g、IEEE 802.11h、IEEE 802.11i）和HIPERLAN2。工业和信息化部通信计量中心承担了相关标准的制定工作，并联合设备制造商和国内运营商进行了大量的试验工作，同时，信息产业部通信计量中心和一些相关公司联合建成了 WLAN 的试验平台，对 WLAN 系统设备的各项性能指标、兼容性和安全可靠性等方面进行了全方位的测评。

7.1.4 WLAN 的关键技术

无线局域网协议 802.11 的 MAC 和 802.3 协议的 MAC 非常相似，都是在一个共享媒体之上支持多个用户共享资源，由发送者在发送数据前先进行网络的可用性检测。在 802.3 协议中，是由一种称为CSMA/CD(Carrier Sense Multiple Access with Collision Detection，载波侦听多路访问/冲突检测)的协议来完成调节。这个协议解决了在 Ethernet 上的各个工作站如何在线缆上进行传输的问题，利用它检测和避免当两个或两个以上的网络设备需要进行数据传送时网络上的冲突。在 802.11 无线局域网协议中，冲突的检测存在一定的困难，这是由于要检测冲突，设备必须能够一边接收数据信号一边传送数据信号，而这在无线系统中是无法办到的。

鉴于这个差异，在 802.11 中对 CSMA/CD 进行了一些调整，采用了新的协议 CSMA/CA(Carrier Sense Multiple Access with Collision Avoidance，载波侦听多路访问/冲突避免)，发送包的同时不能检测到信道上有无冲突，只能尽量"避免"。CSMA/CA 利用 ACK 信号来避免冲突的发生，也就是说，只有当客户端收到网络上返回的 ACK 信号后才确认送出的数据已经正确到达目的地。

CSMA/CA 协议的工作流程：一个工作站希望在无线网络中传送数据，如果没有探测到网络中正在传送数据，则附加等待一段时间，再随机选择一个时间片继续探测，如果无线网络中仍旧没有活动的话，就将数据发送出去。接收端的工作站如果收到发送端送出的完整的数据则回发一个 ACK 数据报，如果这个 ACK 数据报被接收端收到，则这个数据发送过程完成，如果发送端没有收到 ACK 数据报，则或者发送的数据没有被完整地收到，或者 ACK 信号的发送失败，不管是哪种现象发生，数据报都在发送端等待一段时间后被重传。

CSMA/CA 通过这种方式来提供无线的共享访问，这种显式的 ACK 机制在处理无线问题时非常有效。然而对于 802.11 这种方式增加了额外的负担，所以 802.11 网络和类似的 Ethernet 网比较总是在性能上稍逊一筹。

7.2 WLAN 网络拓扑结构

BSS（Basic Service Set），基本服务集，它是一个无线网络中的术语，用于描述在一个 802.11 WLAN 中的一组相互通信的移动设备。一个 BSS 可以包含 AP（接入点），也可以不包含 AP。

基本服务集有两种类型：一种是独立模式的基本服务集，由若干个移动台组成，称为点对点（Ad-Hoc）结构；另一种是基础设施模式的基本服务集，包含一个 AP 和若干个移动台，称为Infrastructure 结构。

1. 点对点结构

点对点（Ad-Hoc）对等结构就相当于有线网络中的多机直接通过无线网卡互联，信号是直接在两个通信端点对点传输的，Ad-Hoc 允许无线终端在无线网络的覆盖区域内移动，并利用无线信道上的CSMA/CA 机制来自动建立点对点的对等连接，这种网络中节点自主对等工作，对于小型的无线网络来说，是一种方便的连接方式。点对点 Ad-Hoc 结构如图 7-1 所示。

2. 基于 AP 的 Infrastructure 结构

Infrastructure 结构与有线网络中的星形交换模式差不多，也属于集中式结构类型。Infrastructure的组网方式是一种整合有线与无线局域网架构的应用模式，这是 802.11b 最常用的方式。此时，需要无线接入点（Access Point，AP）的支持，其中的无线 AP 相当于有线网络中的交换机，起着集中连接和数据交换的作用。AP 负责监管一个小区，并作为移动终端和主干网之间的桥接设备，当无线网络节点增多时，网络存取速度会随着范围扩大和节点的增加而变慢，此时添加 AP 可以有效控制和管理频宽与频段。

AP 和无线网卡还可针对具体的网络环境调整网络连接速率，以发挥相应网络环境下的最佳连接性能。Infrastructure 结构如图 7-2 所示。

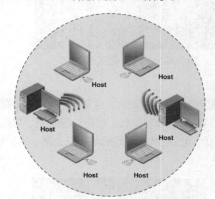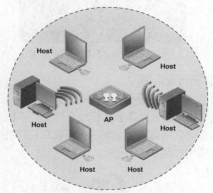

图 7-1　点对点（Ad-Hoc）结构图　　　　图 7-2　Infrastructure 结构

理论上一个 IEEE 802.11b 的 AP 最大可连接 72 个无线节点，实际应用中考虑到更高的连接需求，建议为 10 个节点以内。

7.3　WLAN 应用

作为有线网络的无线延伸，WLAN 可以广泛应用在生活社区、游乐园、旅馆、机场车站等游玩区域，实现旅游休闲上网；可以应用在政府办公大楼、校园、企事业单位，实现移动办公，方便开会及上课等；可以应用在医疗、金融证券等方面，实现医生在路途中对病人在网上诊断，实现金融证券室外网上交易。

对于难于布线的环境，如老式建筑、沙漠区域等；对于频繁变化的环境，如各种展览大楼；对于临时需要的宽带接入、流动工作站等，建立 WLAN 是理想的选择。

1. 销售行业应用

对于大型超市来讲，商品的流通量非常大，接货的日常工作包括订单处理、送货单、入库等需要在不同地点的现场将数据录入数据库。仓库的入库和出库管理，物品的搬动较多，数据不断变化。目前，很多的做法是手工做好记录，然后将数据录入数据库，这样费时而且易错，采用 WLAN 即可轻松解决上面两个问题。在超市的各个角落，如在接货区、发货区、货架、中等区域利用 WLAN，可以现场处理各种单据。WLAN 在销售行业的应用如图 7-3 所示。

2. 物流行业应用

各个港口、储存区对物流业务的数字化提出了较高的要求，一个物流公司一般都有一个网络处理中心，还有些办公地点分布在比较偏僻的地方。运输车辆、装卸装箱机组等的工作状况以及物品统计等，需要及时将数据录入并传输到中心机房。部署 WLAN 是物流业的一项实现现代化必不可少的基础设施。WLAN 在物流行业的应用如图 7-4 所示。

3. 电力行业应用

如何对遥远的变电站进行遥测、遥控、遥调，这是摆在电力系统的一个老问题。WLAN 能监测并记录变电站的运行情况，给中心监控机房提供实时的监测数据，也能够将中心机房的调控命令传入各个变电站。这是 WLAN 在电力系统遍布到千家万户，但又无法完全用有线网络来检测与控制情况下的一个潜在应用。WLAN 在电力行业的应用如图 7-5 所示。

图 7-3　WLAN 销售行业应用

图 7-4　WLAN 物流行业应用

4. 服务行业应用

由于个人计算的移动终端化、小型化，旅客在进入酒店要及时处理邮件，这时酒店 WLAN 接入是必不可少的；由于客人希望酒店无线上网无处不在，而 WLAN 基于其移动性、便捷性等特点，更是受到了一些大中型酒店的青睐。旅客在机场和车站候机候车，也可通过便携式计算机和手机上网。WLAN 在服务行业的应用如图 7-6 所示。

图 7-5　WLAN 电力行业应用

图 7-6　WLAN 服务行业应用

5. 教育行业应用

WLAN 可以满足教师和学生在教学时的互动要求。学生可以在教室、宿舍、图书馆利用移动终端机向老师问问题、提交作业；老师可以随时给学生上辅导课；学生可以利用 WLAN 在校园的任何一个角落访问校园网。WLAN 可以成为一种多媒体教学的辅助手段。WLAN 在教育行业的应用如图 7-7 所示。

6. 证券行业应用

有了 WLAN，股市操作更加普遍和活跃。以前很多炒股者利用股票机看行情，现在利用手机和便携式计算机，通过 WLAN 能够实时看行情，随时交易。WLAN 在证券行业的应用如图 7-8 所示。

图 7-7　WLAN 教育行业应用

图 7-8　WLAN 证券行业应用

7. 展厅应用

一些大型展览的展厅内，一般都布有 WLAN，服务商、参展商、客户走入大厅内可以随时接入 Internet。WLAN 的可移动性、可重组性、灵活性为会议厅和展会中心等具有临时租用性质的服务行业场所提供了无限的盈利空间。WLAN 在展厅的应用如图 7-9 所示。

8. 中小型办公室/家庭办公应用

WLAN 可以让人们在中小型办公室或者在家里任意的地方上网办公，收发邮件，随时随地连接上 Internet，其上网资费与有线网络一样。WLAN 在中小型办公室/家庭办公的应用如图 7-10 所示。

图 7-9　WLAN 展厅应用

图 7-10　WLAN 中小型办公室/家庭办公应用

7.4　WLAN 常见设备

无线局域网的工作流程是：计算机的无线网卡→无线天线→无线 AP→无线交换机（无线网桥、无线路由器等）→Internet。

1. 无线网卡

无线网卡的作用类似以太网中的网卡，其作为无线局域网的接口，实现与无线局域网的连接。无线网卡根据接口类型的不同，主要分为 3 种类型，即 PCMCIA 无线网卡、PCI 无线网卡和 USB 无线网卡。

PCMCIA 无线网卡仅适用于便携式计算机，支持热插拔，可以非常方便地实现移动无线接入，如图 7-11 所示。PCI 无线网卡适用于普通的台式计算机。其实 PCI 无线网卡只是在 PCI 转接卡上插入一块普通的 PCMCIA 卡，如图 7-12 所示。

图 7-11　PCMCIA 无线网卡

图 7-12　PCI 无线网卡

USB 接口无线网卡适用于便携式计算机和台式计算机，支持热插拔，如果网卡外置有无线天线，那么，USB 接口就是一个比较好的选择，如图 7-13 所示。

2. 无线天线

当计算机与无线 AP 或其他计算机相距较远时，随着信号的减弱，或者传输速率明显下降，或者根本无法实现与 AP 或其他计算机之间的通信，此时，就必须借助于无线天线对所接收或发送的信号进行增益（放大）。

无线天线有多种类型，常见的有两种。一种是室内天线，优点是方便灵活，缺点是增益小，传输距离短，如图 7-14 所示。一种是室外天线。室外天线的类型比较多，一种是棒状的全向天线，如图 7-15 所示，一种是锅状的定向天线，如图 7-16 所示。室外天线的优点是传输距离远，比较适合远距离传输。

3. 无线 AP

无线 AP（Access Point）即无线接入点，它是用于无线网络的无线交换机，也是无线网络的核心，如图 7-17 所示。无线 AP 是移动计算机用户进入有线网络的接入点，主要用于宽带家庭、大楼内部以及园区内部，典型距离覆盖几十米至上百米，目前主要技术为 802.11 系列。

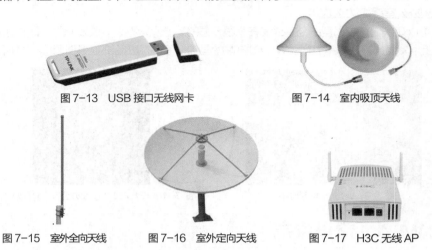

图 7-13　USB 接口无线网卡　　　　　图 7-14　室内吸顶天线

图 7-15　室外全向天线　　　图 7-16　室外定向天线　　　图 7-17　H3C 无线 AP

4. 无线网桥

无线网桥可以用于连接两个或多个独立的网络段，这些独立的网络段通常位于不同的建筑内，相距几百米到几十千米。无线网桥可以广泛应用于不同建筑物间的互联。同时，根据协议不同，无线网桥又可以分为 2.4 GHz 频段的 802.11b 或 802.11g 以及采用 5.8 GHz 频段的 802.11a 无线网桥。无线网桥有三种工作方式：点对点连接、中继连接以及点对多点连接。无线网桥特别适用于城市中的远距离通信，结构图分别如图 7-18～图 7-20 所示。

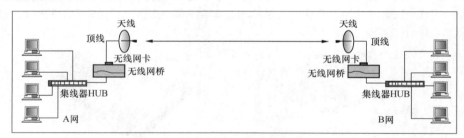

图 7-18　点对点连接

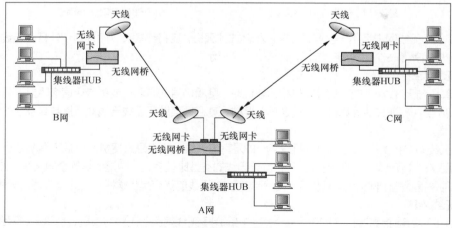

图 7-19　中继连接

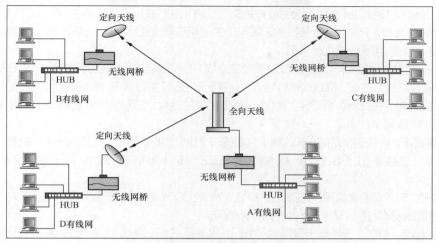

图 7-20　点对多点连接

无线网桥通常用于室外，主要用于连接两个网络，无线网桥不可能只使用一个，必须两个以上，而 AP 可以单独使用。无线网桥功率大，传输距离远（最大可达 50 km），抗干扰能力强，不自带天线，一般配备抛物面天线实现长距离的点对点连接。

5. 无线路由器

无线路由器（Wireless Router）类似将单纯性无线 AP 和宽带路由器合二为一的扩展型产品，它不仅具备单纯性无线 AP 的所有功能（如支持 DHCP 客户端、支持 VPN、防火墙、支持 WEP 加密等），而且具有网络地址转换（NAT）功能，可支持局域网用户的网络连接共享。它可实现家庭

图 7-21　无线路由器

无线网络中的 Internet 连接共享，实现 ADSL 和小区宽带的无线共享接入。无线路由器如图 7-21 所示。

近年来随着智能终端的广泛普及，无线路由器也在蓬勃发展。目前市面上的设备也各具特色。纵观现有包括智能路由器在内的各种家用路由器设备，其功能大致可以分为 3 个层次。第一个层次是最基本的网络功能，如 WLAN 及有线接入、支持 PPPoE 拨号、支持 DHCP 及 NAT、接入加密及控制等，普通家用路由器大多只提供这一层次的功能；第二个层次是在普通路由器上提供一些扩展功能，如网络存储、离线下载、蹭网检测、应用加速等；更高一个层次是在路由器上提供应用平台，用户可以自行下载并安装所需要的应用，具有更大的灵活性和可扩展性。

7.5　无线局域网的组建与应用

7.5.1　无线设备的选购

无线局域网由无线网卡和无线接入点构成。WLAN 就是指不需要网线就可以通过无线方式发送和接收数据的局域网，通过安装无线路由器或无线 AP，在终端安装无线网卡就可以实现无线连接。

要组建一个无线局域网，需要的硬件设备是无线网卡和无线接入点。

（1）无线网卡选购的注意事项。要组建一个无线局域网，除了需要配备计算机外，还需要选购无线网卡。对于台式计算机，可以选择 PCI 或 USB 接口的无线网卡；对于笔记本计算机，则可以选择内置的 MiniPCI 接口的无线网卡，以及外置的 PCMCIA 和 USB 接口的无线网卡。为了能实现多台计算机共享上网，最好还要准备一台无线 AP 或无线路由器，并可以实现网络接入，例如，ADSL、小区宽带、Cable Modem 等。在选购无线网卡的时候，需要注意以下事项。

115

① 接口类型。按接口类型分，无线网卡主要分为 PCI、USB、PCMCIA 三种，PCI 接口无线网卡主要用于台式计算机，PCMCIA 接口的无线网卡主要用于便携式计算机，USB 接口无线网卡可以用于台式计算机也可以用于便携式计算机。

其中，PCI 接口无线网卡可以和台式计算机的主板 PCI 插槽连接，安装相对麻烦；USB 接口无线网卡具有即插即用、安装方便、高速传输等特点，只要配备 USB 接口就可以安装使用；而 PCMCIA 接口无线网卡主要针对便携式计算机设计，具有和 USB 相同的特点。在选购无线网卡时，应该根据实际情况来选择合适的无线网卡。

② 传输速率。传输速率是衡量无线网卡性能的一个重要指标。目前，无线网卡支持的最大传输速率可以达到千兆，支持 IEEE 802.11ac 标准，兼容 IEEE 802.11n 标准，例如，TP-LINK、NETGEAR、华硕等。

在选购时，对于普通家庭用户选择支持 802.11n 的 300 Mbit/s 的无线网卡即可；而对于办公或商业用户，则需要选择支持 802.11ac 的吉比特无线网卡。

③ 认证标准。目前，无线网卡采用的网络标准主要是 IEEE 802.11n，支持 300 Mbit/s 的速率，兼容 IEEE 802.11a/b/g 标准，还有部分支持 802.11ac 标准，速率可达吉比特，和支持 802.11n 的无线网卡产品相比，主要差别在价格上。在选购时一定要注意，产品是否支持 Wi-Fi 认证的标准，只有通过该认证的标准产品才可以和其他的同类无线产品组成无线局域网。

④ 兼容性。目前，支持 802.11a/b/g 标准的无线设备基本已淘汰，支持 802.11n 和 802.11ac 标准的无线设备是当前市场主流，因为这两个标准同时支持 2.4 GHz 和 5 GHz，所以相关产品互联时的兼容性可以得到充分保证。

⑤ 传输距离。传输距离同样是衡量无线网卡性能的重要指标，传输距离越远说明其灵活性越强。目前，一般的无线网卡室内传输距离可以达到 30～100 m，室外可达到 100～300 m。在选购时，注意产品的传输距离不低于该标准值即可。此外，无线网卡传输距离的远近还会受到环境的影响，例如，墙壁、无线信号干扰等。

⑥ 安全性。因为 WLAN 在进行数据传输时是完全暴露在半空中的，而且信号覆盖范围广，如果安全性不好，合法用户的数据就很容易被非法用户截获和破解。目前不同的厂商所提供的数据加密技术和安全解决方案不尽相同，一般采取 WAP（Wireless Application Protocal，无线应用协议）和 WEP（Wired Equivalent Privacy，有线等价加密）加密技术，WAP 加密性能比 WEP 强，不过兼容性不好。目前，一般的无线网卡都支持 64/128 位的 WEP 加密，部分产品可以达到 256 位。

（2）无线路由器选购的注意事项。无线接入点可以是无线 AP，也可以是无线路由器，它们主要用于网络信号的接入或转发。在选购无线路由器时，需要注意以下事项：

① 端口数目、速率。无线路由器产品一般内置有交换机，包括 1 个 WAN（广域网）端口以及 4 个 LAN（局域网）端口。WAN 端口用于和宽带网进行连接，LAN 端口用于和局域网内的网络设备或计算机连接，这样可以组建有线、无线混合网。在端口的传输速率方面，一般应该为 100/1 000 Mbit/s 自适应 RJ-45 端口，每一端口都应该具备 MDI/MDIX 自动跳线功能。

② 网络标准。与无线网卡所支持的标准一样，无线路由器一般支持 IEEE 802.11n 和 IEEE 802.11ac 标准，理论上分别可以实现 300 Mbit/s 和吉比特的无线网络传输速率。家庭或小型办公网络用户一般选择 IEEE 802.11ac 标准的产品即可。除此之外，还必须要支持 IEEE 802.3 以及 IEEE 802.3u 网络标准。

③ 网络接入。对于家庭用户，常见的 Internet 宽带接入方式有 ADSL、Cable Modem、小区宽带等。所以在选购无线路由器时要注意它所支持的网络接入方式。例如，使用 ADSL 上网的用户选择的产品必须支持 ADSL 接入（PPPoE 拨号），对于小区宽带用户，必须要支持以太网接入。

④ 防火墙。为了保证网络的安全，无线路由器最好应该内置防火墙功能。防火墙功能一般包括 LAN 防火墙和 WAN 防火墙，前者可以采用 IP 地址限制、MAC 过滤等手段来限制局域网内计算机访问 Internet；

后者可以采用网址过滤、数据包过滤等简单手段来阻止黑客攻击，保护网络传输安全。

⑤ 高级功能。选购无线路由器时，还需要注意它所支持的高级功能。例如，支持的 NAT（网络地址转换）功能可以将局域网内部的 IP 地址转换为可以在 Internet 上使用的合法 IP 地址；通过 DHCP 服务器功能可以为无线局域网中的任何一台计算机自动分配 IP 地址；通过 DDNS（动态 DNS）功能可以将动态 IP 地址解析为一个固定的域名，以便于 Internet 用户对局域网服务器进行访问；通过虚拟服务器功能可以实现在 Internet 中访问局域网中的服务器。此外，为了让局域网中的路由器之间以及不同局域网段中的计算机之间进行通信，选购的无线路由器还必须支持动态/静态路由功能。

除了上面介绍的注意事项外，在选购无线路由器产品时，还需要注意无线路由器的管理功能。它至少应该支持 Web 浏览器的管理方式；无线传输的距离，至少应该达到室内 100 m，室外 300 m；至少应该支持 68/128 位 WEP 加密。

7.5.2　组建家庭无线局域网

如果采用传统的有线方式组建家庭局域网，会受到种种限制。例如，布线会影响房间的整体设计，而且不雅观等。通过家庭无线局域网不仅可以解决线路布局问题，在实现有线网络所有功能的同时，还可以实现无线共享上网。下面将组建一个拥有两台计算机的家庭无线局域网。

（1）选择组网方式。家庭无线局域网的组网方式和有线局域网有一些区别，最简单、最便捷的方式就是选择对等网，即是以无线 AP 或无线路由器为中心（传统有线局域网使用 HUB 或交换机），其他计算机通过无线网卡、无线 AP 或无线路由器进行通信。

① 建立局域网连接。用网线将计算机直接连接到路由器 LAN 口。也可以将路由器的 LAN 口和局域网中的集线器或交换机通过网线相连，如图 7-22 所示。

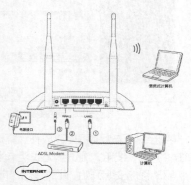

图 7-22　TL-WR841N 硬件安装示意图

② 建立广域网连接。用网线将路由器 WAN 口和 xDSL/Cable Modem 或以太网相连，如图 7-22 所示。

③ 连接电源连接好电，路由器将自行启动。

（2）安装无线网卡。无线网卡安装需要两个步骤。

① 硬件安装，分为 3 种情况。

- USB 无线网卡插入计算机 USB 接口，或者使用延长线插到计算机 USB 接口。
- PCI 无线网卡在计算机启动前插到主板的 PCI 插槽上。
- Cardbus 无线网卡插入便携式计算机 Cardbus 接口。

硬件安装完毕后进行驱动程序安装。

② 驱动安装。PCI 无线网卡在 Windows 7 系统下首次使用需安装驱动程序，下面介绍无线网卡在 Windows 7 系统下的安装方法。桌面上，右键单击"计算机"，选择下拉菜单中的"管理"，如图 7-23 所示。

单击"设备管理器"，打开设备管理界面，如图 7-24 所示。

找到未安装驱动的 PCI 网卡，一般显示为带有黄色问号的 PCI 设备，右键单击该设备选择"更新驱动程序"，打开"硬件更新向导"，如图 7-25 所示。

选择"从列表或指定位置安装（高级）"，单击"下一步"按钮，如图 7-26 所示。

选择"在这些位置上搜索最佳的驱动程序"。

若已经将无线网卡附带的驱动光盘放进计算机的光驱中，请勾选"搜索可移动媒体（软盘、CD-ROM…）"复选框，单击"下一步"按钮。

图 7-23　计算机管理界面

图 7-24　设备管理界面

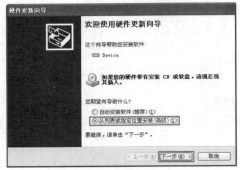

图 7-25　硬件更新向导

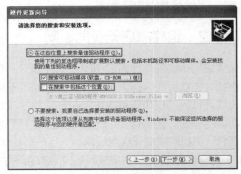

图 7-26　驱动搜索和安装选项

若无线网卡驱动程序存放在计算机硬盘的某个位置，请勾选"在搜索中包括这个位置"复选框，并单击"浏览"按钮，浏览到无线网卡驱动程序所在目录文件夹，单击"下一步"按钮，如图 7-27 所示。

驱动程序安装开始，此时提示"向导正在安装软件，请稍后…"，15 s 左右驱动安装完成，如图 7-28 所示。

图 7-27　安装驱动程序

图 7-28　驱动安装完成

单击"完成"按钮，驱动安装成功，安装成功之后设备管理器中会显示无线网卡，如图 7-29 所示。

在成功安装无线网卡之后，在 Windows 7 系统任务栏中会出现一个连接图标（在"网络连接"窗口中还会增加"无线网络连接"图标），右键单击该图标，执行"查看可用的无线连接"命令，在出现的对话框中会显示搜索到的可用无线网络，选中该网络，单击"连接"按钮即可连接到该无线网络。

另外，需要注意无线路由器与安装了无线网卡的计算机之间的距离，因为无线信号会受到距离、穿墙等因素的影响，距离过长会影响信号接收和数据传输速度，最好保证距离在 30 m 以内。

（3）设置网络环境。安装好硬件后，还需要分别给无线 AP 或无线路由器以及对应的无线客户端进行设置。

① 设置无线路由器。首先，设置计算机的 IP 地址为自动获取，右键单击桌面上的"网上邻居"图标，选择属性，或执行"开始"→"控制面板"→"网络连接"命令，进入"网络连接"界面，如图 7-30 所示。

图 7-29　设备管理器界面

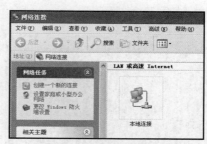

图 7-30　网络连接界面

右键单击"本地连接"，选择"属性"，如图 7-31 所示。

弹出"本地连接 属性"对话框，下拉"此连接使用下列项目"，选中"Internet 协议（TCP/IP）"再单击"属性"，或直接双击"Internet 协议（TCP/IP）"项，如图 7-32 所示。

弹出"Internet 协议（TCP/IP）属性"对话框，可通过以下两种方式获得 IP 地址。

● 自动获取 IP（推荐）。

图 7-31　选择"属性"

图 7-32　本地连接 属性

在"常规"选项卡下分别选择"自动获得 IP 地址"、"自动获得 DNS 服务器地址"，如图 7-33 所示。

● 手动设置 IP。

选择使用下面的 IP 地址，依次输入：192.168.1.x（x 可取 2～254 中的任意值，图 7-34 中举例随取数值 12），子网掩码：255.255.255.0，默认网关：192.168.1.1，如图 7-34 所示。

图 7-33　自动获取 IP

图 7-34　手动设置 IP

最后单击"确定"按钮，即完成 IP 地址的设置。

使用 ping 命令检查计算机和路由器之间是否联通。在 Windows 7 环境中，执行"开始"→"运行"命令，在随后出现的运行窗口输入"cmd"命令，按 Enter 键或单击"确定"按钮进入，如图 7-35 所示。

输入命令：ping 192.168.1.1，按 Enter 键。

屏幕显示如图 7-36 所示。

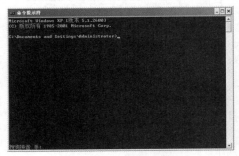

图 7-35　命令行界面

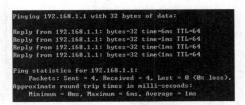

图 7-36　测试联通界面

计算机已与路由器成功建立连接。

在配置无线路由器之前，首先要认真阅读随产品附送的《用户手册》，从中了解到默认的管理 IP 地址以及访问密码。例如，这款 TP-LINK 无线路由器默认的管理 IP 地址为 192.168.1.1，用户名和访问密码为 admin。

连接到无线网络后，打开 IE 浏览器，在地址框中输入 192.168.1.1，再输入登录用户名和密码（用户名默认为 admin），如图 7-37 所示。

图 7-37　登录路由器界面

单击"确定"按钮打开路由器设置页面，如图 7-38 所示。

图 7-38　路由器设置界面

然后在左侧窗口单击相关的选项，实现路由器基本参数的设置。

提示 SSID 即 Service Set Identifier，表示无线 AP 或无线路由的标识字符，其实就是无线局域网的名称。该标识主要用来区分不同的无线网络，最多可以由 32 个字符组成，如 wireless。

使用的无线路由器通常支持 DHCP 服务器功能，通过 DHCP 服务器可以给无线局域网中的所有计算机自动分配 IP 地址，这样就不需要手动设置 IP 地址，也避免出现 IP 地址冲突。具体的设置方法如下。

同样，打开路由器设置页面，在左侧窗口中单击"DHCP 服务"链接，然后在右侧窗口中的"DHCP 服务器"选项中选择"启用"选项，表示为局域网启用 DHCP 服务器。默认情况下"起始 IP 地址"为 192.168.1.100，这样第一台连接到无线网络的计算机 IP 地址为 192.168.1.100，第二台是 192.168.1.101，还可以手动更改起始 IP 地址最后的数字。最后单击"保存"按钮。

② 设置无线客户端。设置完无线路由器后，还需要对安装了无线网卡的客户端进行设置。

在客户端计算机中，右键单击系统任务栏无线连接图标，执行"查看可用的无线连接"命令，在打开的对话框中单击"高级"按钮，在打开的对话框中单击"无线网络配置"选项卡，单击"高级"按钮，在出现的对话框中选择"仅访问点（结构）网络"或"任何可用的网络（首选访问点）"选项，单击"关闭"按钮即可。

另外，为了保证无线局域网中的计算机顺利实现共享、进行互访，应该统一局域网中的所有计算机的工作组名称。

右键单击"我的计算机"，执行"属性"命令，打开"系统属性"对话框。单击"计算机名"选项卡，单击"更改"按钮，在出现的对话框中输入新的计算机名和工作组名称，输入完毕单击"确定"按钮。

注意 网络环境中，必须保证工作组名称相同，如 Workgroup，而每台计算机名则可以不同。

重新启动计算机后，打开"网上邻居"，单击"网络任务"任务窗格中的"查看工作组计算机"链接就可以看到无线局域网中的其他计算机名称了。以后，还可以在每一台计算机中设置共享文件夹，实现无线局域网中的文件的共享；设置共享打印机和传真机，实现无线局域网中的共享打印和传真等操作。

7.5.3 组建办公无线局域网

组建办公无线局域网与组建家庭无线局域网差不多，不过，因为办公网络中通常计算机较多，所以对所实现的功能以及网络规划等方面要求也比较高。

下面，以拥有 8 台计算机的小型办公网络为例，其中包括 3 个办公室：经理办公室（2 台）、财务室（1 台）以及工作室（5 台），Internet 接入采用以太网接入（100 Mbit/s）。

1. 确定网络拓扑结构

考虑到经理办公室和财务室等重要部门网络的稳定性，准备采用交换机和无线路由器有线连接的方式。这样，除了配备无线路由器外，还需要准备一台交换机、至少 4 根网线，用于连接交换机和无线路由器、服务器、经理用便携式计算机以及财务室计算机。还需要为工作室的每台便携式计算机配备一块无线网卡，考虑到 USB 无线网卡即插即用、安装方便、高速传输、需供电等特点，全部采用 USB 无线网卡与便携式计算机连接，网络拓扑图如图 7-39 所示。

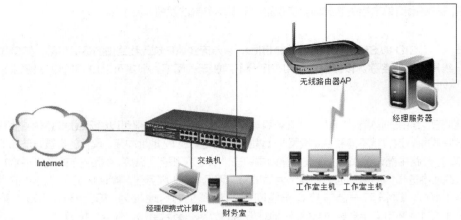

图 7-39　办公室无线局域网拓扑图

2. 安装网络设备

在工作室中，首先需要给每台便携式计算机安装 USB 无线网卡（假设全部安装了 Windows 7 操作系统）。

将 USB 无线网卡和便携式计算机的 USB 接口连接，Windows 7 会自动提示发现新硬件，并安装相应驱动程序。接着打开"网络连接"对话框就可以看到自动创建的"自动无线网络连接"。而且在系统"设备管理器"对话框中的"网络适配器"项中可以看到已经安装的 USB 无线网卡。

其次，将交换机的 UpLink 端口和进入办公网络的 Internet 接入口用网线连接，此外选择一个端口（UpLink 旁边的端口除外）与无线宽带路由器的 WAN 端口连接，其他端口分别用网线和财务室、经理用计算机连接。因为该无线宽带路由器本身集成 5 口交换机，除了提供一个 100/1 000 Mbit/s 自适应 WAN 端口外，还提供 4 个 100/1 000 Mbit/s 自适应 LAN 端口，选择其中的一个端口和服务器连接，并通过服务器对该无线路由器进行管理。

最后，分别接通交换机、无线路由器电源，该无线网络就可以正常工作了。

3. 设置网络环境

在安装完网络设备后，还需要对无线 AP 或无线路由器以及安装了无线网卡的计算机进行相应网络设置。设置方法基本同前，大家可以参照 7.5.2 节内容并结合所使用路由器的配置说明书进行设置，本书不再详述。

7.5.4　无线局域网接入 Internet

在家庭和办公无线网络中，除了可以实现有线局域网常用的文件共享、打印共享等功能，还有一个常见的应用就是共享无线上网，这里分 3 种情况分别介绍。

1. 单机无线上网

实现单机无线上网的方法很简单，只要配备一块无线网卡、无线路由器或无线 AP，加上 Internet 接入方式即可。下面以 ADSL 宽带上网方式为例，介绍如何实现单机无线上网（Windows 7 系统）。

（1）安装无线网卡。安装无线网卡的具体方法在组建家庭/办公无线局域网部分已经介绍，这里不再赘述。不过，因为 ADSL 一般使用动态 IP 地址，所以需要进行如下设置。

打开"网络连接"窗口，右键单击"无线网络连接"图标，执行"属性"命令，打开网卡属性对话框，在"常规"选项卡中双击"Internet 协议（TCP/IP）"选项，然后在出现的对话框中选择"自动获得 IP 地址"选项即可。

另外，要注意无线网络配置，具体设置内容如下。

　　同样是在无线网络连接的属性对话框中，单击"无线网络配置"选项卡。如果需要 Windows 自动配置无线网络设置，而不用手动设置，必须选择"用 Windows 来配置我的无线网络设置"选项，单击"高级"按钮，在出现的对话框中选择"仅访问点（结构）网络"或"任何可用的网络（首选访问点）"选项，不能是"仅计算机到计算机（特定）"，否则将无法连接到网络。

　　其他无线网络设置使用自动设置即可。

　　（2）连接网络设备。用网线将 ADSL Modem 的 Ethernet 端口和无线路由器的 WAN 端口连接起来，然后将 ADSL Modem 的 Phone 端口和电话机连接，将 ADSL 端口和电话线连接，接通 ADSL Modem 和无线路由器的电源即可。

　　（3）无线路由器设置。这里还是以 TP-LINK TL-WR841N 无线路由器为例，因为它支持 PPPoE 自动拨号功能，只要打开计算机就可以自动连接到 Internet。具体的设置方法如下。

　　打开 IE 浏览器，在地址框中输入 192.168.1.1，再输入登录用户名和密码，单击"确定"按钮打开路由器设置页面。在左侧窗口中单击"网络参数"链接，在"WAN 口连接类型"框中选择"PPPoE"，在"用户名"框中输入 ADSL 上网的用户名称，在"密码"框中输入 ADSL 上网密码。为了避免掉线，还可以设置断线后自动拨号设置，例如，选择"按需连接：自动断线等待时间"选项（默认为 5 min），"保持连接：重复连接周期"选项（默认为 30 s）。单击"应用"按钮。

　　除了 WAN 口连接类型设置外，其他的无线路由器设置保持默认值即可。

　　（4）轻松连上 Internet。在设置好无线路由器之后，无线网卡会自动连接到无线路由器，并在系统任务栏显示当前状态，双击该网络连接图标还可以查看详细的连接状态信息。

提示　　如果 Windows 7 不能自动连接到无线路由器，应该首先记下在路由器设置页面中看到的 SSID 值（无线网络的名称），接着在 Windows 7 中打开"无线网络连接属性"对话框，单击"无线网络配置"选项卡，单击"添加"按钮，然后在打开的对话框中的"服务设置标识（SSID）"框中输入该值，如 wireless，单击"确定"按钮。最后，双击任务栏无线网络连接图标，在打开的对话框中选择搜索到无线网络，单击"连接"按钮即可。

2．双机共享上网

　　实现双机共享上网的方法有两种：

　　一种是 Infrastructure 模式（基本结构模式），即是以支持 Internet 接入的无线 AP 或无线路由器为中心，其他无线客户端通过无线网卡连接到该设备进行 Internet 的访问。

　　另一种是 Ad-Hoc 模式（对等模式），又称点对点模式，该模式不需要无线 AP 或无线路由器，直接通过无线网卡来组成点对点的临时网络。不过要实现共享上网，必须有一台计算机作为主机，提供 Internet 接入；另一台作为客户机，通过无线网卡来共享 Internet。

　　（1）Infrastructure 模式。通过 Infrastructure 模式实现的双机共享上网需要准备的网络硬件，包括一台无线 AP 或无线路由器，两台计算机分别配置一块无线网卡。具体的实现方法与单机无线上网相同，不同的是增加了一个无线客户端，该客户端的无线网卡设置也基本相同，注意 IP 地址以及高级访问模式的设置就行了。

　　（2）Ad-Hoc 模式。通过 Ad-Hoc 模式实现双机共享上网，其设置相对复杂，下面以 Windows 7 为例进行介绍。

　　因为这里采用 Ad-Hoc（点对点）模式，所以省去了无线 AP 或无线路由器。但还是要为每台计算机安装一块无线网卡，网卡的接口类型不限。选择其中一台计算机作为服务器，要求安装 Windows 7 系统，利用系统自带的 Internet 连接共享（ICS）功能实现 Internet 接入共享。此外，还需要安装一块普通的以太网网卡，以便于和 ADSL、Cable Modem、小区宽带连接（这里以 ADSL 为例）。无线网卡以及以太网网卡的安装方法这里不再赘述。

准备好必要的硬件后，在主机中分别安装无线网卡和以太网网卡，无线网卡用于和客户端进行网络通信，以太网网卡用于和 Internet 接入设备连接。

在 Windows 7 中提供了对无线网络的支持，当安装完无线网卡后会自动完成配置，不过还需要进行相应的修改。

在主机中打开"网络连接"窗口，右键单击"本地连接"图标，执行"属性"命令打开属性对话框，将本地连接的 IP 地址设置为"自动获得 IP 地址"。

右键单击"无线网络连接"图标，执行"属性"命令打开属性对话框。单击"无线网络配置"选项卡，选中"用 Windows 配置我的无线网络设置"选项。然后单击"添加"按钮，在出现的对话框中的"服务设置标识（SSID）"框中随便输入一个网络的名称，如 wlan，单击"确定"按钮返回。单击"高级"按钮，在"高级"对话框中选择"任何可用的网络（首选访问点）"或"仅计算机到计算机（特定）"选项，单击"关闭"按钮即可。

同样在"网络连接"窗口中，右键单击已经创建的 ADSL 连接，执行"属性"命令，在出现的对话框中单击"高级"选项卡，在"Internet 连接共享"选项组中选中"允许其他网络用户通过此计算机的 Internet 连接来连接"选项，在"家庭网络连接"列表中选择"无线网络连接"选项，最后单击"确定"按钮即可。

在客户端计算机上进行同样的设置，包括添加"wlan"无线网络，选择"仅计算机到计算机（特定）"高级访问模式，随后，Windows 7 就会自动连接到该无线网络。这样，以后只要主机上网，该客户机就可以共享该连接上网。

如果要断开共享连接，可以打开"网络连接"窗口，在其中会看到一个 Internet 网关，右键单击该网关，执行"断开"命令即可断开共享连接，执行"状态"命令可以查看到当前的网络连接状态。

3. 多机共享上网

要实现多机共享上网，需要选择的无线网络设备主要包括无线网卡、无线 AP 或无线路由器。因为无线路由器在支持无线 AP 功能的基础上还具备了宽带路由器的各种功能，所以还是选择无线路由器。

（1）硬件连接。同样以 TP-LINK 无线宽带路由器为例，硬件的连接参考上面介绍的组建家庭/办公无线局域网的方法，将无线路由器的 WAN 端口和 Internet 入口用网线连接起来。一般的无线路由器还内置交换机，提供 4 个端口，可以连接其他的网络设备或计算机。不过需要注意的是，有的无线路由器除了集成 WAN 端口外，还会提供普通交换机所有的端口，包括 UpLink 及其他普通端口。如果 UpLink 端口已经和 HUB 或交换机级联，那么该端口旁边的普通端口将不能使用。

（2）设置无线路由器。如果组建普通的无线局域网，使用无线路由器的默认设置就行了（也就是不需要设置），但是要实现多机共享上网，需要进行以下的设置。

首先，需要设置 Internet 连接类型。

同样是打开 TP-LINK 无线路由器的设置页面，在基本设置页面中，需要根据 Internet 接入情况来选择 WAN 口连接类型。

例如，上面提到的 ADSL 用户，选择 PPPoE，并输入用户名和密码；如果是小区宽带接入，可以选择自动获取 IP 地址；如果是光纤接入，选择静态 IP，并指定 IP 地址、子网掩码、默认网关地址以及 DNS 服务器地址；对于需要进行安全网络传输的用户来说，可以使用 PPTP 连接，输入 IP 地址、子网掩码、网关、用户名和密码即可。选择完成后，单击"保存"按钮即可。

其次，需要设置 SSID。

如果不想使用无线路由器默认的 SSID 值，可以在无线路由器管理页面中进行修改。打开管理页面，单击左侧窗口的"网络参数"链接，在右侧页面的"SSID"框中输入其他值，并保证 SSID 广播设置为"允许"。单击"保存"按钮即可。

最后，设置无线网卡。

在 Windows 7 中设置无线网卡的方法在上面的内容中已经介绍过了。需要注意的就是 IP 地址都设置为"自动获得 IP 地址"，或者和无线路由器在一个网段的地址。如果是手动创建无线网络连接，必须要保证无线网卡的 SSID 和无线路由器的 SSID 为同一个名称。此外，无线网卡的高级访问模式必须设置为"任何可用的网络（首选访问点）"或"仅访问点（结构）网络"。

7.5.5　无线局域网安全与防范

随着无线局域网的发展，其安全问题慢慢显现出来，任何在网络覆盖范围内的用户都可以获取无线局域网的数据，向目标发起攻击，在一定程度上也影响无线局域网在专业领域的推广和发展。

究其原因，与无线局域网先天设计有关，如 IEEE 802.11b 和 IEEE 802.11g 标准使用了可以共享的 2.4 GHz 工作频率，WEP 加密技术的"薄弱"，易被拒绝服务（DoS）攻击和干扰等。

下面，了解常见的无线局域网安全问题以及相应的防范措施。

1．无线局域网安全问题

无线局域网中常见的安全问题主要有以下几种。

（1）2.4 GHz 信号覆盖范围。目前，用于无线局域网的 IEEE 802.11n 以及 IEEE 802.11ac 标准使用的都是 2.4 GHz 的无线电波进行网络通信，没有使用授权的限制。而且通常无线产品覆盖范围为 100～300 m，还可以穿透墙壁。所以，任何人都可以通过一台安装了无线网卡的计算机在无线覆盖范围内进行监听，网络数据很容易被泄漏，这种情况在公司内部很容易出现。

（2）WEP 还不够强。虽然常见的 IEEE 802.11b 和 IEEE 802.11g 标准使用了 WEP 加密，但也是不安全的。因为，WEP 一般采用 40 位（10 个数字）的密钥，这样采用了 WEP 加密的无线网卡和无线 AP 之间的连接很容易被破解。更严重的安全隐患在于默认情况下通过 Windows 7 创建无线网络连接以及无线路由器禁用 WEP 加密。

（3）拒绝服务攻击与干扰。在有线局域网中可以通过防火墙阻止拒绝服务（DoS）攻击，但是攻击者可以通过无线局域网绕过防火墙，对公司或其他网络实施攻击。虽然无线局域网使用了扩频技术，但是恶意攻击者还可以通过干扰器来进行信号干扰，而且干扰源不容易被查出来。

此外，可以利用无线局域网认证技术的缺陷来进行地址欺骗、会话拦截等。

2．常见安全防范措施

针对使用无线局域网过程中遇到的各种常见安全问题，可以采取下面常见的安全防范措施。

（1）给无线局域网改名。SSID 值作为无线 AP 或无线路由器区别其他同类设备的标识符，无线局域网内的用户只要知道该值，在没有设置密钥的情况下都可以顺利连接到该网络，这样很容易截获数据。所以在设置时，为了安全考虑尽量不要使用默认的 SSID 值，取个不容易被猜到的名字。同样是在上面提到的 TP-LINK 路由器中，可以在设置页面的"网络参数"中更改。

（2）加密无线网络。在无线局域网中，为了保证网络连接的安全性，通常可以采取 WEP 加密技术。目前，该加密技术一般可以提供 64/128 位长度的密钥机制，有的产品甚至支持 256 位的密钥机制。

要启用 WEP 加密功能，首先可以打开无线路由器的"网络参数"页面，默认情况 WEP 是处于禁用状态的。接着，在 WEP 处选择"开启"选项，单击"WEP 密钥设置"按钮，在密钥设置页面中，可以创建 64 位或 128 位的密钥。例如，要创建一个 64 位的密钥，那么可以单击"创建"按钮来创建 4 个密钥，记下这些密钥，单击"应用"按钮。

提 示　　为了保证创建的密码更安全，还可以输入密码短语（由数字和字母组成）。在使用 WEP 密钥功能时，一定要保证无线网络中的所有计算机和网络设备使用相同的加密方法和密钥，否则无法接入。

　　这样，在无线网络客户端如果不设置密钥就不能连接该无线网络，具体的设置方法如下。

　　例如，在 Windows 7 系统中，首先右键单击任务栏的无线连接图标，执行"状态"命令打开无线网络连接状态对话框。接着，单击"属性"按钮，在出现的属性对话框中单击"无线网络配置"选项卡，在"首选网络"选项组中选择搜索到的无线网络连接，单击"属性"按钮，在打开的属性窗口中去掉"自动为我提供此密钥"选项，选中"数据加密（WEP 启用）"选项，在"网络密钥"框中输入在无线路由器中创建的一个密钥。单击"确定"按钮即可，这样将自动连接到带有密钥的无线局域网。

　　（3）禁止 SSID 广播。为了方便无线局域网中的计算机搜索到无线网络，默认情况下无线路由器或无线 AP 都启用 SSID 广播功能。通过该功能虽然可以方便网内用户搜索到指定的无线网络，但是在无线网络覆盖范围内的用户，都可以通过 SSID 广播来得到无线网络的 SSID 值，这样安全隐患大大增加。为此，可以打开无线路由器或无线 AP，禁用 SSID 广播功能。

　　以 TP-LINK 无线路由器为例，要禁止 SSID 广播，可以打开"网络参数"页面，在"无线设置"选项组中的"SSID 广播"选项中选择"禁止"，单击"应用"按钮即可。这样，无线网络覆盖范围内的用户都不能看到该网络的 SSID 值。

　　（4）启用 IEEE 802.1x 验证。IEEE 802.1x 验证技术也可以用于无线局域网，以增强网络安全。如当无线客户端与无线 AP 连接后，通过 IEEE 802.1x 验证技术就可以决定是否使用无线 AP 的服务，如果认证通过，无线 AP 会为用户打开开放服务的端口，否则将不允许用户上网。

　　在 Windows 7 中要为无线网卡启用 IEEE 802.1x 验证的方法很简单。首先，打开无线网络连接的属性对话框，单击"身份验证"选项卡，并选择"启用使用 IEEE 802.1x 的网络访问控制"选项，单击"确定"按钮即可。

　　（5）启用 MAC 过滤。因为无线局域网中的每台计算机都有唯一的物理地址，那么可以通过无线 AP 或无线路由器来建立 MAC 地址表，对连接到无线局域网的用户进行验证，以减少非法用户的接入。

　　打开无线路由器的设置页面，单击左侧窗口中的"无线设置"链接，之后在右侧页面中可以看到"终端 MAC 过滤"选项，选择"允许"选项表示加入 MAC 过滤列表中的计算机将不能访问 Internet，选择"禁止"选项表示允许访问 Internet。

　　为了添加过滤 MAC 地址，可以单击"有效 MAC 地址表"按钮来查看无线局域网中的有效 MAC 地址表，包括客户主机名、IP 地址、MAC 地址等信息。为了保证安全性，单击"更新过滤列表"按钮，可以在打开的页面中选择无线 MAC 项组号，如 1～10，在终端（1～10）后的 MAC 地址中输入 MAC 地址，注意不要用"-"隔开，直接输入数字、字母即可。例如，0040F4A9FE16，并选中"过滤"选项，最后单击"应用"按钮即可加入 MAC 过滤列表，用同样的方法最多可以创建 32 个 MAC 过滤地址。

　　（6）启用 Windows 防火墙功能。Windows 7 在无线网络方面提供了强大的支持，在改进了无线网络连接图标、状态窗口、设置窗口等的同时，还在"控制面板"中增加了 Windows 防火墙，通过"防火墙"功能可以保证无线网的安全。

本章小结

　　本章介绍了无线局域网的概念及特点，从 IEEE 802.11x、蓝牙、HomeRF、中国无线局域网规范等方面介绍了无线局域网标准，同时介绍了无线局域网结构及常见设备，并对无线局域网的组建和应用进行了阐述，最后对无线局域网的安全问题进行了探讨。

习题

1. 简述无线局域网的定义。

2. 简述无线局域网的主要标准。

3. 试从工作频率、传输速率、传输距离上对 IEEE 802.11、IEEE 802.11b、IEEE 802.11a、IEEE 802.11g、IEEE 802.11n、IEEE 802.11ac 进行比较。

4. 列举无线局域网技术可在哪些领域加以应用。

5. 列举常见的无线局域网设备。

6. 简述目前无线局域网所采用的拓扑结构。

7. 简述天线通常的类型。

8. 简述无线路由器主要产品特性。

9. 简述服务区标识符（SSID）匹配的工作原理。

10. 简述现有的无线局域网安全技术种类。

第 8 章
IPv6技术

08

互联网从产生到现在已经经过了 40 多年的发展，TCP/IP 协议作为标准协议也已经度过了 30 多年的时间，互联网发展的现状和 30 多年前已经大为不同，各种不同的需求如雨后春笋，不断产生，而 30 多年前设计的 IPv4 协议已经尽显疲态，难以满足新的互联网应用的需要。为此，人们从 1992 年就开始了下一代互联网的设计，其中的核心就是 IPv6 协议。本章将以 IPv6 协议为核心，介绍下一代互联网中所使用的各种不同技术及协议。

本章主要学习内容如下。

- IPv4 的局限性。
- IPv6 的产生。
- IPv6 基础。
- IPv6 路由协议。
- IPv6 过渡技术。

8.1 IPv4 的局限性

互联网的高速发展证明了 IPv4 协议的成功，它也经受了大量计算机联网的考验，但是由于历史的原因，当初的设计者并没有想到互联网会发展到今天的地步。从今天和未来一段时间的角度来看 IPv4，IPv4 协议所固有的一些问题就很明显了。

1. IPv4 地址枯竭

IPv4 地址为 32 位，因此 IPv4 的地址空间具有多于 40 亿的地址，但是，IPv4 地址从设计之初就没有按照这样的顺序分配的模式进行分配，而是采用了非常不合理、低效率的方法。IP 地址被分为 5 类，只有 3 类用于 IP 网络。这导致互联网应用早的国家和地区获得了大量的 A 类和 B 类网络，而发展中国家则没有足够的 IP 地址可用。

同时，互联网规模的扩大也提高了地址的紧缺度，未来很多家用电器、工业设备、交通工具等都会纳入互联网的范围，这更增加了对地址的需求。更为重要的是截至 2011 年年初，IPv4 地址已经分配完毕。APNIC 重申，转向 IPv6 是维持互联网持续增长的唯一方式。APNIC 呼吁所有互联网行业的成员都向部署 IPv6 发展。

2. 互联网骨干路由器路由表的压力过大

IPv4 地址的设计是扁平结构，只有网络 ID 和主机 ID 部分，而且网络 ID 没有考虑地址规划的层次性和地址块的可聚合性，后来才从主机 ID 部分拿出部分来进行子网划分，解决了局部的问题，但是整个互联网骨干路由器不得不维护非常大的 BGP 路由表。尽管后来又设计了 CIDR 来解决这个问题，但是 CIDR 并不能解决所有问题。

3. 性能问题

IPv4 数据包首部的长度是可变的，因此中间路由器要花费资源来判断首部的长度；为弥补 IPv4 地址不足而设计的 NAT 技术破坏了端到端的应用模型，导致网络性能受到影响，也影响了端到端的网络安全。

4. IP 安全性不足

最初设计的认识不足导致 IPv4 协议在设计之初并没有考虑安全的问题，地址中的所有 32 位全部用来表示地址信息了。在其后的使用中，发现了大量的安全问题，为了弥补 IPv4 在安全方面的不足，又设计了 IPSec、SSL 等协议，为 IPv4 的安全问题打补丁。

5. 地址配置与使用不够简便

所有用过 IPv4 地址的用户都清楚，如果想连接互联网，必须有一个 IP 地址。然而 IP 地址的知识并不是每个用户都掌握的，对于很多不具备网络知识的用户而言，IP 地址是相当玄妙的。为了方便用户使用，设计者设计了 DHCP 服务，解决了很多用户的问题，然而互联网的发展纳入了更多的智能终端，这些设备希望能够自动完成 IP 地址的配置，而 DHCP 对于这些设备来讲太奢侈了，并不利于这些设备功能的实现。因此自动完成地址配置就成了下一代互联网设计的要求。

6. QoS 不能满足需要

与安全性问题类似，IPv4 设计之初也没有考虑服务质量的问题。后来为了满足用户对互联网服务质量的要求，设计了相关的 QoS 协议，但是实现起来并不方便，也难以满足要求。在新的地址设计中也要考虑服务质量方面的需求。

8.2 IPv6 的发展

随着互联网的发展，IPv4 表现出了越来越多的局限性，已经难以满足互联网的进一步发展，人们需要一个新的协议来替代 IPv4，这个新的协议应该不仅能够满足地址空间的需要，而且可以满足诸如安全，自动配置等更多的需求。为此，从 20 世纪 90 年代初，IETF 就开始着手进行下一代互联网协议 IPng（IP next generation）的制定工作，并公布了新协议要实现的主要目标：

- 支持几乎无限大的地址空间；
- 减小路由表的大小；
- 简化协议，使路由器能更快地处理数据包；
- 提供更强的安全性，实现 IP 级的安全；
- 支持多种服务类型，尤其是实时业务；
- 支持多点传送，即支持组播；
- 允许主机不更改地址实现异地漫游；
- 支持未来协议的演变；
- 允许新旧协议共存一段时间；
- 支持自动地址配置；
- 协议必须能扩展，它必须能通过扩展来满足将来互联网的服务需求；扩展必须是不需要网络软件升级就可实现的；
- 协议必须支持可移动主机和网络。

8.2.1 发展历程

目标确定后，需要开始进行相关的推进工作，首先进行协议的制定，这其中有几个重要的进展阶段如下：

1992 年，IETF 成立 IPng 工作组；

1994年，IPng 工作组提出 IPv6 的推荐版本；

1995年，IPng 工作组制作完成了 IPv6 的协议文本；

1995-1999年，完成了 IETF 要求的协议审定和测试，IPv6 的协议文本成为标准草案。

在协议制定完成并进行了测试后，下一步就是进行实验性的网络建设，以便于对协议进行完善。各个主要国家和有影响力的厂商均加入了这个实验，以图在未来互联网的发展中占尽先机，其中重要的进展如下。

1996年成立国际性的 IPv6 试验床 6BONE。

1999年来自北美、欧洲和亚洲的20多家全球最大的电信厂商和 IT 厂商发起成立 IPv6 论坛，专门从事宣传和推广 IPv6 新协议的工作。

1999年7月14日 ICANN 发布了 IPv6 地址分配的政策。

截至2004年10月，中国的 CERNET、BII、ChinaTelecom、CNNIC 等单位先后取得了 IPv6 地址。

实验性网络经过多年的运行，对原有协议和一些方法进行了改进，推动下一代互联网向成熟、稳定的方向发展。但是一切事物的发展如果只在实验室里进行，是难以获得大的推动的，在 IPv4 地址已经耗尽的今天，商业化发展下一代互联网已经纳入各个主要国家的议事日程。未来的互联网将以 IPv6 为基础，产生更加丰富多彩的应用。

8.2.2　相关组织

在 IPv6 的发展中，国际互联网组织发挥了重要的作用，直到目前，国际上主要由 IETF 负责 IPv6 的标准制定工作。在 IETF 中，两个工作组与制定 IPv6 标准有关：IPng（下一代互联网协议）工作组或称 IPv6 工作组，主要负责 IPv6 有关的基础协议的制定；NGtrans（下一代网络演进）工作组，主要负责与下一代网络演进有关的标准的制定。

1. IPng 工作组

IPng（IPv6）工作组的工作始于1992年。从接收最早的下一代互联网协议提案，到1995年正式确定 IPv6 基础协议，经过3年的历程。这也是 IPng 制定的第一个协议。该协议的作者即该工作组的两位主席为 Cisco 公司的 Steve Deering，以及 Nokia 公司的 R.Hinden。IPng 是 IETF 中比较活跃的工作组之一，每次会议都有许多标准的提案进行讨论。

2. NGtrans 工作组

NGtrans 工作组的任务有4项：①对 IPv6 演进的方法和工具进行规范；②对 IPv6 演进中如何采用这些方法和工具编制文档；③协调 6BONE 试验床、试验地址分配；④协调 IETF 和其他组织的 IPv6 活动。

8.3　IPv6 的新特性

与 IPv4 相比，IPv6 具有许多新的特点，如简化的 IP 报头格式、主机地址自动配置、认证和加密以及较强的移动支持能力等。概括起来，IPv6 的优势体现在以下5个方面。

1. 地址长度

IPv6 的128位地址长度形成了一个巨大的地址空间。在可预见的很长时期内，它能够为所有可以想象出的网络设备提供一个全球唯一的地址。

2. 移动性

移动 IP 需要为每个设备提供一个全球唯一的 IP 地址。IPv4 没有足够的地址空间可以为在 Internet 上运行的每个移动终端分配一个这样的地址。而移动 IPv6 能够通过简单的扩展，满足大规模移动用户的需求。这样，它就能在全球范围内解决有关网络和访问技术之间的移动性问题。

3GPP 是移动网络的一个标准化组织，IPv6 已经被该组织所采纳，其发布的第五版文件中规定，在 IP 多媒体核心网中将采用 IPv6。这个核心网将处理所有 3G 网络中的多媒体数据包。

3. 内置的安全特性

IPv6 协议内置安全机制，并已经标准化，可支持对企业网的无缝远程访问。IPv6 同 IP 安全性（IPSec）机制和服务一致。除了必须提供网络层这一强制性机制外，IPSec 还提供两种服务。其中，认证报头（AH）用于保证数据的一致性，而封装的安全负载报头（ESP）用于保证数据的保密性和数据的一致性。在 IPv6 包中，AH 和 ESP 都是扩展报头，可以同时使用，也可以单独使用其中一个。此外，作为 IPSec 的一项重要应用，IPv6 还集成了 VPN 的功能。

4. 服务质量

在服务质量方面，IPv6 较之 IPv4 有了很大的改善。从协议的角度看，IPv6 的优点体现在能提供不同水平的服务。这主要是由于 IPv6 报头中新增加了字段"业务级别"和"流标记"。有了它们，在传输过程中，中间的各节点就可以识别和分开处理任何 IP 地址流。尽管对这个流标记的准确应用还没有制定出有关标准，但将来它会用于基于服务级别的新计费系统。

另外，IPv6 也有助于改进 QoS。这主要表现在支持"实时在线"连接、防止服务中断以及提高网络性能方面。同时，更好的网络和 QoS 也会提高客户的期望值和满意度。

5. 自动配置

IPv6 的另一个基本特性是它支持无状态和有状态两种地址的自动配置方式。无状态地址自动配置方式是获得地址的关键。在这种方式下，需要配置地址的节点使用一种邻居发现机制获得一个局部连接地址。一旦得到这个地址，它使用另一种即插即用的机制，在没有任何人工干预的情况下，获得一个全球唯一的路由地址。有状态配置机制（如 DHCP）需要一个额外的服务器，因此也需要很多额外的操作和维护。

8.4 IPv6 的报文结构和扩展报头

8.4.1 IPv6 的报文结构

IPv4 报文的首部长度为 20~60 字节，其中 20 字节是固定长度，其余是变长部分。这种设计对于中间路由器来讲是一个负担，路由器在处理报文时不得不对首部长度进行计算，然后才能处理，这样就消耗了路由器宝贵的资源。IPv6 报文在设计时考虑了这种情况，将报文首部划分成了基本首部和扩展首部两部分，其中基本首部的长度固定，为 40 字节，扩展首部作为可选部分，按照一定顺序放在基本首部之后。其格式如图 8-1 所示。其中各个字段的含义如下。

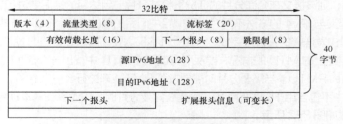

图 8-1　IPv6 首部结构

版本：该字段规定了 IP 报文的版本，长度为 4 位；值为 6。

流量类型：标识本数据包的类或者优先级，类似于 IPv4 的服务类型字段。长度为 8 位。

流标签：标识这个数据包属于源节点和目标节点之间的一个特定序列。这个字段需要 IPv6 的路由器进行特殊处理，对于默认的路由器处理，这个字段为 0，但目的地址与源地址有多个源时，这个值会不同。长度为 20 位。

有效荷载长度：有效荷载长度包括扩展报头和上层 PDU。如果长度大于 65 535，这个值为 0。长度为 16 位。

下一个报头：标识紧跟在 IPv6 报头后的第一个扩展报头的类型或者上层 PDU 的协议类型。长度为 8 位。

跳限制：类似于 IPv4 中的 TTL 字段。它定义了 IP 数据包所能经过的最大跳数。每经过一个路由器，该数值减去 1，当该字段的值为 0 时，数据包将被丢弃，并返回 ICMP 信息。长度为 8 位。

源 IPv6 地址：表示 IPv6 发送端的地址，长度为 128 位。

目的 IPv6 地址：表示 IPv6 接收端的地址，长度为 128 位。

8.4.2　IPv6 的扩展报头

在 IPv4 的报头中包含了所有的选项。因此每个中间路由器必须检查这些选项是否存在，如果存在就必须处理。这就会降低路由器转发 IPv4 报文的性能。在 IPv6 中发送和转发选项被移到了扩展报头中，每个中间路由器必须处理的唯一一个扩展报头是逐跳选项扩展报头。RFC2460 建议 IPv6 报头之后的扩展报头以如下顺序排列：

- 逐跳选项报头；
- 目标选项报头（当存在路由报头时，用于中间目标）；
- 路由报头；
- 分片报头；
- 认证报头；
- 封装安全有效荷载报头；
- 目的选项报头（用于最终目标）。

扩展报头按其出现的顺序被处理，除认证报头和封装安全有效荷载报头之外，上面所有的扩展报头都在 RFC2460 中定义。

在典型的 IPv6 数据包中，并没有那么多扩展报头。在中间路由器或者目标需要一些特殊处理时发送主机才会添加一个或多个扩展报头。

每个扩展报头必须以 64 位（8 个字节）为边界。有固定长度的扩展报头的长度必须是 8 字节的整数倍，而可变长的扩展报头中包含了一个报头扩展长度字段，在需要的时候必须使用填充位，以确保扩展报头的长度是 8 字节的整数倍。

为了了解扩展首部的作用，这里以分片扩展首部为例来说明。在 IPv4 中，当报文的大小超过了所要经过的链路层 MTU，则该报文在允许分片的情况下将被分片，到达目的端后要进行重组。在 IPv6 中也有同样的问题，但是又与 IPv4 的方法不同，为了减轻中间路由器的负担，在 IPv6 中不再让路由器来进行分片的操作，而是由发送端的主机来完成，为此主机不仅需要了解所在链路的 MTU，还需要了解从发送端到接收端整个路径上的 MTU 的情况，要从所有链路的 MTU 中找出一个最小的 MTU，这种 MTU 称为路径 MTU，简称 PMTU。当需要分片时需要按照 PMTU 来进行。

IPv6 基本首部中不包含用于分片的字段，而是在需要分片时，由源端在基本首部的后边插入一个分片扩展首部，其格式如图 8-2 所示。

图 8-2　分片扩展首部的结构

由于分片和重组的操作与 IPv4 相似,IPv6 的分片扩展报头中相应字段与 IPv4 的相应字段大同小异。其作用如下。

下一个首部（8 位）：指明紧接着这个扩展首部的下一个首部，所有扩展首部通过这个字段相连，形成了一个链式结构。

片偏移（13 位）：指明本数据报文分片在原来报文中的偏移量，以 8 个字节为单位。

M 位：M=1 表示后面还有数据报文分片，M=0 则表示这已经是最后一片。

标识符（32 位）：由源点产生，用来唯一标识数据报文的 32 位数，以便于将来分片重组时作为依据。

8.5 IPv6 地址

8.5.1 IPv6 地址的表示

IPv6 地址有 3 种格式：首选格式、压缩表示和内嵌 IPv4 的 IPv6 地址表示。

1. 首选格式

由于 128 位地址用二进制表示会很麻烦，即使使用 IPv4 的点分十进制，也仍然太长，不容易使用和记忆，因此，在实际使用中使用"冒号十六进制"的方法来表示，格式如下：

X:X:X:X:X:X:X:X （一个 X 表示一个 4 位的十六进制数）

如下的一个二进制的 128 位 IPv6 地址：

0010000000000001 0000010000010000 0000000000000000 0000000000000001
0000000000000000 0000000000000000 0000000000000000 0100010111111111

使用如上的表示方法，就可以写成：

2001:0410:0000:0001:0000:0000:0000:45FF

这样写仍然很麻烦，所以设计者进一步缩减其长度，允许将每一段中的前导零省去，但是至少要保证每段有一个数字，这样一来，上面的地址就可以写成：

2001:410:0:1:0:0:0:45FF

2. 压缩格式

为了更便于书写和记忆，当一个或多个连续的段内各位全为 0 时，可以用::（双冒号）来表示，但是一个地址中只能使用一次，上面的地址就可以写成：

2001:410:0:1::45FF

如果写成了：2001:410::1::45FF，就错了。

3. 内嵌 IPv4 地址的 IPv6 地址

在 IPv4 向 IPv6 过渡的过程中,这两种地址不可避免地会共存很长时间,为了让 IPv4 的地址在 IPv6 网络中能够表示，特设计了这种地址。其表示方法是：

X:X:X:X:X:X:d.d.d.d （d 表示 IPv4 地址中的一个十进制数）

在实践中，会用到以下两种内嵌 IPv4 地址的 IPv6 地址。

IPv4 兼容 IPv6 地址：::d.d.d.d

IPv4 映射 IPv6 地址：::FFFF:d.d.d.d

IPv6 的地址前缀类似 IPv4 中的网络 ID，其表示方法与 IPv4 中的 CIDR 表示方法一样，用"地址/前缀长度"来表示，比如：

2001::1/64

对于 URL 地址，如果要表示一个"IP 地址+端口号"的信息，需要与 IPv4 的方式有所区别，为了避免":"歧义，IPv6 地址要用"[ ]"括起来，其形式如下：

http://[2001:1::1DEA]:8080/cn/index.jsp

8.5.2 IPv6 地址类型

IPv6 地址的位数为 128 位，这么长的地址并不只用来扩充地址数量，根据 IPv6 的设计，其不同的地址将产生不同的应用。总的来讲 IPv6 地址类型分为如下 3 类，其构成如图 8-3 所示。

- 单播地址。
- 组播地址。
- 任播地址。

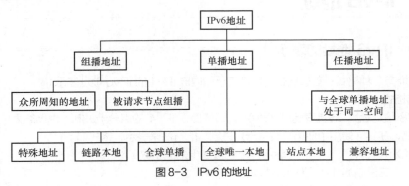

图 8-3　IPv6 的地址

1. 单播地址

IPv6 单播地址只能分配给一个节点上的一个接口。根据其作用范围的不同，又分为多种类型，分别是链路本地地址、站点本地地址、可聚合全球单播地址等，此外还有一些特殊地址、IPv4 内嵌地址等。

IPv6 单播地址的结构与 IPv4 地址基本类似，同样由网络 ID 和主机 ID 部分构成，所不同的是其名称。其结构如图 8-4 所示。

N bits	128-N bits
网络前缀	接口ID

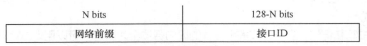

图 8-4　IPv6 单播地址的结构

（1）链路本地地址。这种地址的应用范围受限，只能在连接到同一本地链路的节点之间使用。该地址在 IPv6 邻居节点之间的通信协议中广泛使用。其固定格式如图 8-5 所示。

10 bits	54 bits	64 bits
1111111010	0	接口ID

图 8-5　链路本地地址的结构

从图中可以看出，链路本地地址由一个特定的前缀和接口 ID 部分组成，其中的特定前缀用十六进制表示为 FE80::/64，接口 ID 则可以由 EUI-64 地址来填充，形成一个完整的链路本地地址。

当一个节点启动 IPv6 协议栈时，启动节点的每个接口都会自动配置一个链路本地地址。该机制可以使同一个链路上的 IPv6 节点不需要进行任何配置，就可以获得一个 IPv6 地址，从而能够进行通信。

（2）可聚合全球单播地址。该地址就是通俗意义上的 IPv6 公网地址，其应用范围为整个互联网，是 IPv6 寻址结构的最重要部分，因此其使用吸取了 IPv4 当年“慷慨”的教训，具有严格的路由前缀集合，以限制全球骨干路由器路由表的大小。其结构如图 8-6 所示。

n bits	m bits	128-n-m bits
全球可路由前缀	子网ID	接口ID

图 8-6　可聚合全球单播地址的结构

- 全球可路由前缀：表示了站点所得到的前缀值，相当于 IPv4 中的网络 ID。该字段由 IANA 下属的组织分配给 ISP 或其他机构，前三位为 001。该字段使用严格的等级结构，以便区分不同地区、不同等级的机构或 ISP，便于路由聚合。
- 子网 ID：表示全球可路由前缀所代表的站点内的子网，相当于 IPv4 中的子网 ID。
- 接口 ID：用于标识链路上不同的接口，并具有唯一性。接口 ID 可以由设备随机生成或手动配置，在以太网中可以使用 EUI-64 格式自动生成。

目前可聚合全球单播 IPv6 地址的 3 个部分的长度已经确定，如图 8-7 所示。

	48 bits	16 bits	64 bits
001	全球可路由前缀	子网ID	接口ID

图 8-7　目前已分配的可聚合全球单播地址的结构

该地址目前由 IANA 负责进行分配，具体事务由以下 5 个地方组织来执行：AFCNIC 负责非洲地区、APNIC 负责亚太地区、ARIN 负责北美地区、LACNIC 负责拉美地区、RIPE NCC 负责欧洲、中东及中亚地区。

（3）站点本地地址和唯一本地地址。站点本地地址是另一种应用范围受限的地址，其目的与 IPv4 中的私有地址类似，任何没有申请到可聚合全球单播地址的组织和机构都可以使用，其范围被限制在一个站点中。站点本地地址的前 48 位是固定的，因此其前缀为 FEC0::/64。与链路本地地址不同，站点本地地址不会自动配置，并且必须通过无状态或有状态的地址配置分配站点本地地址。该地址现已废弃，不再使用。

为了能顶替站点本地地址的作用，又能避免产生如 IPv4 私有地址泄露一样的问题，RFC4193 提出了唯一本地地址，其结构如图 8-8 所示。

7 bits		40 bits	16 bits	64 bits
1111110	L	全球唯一前缀	子网ID	接口ID

图 8-8　唯一本地地址的结构

- 固定前缀：FC00::/7。
- L：表示地址范围，取 1 表示本地范围，0 目前保留。
- 全球唯一前缀：随机生成的网络 ID。
- 子网 ID：划分子网时使用。

基于以上划分，唯一本地地址就具有了以下的一些特性。

- 具有全球唯一前缀（有可能重复，但概率极低）。
- 具有众所周知的前缀，边界路由器可以很容易地过滤。
- 具有私有地址的特性，可以随意使用。
- 一旦出现泄漏，由于其唯一性，不会对互联网造成影响。
- 在应用中，上层协议将其等同于全球单播地址，简化协议的设计。

（4）特殊地址。与 IPv4 一样，在 IPv6 应用中也会用到一些特殊地址。目前主要有两类：未指定地址和环回地址。

- 未指定地址：全 0 即未指定地址，表示某个地址不可用，特别是在报文的源地址还未指定时使用，其不能作为目的地址使用。

- 环回地址：即::1，其作用与 IPv4 中的 127.0.0.1 作用相同，只是这次互联网组织只使用了一个地址，其作用范围局限在一个主机节点内。

（5）兼容地址。由于互联网需要从 IPv4 过渡到 IPv6 网络，而这个过程又会是比较长的，因此在 IPv6 标准中还定义了几类兼容 IPv4 标准的单播地址类型，来满足过渡期的需要。具体内容如下。

- IPv4 兼容地址：用于双栈主机使用 IPv6 进行通信，因此需要将 IPv4 地址表示成 IPv6 的形式。格式为 0:0:0:0:0:0:*w.x.y.z*，也可以表示为:: *w.x.y.z*，其中 *w.x.y.z* 为 IPv4 地址。
- IPv4 映射地址：为了方便 IPv6 网络节点区分 IPv4 网络中的节点，设计了该地址，其格式为 0:0:0:0:0:0:FFFF: *w.x.y.z*，也可以表示为::FFFF:*w.x.y.z*。
- 6to4 地址：当 IPv6 网络中的数据包要通过 IPv4 网络传递时，需要将地址表示为该地址类型。
- 6over4 地址：用于 6over4 隧道技术的地址，其格式为[64-bits Prefix]:0:0:*wwxx*:*yyzz*。其中 *wwxx*:*yyzz* 是十进制 IPv4 地址 *w.x.y.z* 的 IPv6 格式。
- ISATAP 地址：用于 ISATAP 隧道技术的地址，其格式为[64-bits Prefix]:0:5EFE:*w.x.y.z*。*w.x.y.z* 是十进制 IPv4 地址。

（6）IEEE EUI-64 接口 ID。EUI-64 接口 ID 是 IEEE 定义的一种 64 位的扩展唯一标识符，其格式如图 8-9 所示。

24 bits	40 bits

图 8-9　EUI-64 地址的格式

在 IPv6 网络中，为了能够保证接口 ID 的唯一性，使用了这种标识符的形式。EUI-64 和接口的链路层地址有关，在以太网中，IPv6 地址的接口标识符即由 MAC 地址映射转换而来。由于两者的位数分别为 48 位和 64 位，其间差了 16 位，因此在生成过程中采用的方法是将 48 位的 MAC 地址一分为二，在两部分中间插入 FFFE 这样一个十六进制串，为了确保唯一性，还要将 U/L 位设置为 1。其过程如图 8-10 所示。

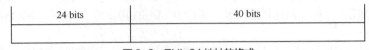

MAC地址　　　　　　　　　　　　　0012:3400:ABCD
二进制表示　　00000000 00010010 00110100 00000000 10101011 11001101
插入FFFE　00000000 00010010 00110100 11111111 11111110 00000000 10101011 11001101
设置U/L位　00000010 00010010 00110100 11111111 11111110 00000000 10101011 11001101
EUI-64标识：　　　　　　　　　　　0212:34FF:FE00:ABCD

图 8-10　EUI-64 标识的形成过程

2. 多播地址

（1）多播地址基本结构。在 IPv6 标准中，取消了广播，代之以多播来实现以前广播的功能，因此多播在 IPv6 标准中的作用非常重要。所谓多播指的是一个源节点发送单个数据报文，能够被多个特定的节点接收，适用于一对多的通信场合。

在 IPv4 标准中，D 类地址就是多播地址，其最高 4 位为 1110。在 IPv6 标准中，多播地址也有一个特殊的标志，即前缀 FF::/8。也就是最高的 8 位为 11111111。图 8-11 所示为多播地址的结构。

8 bits	4 bits	4 bits	112 bits
11111111	标志	范围	组ID

图 8-11　多播地址的结构

各字段的含义如下。

① 标志字段：有 4 位，目前只用了最后一位，该位取 0，表示这是 IANA 分配的永久多播地址；该位取 1，表示这是一个临时多播地址。

② 范围字段：有 4 位，用来限制多播数据在网络中的传播范围，根据取值不同，所表示的范围如下所示：

- 0：保留；
- 1：节点本地范围；
- 2：链路本地范围；
- 5：站点本地范围；
- 8：组织本地范围；
- E：全球范围；
- F：保留。

由此可见，如果看到 FF02 开头的多播地址，可以判断出这是一个链路本地范围的多播地址。

③ 组 ID：长度 112 位，用来标识多播组。如果都用来标识，则可以表示 2^{112} 个多播组，很显然现在用不到这么多，因此目前并没有都用来作为组标识，只是建议使用低 32 位来标识，剩余的 80 位保留下来，全部置 0，以备未来应用。多播地址的结构如图 8-12 所示。

8 bits	4 bits	4 bits	80 bits	32 bits
11111111	标志	范围	0	组ID

图 8-12　实际使用的多播地址结构

由于在 IPv6 中，多播 MAC 地址是 33:33:××:××:××:××:××:，有 32 位可以用于组 ID，因此，在 IPv6 中每个组 ID 都可以映射到一个唯一的以太网多播 MAC 地址上，比 IPv4 地址的效果要好得多。

（2）被请求节点多播地址。对于节点和路由器的接口上配置的每个单播和任意播地址，都会启动一个对应的被请求节点多播地址。这种多播地址主要用于重复地址检测（DAD）和获取邻居节点的链路层地址（作用类似 ARP）。

被请求节点多播地址由前缀 FF02::1:FF00:0000/104 和单播或任播地址的低 24 位组成，如图 8-13 所示。

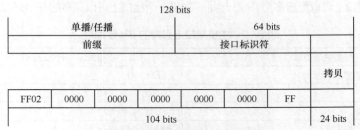

图 8-13　被请求节点多播地址结构

（3）众所周知的多播地址。与 IPv4 一样，在 IPv6 标准中，也有一些众所周知的多播地址，这些地址具有特别的含义，表 8-1 中是几个常见的多播地址。

表 8-1　常见的多播地址

组播地址	范围	含义	描述
FF01::1	节点	所有节点	本地接口范围的所有节点
FF01::2	节点	所有路由器	本地接口范围的所有路由器
FF02::1	链路本地	所有节点	本地接口范围的所有节点
FF02::2	链路本地	所有路由器	本地接口范围的所有路由器
FF02::5	链路本地	OSPF 路由器	所有 OSPF 路由器多播地址

137

续表

组播地址	范围	含义	描述
FF02::6	链路本地	OSPF DR 路由器	所有 OSPF 的 DR 路由器多播地址
FF02::9	链路本地	RIP 路由器	所有 RIP 路由器多播地址
FF02::13	链路本地	PIM 路由器	所有 PIM 路由器多播地址
FF05::2	站点	所有路由器	在一个站点范围内的所有路由器

3. 任播地址

单播和多播地址在 IPv4 中已经存在，任播地址是 IPv6 中新的成员，RFC 2723 将 IPv6 地址结构中的任播地址定义为一系列网络接口（通常属于不同的节点）的标识，其地址从单播地址空间中分配，其特点是，发往一个任播地址的分组将被转发到由该地址标识的"最近"的一个网络接口（"最近"的定义是基于路由协议中的距离度量）。

单播地址是每个网络接口唯一的标识符，多个接口不能分配相同的单播地址，带有同样目的地址的数据包被发往同一个节点；另一方面，多播地址被分配给一组节点，组中所有成员拥有同样的多播地址，而带有同样地址的数据包同时发给所有成员。类似多播地址，单一的任播地址被分配给多个节点（任播成员），但和多播机制不同的是：每次仅有一个分配任播地址的成员与发送端通信。一般与任播地址相关的有 3 个节点，当源节点发送一个目的地址为任播地址的数据包时，数据包被发送给 3 个节点中的一个，而不是所有的主机。任播机制的优势在于源节点不需要了解服务节点或目前网络的情况，而可以接收特定服务，当一个节点无法工作时，带有任播地址的数据包又被发往其他两个主机节点，怎样从任播成员中选择合适的目的节点取决于任播路由协议。

虽然目前任播技术的定义不是十分清楚，但是终端主机通过路由是被基于包交换所决定的。任播技术的概念并不局限于网络层，它也可以在其他层实现（如应用层），网络层和应用层的任播技术均有优点和缺点，其应用有待开发。

4. 接口上的 IPv6 地址

节点的一个接口上可以配置多个 IPv6 地址。主机一个接口上可以具有的 IPv6 地址如表 8-2 所示。

表 8-2　主机接口上必需的 IPv6 地址

必需的地址	IPv6 标识
每个接口的链路本地地址	FE80::/10
环回地址	::1/128
所有节点的组播地址	FF01::1，FF02::1
分配的可聚合全球单播地址	2000::/3
每个单播/任播地址对应的被请求节点组播地址	FF02::1:FF00:/104
主机所属组的组播地址	FF00::/8

作为运行 IPv6 的路由器，接口上除了具有一个 IPv6 主机所具有的地址外，还需要具有如表 8-3 所示的地址，以完成路由功能。

表 8-3　路由器接口必需的 IPv6 地址

必需的地址	IPv6 标识
所有路由器组播地址	FF01::2，FF02::2，FF05::2
子网-路由器任播地址	UNICAST_PREFIX:0:0:0:0
其他任播配置地址	2000::/3

5. 如何在计算机中配置 IPv6 地址

现在的主流操作系统往往都是双栈系统，既支持 IPv4，又支持 IPv6，只是日常 IPv4 用得比较普遍，大家自然对 IPv4 比较熟悉。如果要使用 IPv6 地址，该如何操作？下面就以 Windows 操作系统为例来进行说明。

如果读者使用 Windows XP 及以前的系统，要用 IPv6，就要启动 IPv6 协议栈。其安装如图 8-14 所示。

启用了 IPv6 协议后，Windows 系统会根据 EUI-64 规范为网络接口自动生成一个链路本地地址。如果要查看，需要使用 Windows 提供的 netsh 工具来进行操作，其过程如图 8-15 所示。

图 8-14　主机上安装 IPv6 协议栈

图 8-15　进入 IPv6 接口

在进入 IPv6 接口后，可以使用 Show interface 命令来查看系统上所有接口的信息。如图 8-16 所示。

安装 IPv6 协议栈后，Windows 系统会创建一些逻辑接口。图中所示有 7 个逻辑接口，每个接口都有一个唯一的索引号。其中 1～4 号是系统自动生成的逻辑接口，5 号和 6 号是主机上安装的虚拟机网卡的接口，7 号接口是主机真实网卡的接口。要注意的是，不同主机出现的情况可能不同，需要根据实际情况来查看。如果想进一步了解某个接口的信息，可以按照图 8-17 所示的方法进行。

图 8-16　显示的所有 IPv6 接口

图 8-17　显示的接口 7 的情况

如果想一次看到所有接口的地址情况，可以使用 Show address 命令，与图中一样，只是不要输入索引号。

除了可以使用系统自动生成的地址外，也可以手动为本地接口配置另一个链路本地地址。这需要先进入 netsh 工具的 IPv6 接口界面，然后使用命令 add address 来增加一个新的链路本地地址。其结果如图 8-18 所示。

图 8-18　为接口添加一个链路本地地址

如果想进一步查看新添加的地址的情况，可以使用上面的命令，将添加了地址的接口情况显示出来。其情况如图 8-19 所示，从图中可以发现，这个接口就具有了 2 个链路本地地址：一个是操作系统按照 EUI-64 标准自动生成的；另一个是由用户手动添加的。

图 8-19　添加链路本地地址后的接口地址情况

随着互联网的发展，目前广泛使用的 Windows 7 等操作系统已经将 IPv6 地址作为标准配置，在安装操作系统时就已经安装完毕，不用单独安装，相关的查看命令对于用户还是非常方便的。

8.6　ICMPv6

在 IPv4 的网络中，为了能够实现诊断、控制和管理的目的，设计了 ICMP 协议。利用该协议可以运行 Ping、Tracert 等软件，帮助人们实现对网络通信能力的测试、维护等工作。在 IPv6 的网络中，同样需要 ICMP 协议发挥它的作用，同时，由于 IPv6 协议与 IPv4 协议相比发生了很大的变化，这就需要 ICMP实现更多的功能。事实上，ICMPv6 还要完成邻居发现、无状态地址配置和路径 MTU 发现等任务。因此，ICMPv6 是一个非常重要的协议，通过 ICMPv6 可以了解 IPv6 中很多机制的基础。

8.6.1　ICMPv6 的基本概念

ICMPv6 报文的结构与 ICMPv4 相比变化不大，其结构如图 8-20 所示。

与 ICMPv4 一样，ICMPv6 的消息分为两类：差错消息和信息消息，其中差错消息的 8 位类型字段的最高位为 0，信息消息的 8 位类型字段的最高位为 1，因此差错消息的类型字段的有效值范围是 0～127，而信息消息的类型字段有效值范围是 128～255。

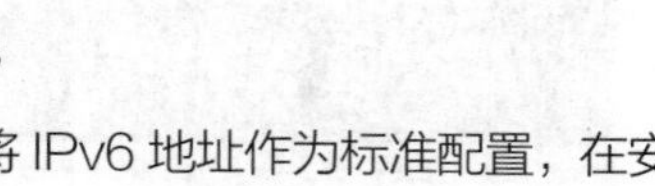

类型	代码	校验和
消息体		

图 8-20　ICMPv6 报文结构

差错消息用来报告报文转发过程中出现的错误。常见的错误有目标不可达、报文超长、超时和参数问题等。

信息消息提供诊断功能和附加的主机功能。常见的有组播侦听发现、邻居发现、回送请求和回送应答等。

两类消息的具体情况如表 8-4 所列。

表 8-4　ICMPv6 的几种常见消息

类型	意义	描述	消息类型
1	目标不可达	通知源地址，不能发送数据	错误
2	数据包过大	通知源地址，数据包过大无法转发	错误
3	超时	通知源地址，数据包"跃点限制"已过期	错误
4	参数问题	通知源地址，在处理 IPv6 报头或扩展报头时出现错误	错误
128	回显请求	用来确定 IPv6 节点在网络上是否可用	信息
129	回显应答	对"回显请求"的应答	信息

Ping 这个软件在 IPv4 网络中应用非常广泛，在 IPv6 网络中同样也会经常使用，这里将其使用的方法展示如下。

Ping 的使用方法与 IPv4 网络使用时是一样的,其参数如图 8-21 所示,其中有 IPv4-only 和 IPv6-only 字样,表示这个参数只能用于 IPv4 或 IPv6 场合。当想 Ping 一台 IPv6 主机时,只要保证双方的主机已经安装了 IPv6 协议栈,并配置了 IPv6 地址,即可像在 IPv4 的情况下一样,用 ping 命令来测试两端的联通性。其操作方式如图 8-22 所示。

图 8-21　ping 命令的参数　　　　　　图 8-22　IPv6 网络中 ping 命令的使用

8.6.2　ICMPv6 的应用

在 IPv6 协议中,有很多机制和功能使用 ICMPv6 消息。除了大家熟悉的 Ping 和 Tracert 之外,常见的还有以下几个应用。

（1）替代地址解析协议（ARP）：一种用来在本地链路区域取代 IPv4 中 ARP 协议的机制。节点和路由器保留邻居信息。

（2）无状态自动配置：自动配置功能允许节点自己使用路由器在本地链路上公告的前缀配置它们的 IPv6 地址。

（3）重复地址检测（DAD）：启动时和在无状态自动配置过程中,每一个节点都先验证临时 IPv6 地址的存在性,然后使用它。这个功能也使用新的 ICMPv6 消息。

（4）前缀重新编址：前缀重新编址是当网络的 IPv6 前缀改变为一个新前缀时使用的一种机制。

（5）路径 MTU 发现（PMTUD）：源节点检测到目的主机的传送路径上最大 MTU 的机制。

其中替代 ARP(在 IPv6 中,ARP 被去掉了)、无状态自动配置和路由器重定向(路由器向一个 IPv6 节点发送 ICMPv6 消息,通知它在相同的本地链路上存在一个更好的到达目的网络的路由器地址)都属于邻居发现协议（NDP）所使用的机制,前缀重新编址则是为了方便实施网络重新规划而设计的机制。为了便于理解 ICMPv6 的作用,这里简单介绍几个应用的原理。

IPv6 路径 MTU 发现（PMTUD）：PMTUD 的主要目的是发现路径上的 MTU（最大传输单元）,当数据包发向目的地时避免中间路由器分段。源节点可以使用发现的最小 MTU 与目的节点通信。当数据包比链路层 MTU 大时,分段可能在中途的路由中发生。而 IPv6 中的分段不是在中间路由器上进行的。仅当路径 MTU 比传送的数据包小时,源节点自己才可以对数据包分段。发送数据包前,源节点先用 PMTUD 机制发现传输路径中的最小 MTU,根据结果,源节点对数据进行分段处理,再发送。这样在中间路由器上就不用再参与分段了,这样的好处是降低了开销。

其发现最小 MTU 的过程如图 8-23 所示。

邻居公告和请求：假设有两个节点 A 和 B,使用地址 FEC0::1:0:0:1:A 的节点 A 要传送数据包到相同本地链路上的使用 IPv6 地址 FEC0::1:0:0:1:B 的目的节点 B。但节点 A 不知道节点 B 的链路层地址。节点 A 发送类型为 135 的 ICMPv6 消息（邻居请求）到本地链路,它的本地站点地址 FEC0::1:0:0:1:A 作为IPv6 源地址,与 FEC0::1:0:0:1:B 对应的被请求节点组播地址 FF02::1:FF01:B 作为目的地址,发送节点

A 的源链路层地址 00:50:3E:E4:4C:00 作为 ICMPv6 消息的数据（被请求节点组播地址与本地站点地址是有对应关系的）。这个帧的目的链路层地址 33:33:FF:01:00:0B 是 IPv6 目的地址 FF02::1:FF01:B 的组播映射。侦听本地链路上组播地址的节点 B 获取这个邻居请求消息，因为目的 IPv6 地址 FF02::1:FF01:B 代表它的 IPv6 地址 FEC0::1:0:0:1:B 相对应的被请求节点组播地址（被请求节点组播地址是本章 IPv6 地址部分讲的每个节点必须拥有的地址之一，目的就在于此），节点 B 发送一个邻居公告消息应答，用它的本地站点地址 FEC0::1:0:0:1:B 作为 IPv6 源地址，本地站点地址 FEC0::1:0:0:1:A 作为目的 IPv6 地址，并在消息中包含它的链路层地址。这样，在接收到邻居请求和邻居公告消息后，节点 A 和节点 B 互相知道了对方的链路层地址，就可以在本地链路上通信了。

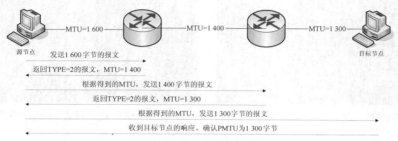

图 8-23　PMTU 检测的过程

无状态自动配置是 IPv6 最有吸引力和最有用的新特性之一，它允许本地链路上的节点根据路由器在本地链路上公告的信息自己配置单播 IPv6 地址。这要涉及 3 个机制：前缀公告、DAD 和前缀重新编址。

前缀公告：路由器周期性地发送路由器公告消息（ICMPv6 类型 134），用它的本地链路地址作为源地址，所有节点的多播地址 FF02::1 作为目的 IPv6 地址。监听本地链路多播地址 FF02::1 的节点得到路由器公告消息，就可以自己配置它们的 IPv6 地址了。

重复地址检测：DAD 用邻居请求消息（ICMPv6 类型 135）和请求节点的多播地址完成这个任务。这个操作要求节点在本地链路上发送邻居请求消息，用未指定地址"::"作为源 IPv6 地址，用临时单播地址的请求节点多播地址作为目的 IPv6 地址。如果在此过程中发现了一个重复地址，这个临时地址就不能分配给接口，否则，这个临时地址就配置到接口了。

例如，一个节点 A 在它的接口上配置临时地址 2001:250:C00:1::1。节点 A 发送一个邻居请求消息，用未指定地址"::"作为源 IPv6 地址，用临时单播地址 2001:250:C00:1 的被请求节点组播地址 FF02::1:FF01:1 作为目的地址。只要这个邻居请求被发送到本地链路上，如果一个节点对这个请求应答，就说明这个临时单播 IPv6 地址已被另外一个节点使用。在没有应答的情况下，这个地址就分配给它的接口了。

前缀重新编址：前缀重新编址允许从以前的网络前缀平稳地过渡到新的前缀。要得到透明重新编址的好处需要站点内的所有节点使用无状态自动配置。这个机制使用与前缀公告机制相同的 ICMPv6 消息和多播地址。首先，站点中所有的路由器继续公告当前的前缀，但是有效和首选生存期被减小到接近于 0 的一个值；其次，路由器开始在本地链路公告新的前缀。因此，在每个本地链路上至少有两个前缀共存。节点收到这些路由器公告消息后，发现当前前缀的生存期较短从而被停止使用，但同时也得到了新的前缀，从而完成网络前缀的平稳过渡。

8.7　IPv6 路由协议

与 IPv4 一样，在 IPv6 网络中数据报文的转发也需要路由器。由于底层的 IP 协议已经变化，此处路由器运行的路由协议也必须进行相应的改变。本节对 IPv6 基础上的路由协议进行简单介绍，详细的内容读者可以参考相关的教材或资料。

8.7.1　IPv6 路由概述

IPv6 的路由可以通过 3 种方式生成。

- 直连路由。
- 静态路由。
- 动态路由。

1. 直连路由

直连路由是指路由器自身接口的主机路由和所属前缀的路由，在路由表中其优先级为最高，类型也会被标识为 Direct。

2. 静态路由

静态路由是由管理员手工配置的路由，往往用于小规模的网络或用于特殊目的。

3. 动态路由

动态路由由各种路由协议生成。根据其作用范围，路由协议可以分为以下两种。

（1）内部网关协议（IGP）：在一个自治系统内部运行。常见的 IGP 包括 RIPng、OSPFv3 和 IPv6 IS-IS。

（2）外部网关协议（EGP）：运行于不同自治系统之间，在 IPv6 网络中是 BGP4+。

根据所使用的算法，路由协议可以分为以下两种。

（1）距离矢量协议：包括 RIPng 和 BGP4+。其中 BGP4+ 也被称为路径矢量协议。

（2）链路状态协议：包括 OSPFv3 和 IPv6 IS-IS。

8.7.2　RIPng 协议

1. RIPng 协议概况

RIPng 协议的工作机制与 RIPv2 的机制基本上是一样的，相邻的 RIPng 路由器通过彼此交换路由信息报文来完成自身路由信息的完善，不同的是 RIPng 协议使用的是 UDP 协议的 521 端口。RIPng 同样使用跳数来计算到达目标网络的距离，当跳数大于或等于 16 时，目标主机或网络就认为不可达。

RIPng 的工作中的一些参数与 RIPv2 也是一致的，在默认情况下，每隔 30 s 向邻居发送一次更新报文。如果 180 s 内没有收到邻居的更新报文，则认为从邻居所学的路由为不可达，如果再过 120 s 还没有收到邻居的更新报文，RIPng 将从路由表中删除这些路由。

RIPv2 所具有的缺点，RIPng 同样具备。众所周知，基于距离矢量算法的路由协议会产生慢收敛和无限计数问题，这样就引发了路由的不一致。RIPng 使用水平分割技术、毒性逆转技术、触发更新技术来解决这些问题。

2. 与 RIPv2 的不同

根据上面的介绍，应该看到 RIPng 的目标并不是创造一个全新的协议，而是对 RIP 进行必要的改造以使其适应 IPv6 下的选路要求，因此 RIPng 的基本工作原理同 RIP 是一样的，其主要的变化在地址和报文格式方面。RIP 与 RIPng 之间的主要区别如下。

（1）地址版本。RIP 是基于 IPv4 的，地址域只有 32 bit，而 RIPng 基于 IPv6，使用的所有地址均为 128 bit。

（2）子网掩码和前缀长度。RIPv1 被设计成用于无子网的网络，因此没有子网掩码的概念，这就决定了 RIPv1 不能用于传播变长的子网地址或用于 CIDR 的无类型地址。RIPv2 增加了对子网选路的支持，因此使用子网掩码区分网络路由和子网路由。IPv6 的地址前缀有明确的含义，因此 RIPng 中不再有子网掩码的概念，取而代之的是前缀长度。同样也是由于使用了 IPv6 地址，RIPng 中也没有必要再区分网络路由、子网路由和主机路由。

（3）协议的使用范围。RIPv1、RIPv2 的使用范围被设计成不只局限于 TCP/IP 协议簇，还能适应其他网络协议簇的规定，因此报文的路由表项中包含有网络协议簇字段，但实际的实现程序很少被用于其他非 IP 的网络，因此 RIPng 中去掉了对这一功能的支持。

（4）对下一跳的表示。RIPv1 中没有下一跳的信息，接收端路由器把报文的源 IP 地址作为到目的网络路由的下一跳。RIPv2 中明确包含了下一跳信息，便于选择最优路由和防止出现选路环路及慢收敛。与 RIPv2 不同，为防止路由表项（RTE）过长，同时也是为了提高路由信息的传输效率，RIPng 中的下一跳字段是作为一个单独的路由表项（RTE）存在的。

（5）报文长度。RIPv1、RIPv2 中对报文的长度均有限制，规定每个报文最多只能携带 25 个 RTE。而 RIPng 对报文长度、RTE 的数目都不做规定，报文的长度是由介质的 MTU 决定的。RIPng 对报文长度的处理，提高了网络对路由信息的传输效率。

（6）RIPng 使用 FF02::9 这个地址进行组播更新。

8.7.3　OSPFv3

OSPF 路由协议是链路状态型路由协议，这里的链路即设备上的接口。链路状态型路由协议基于连接源和目标设备的链路状态做出路由的决定。链路状态是接口及其与邻接网络设备的关系的描述，接口的信息即链路的信息，也就是链路的状态（信息）。这些信息包括接口的 IPv6 前缀（Prefix）、网络掩码、接口连接的网络（链路）类型、与该接口在同一网络（链路）上的路由器等信息。这些链路状态信息由不同类型的 LSA 携带，在网络上传播。

路由器把收集到的 LSA 存储在链路状态数据库，然后运行 SPF 算法计算出路由表。链路状态数据库和路由表的本质不同在于：数据库中包含的是完整的链路状态原始数据，而路由表中列出的是到达所有已知目标网络的最短路径的列表。

OSPF 协议是为 IP 协议提供路由功能的路由协议。第 5 章所介绍的 OSPF 是支持 IPv4 的路由协议，与 IPv4 关系紧密，难以像 RIPng 一样，通过较少的改变来适应 IPv6，为了让 OSPF 协议支持 IPv6，技术人员几乎是重新开发了 OSPFv3。OSPFv3 由 RFC2740 定义，其改变比 RIPng 相对于 RIP 来讲要大得多。但是无论是 OSPF 还是 OSPFv3，OSPF 协议的基本运行原理是没有区别的。然而，由于 IPv4 和 IPv6 协议意义的不同，地址空间大小的不同，它们之间的不同之处也是很明显的，其中最重要的变化在于 OSPFv3 采用了 TLV（类型、长度、值）这样的三元结构来存放信息。TLV 是一个模块化的结构，任何需要处理的信息均可以按照这种结构存放，这就使 OSPFv3 具有了更广的适用范围和更强的能力。对于 OSPFv3 与 OSPF 之间的具体差别，读者可以参考相关书籍进行了解。

8.8　过渡技术

IPv4 协议是当前互联网的基础，IPv6 作为新生协议，要想取代 IPv4 还需要经历一个比较长的时期。因此可以预计从 IPv4 发展到 IPv6 大致会经过 3 个时期。

（1）IPv6 孤岛跨过 IPv4 网络互联。

（2）IPv6 网络与 IPv4 网络旗鼓相当。

（3）IPv4 孤岛跨过 IPv6 网络互联。

在这个过渡期内，人们必须解决两个问题，才能够实现 IPv4 网络与 IPv6 网络的互联。这两个问题是：①如何让 IPv6 孤岛跨过 IPv4 网络互联；②如何让 IPv6 网络内的主机与 IPv4 网络内的主机实现互访。

过渡技术有很多种，大致可以分为 3 类：双协议栈技术、隧道技术和网络地址转换/协议转换技术。它们解决的主要是上面的两个问题，本部分从这两个方面来简要介绍过渡期内常采用的相关技术。

8.8.1 IPv6 孤岛跨 IPv4 网络实现互联

要达到 IPv6 孤岛跨过 IPv4 网络实现互联的目的，可以采用的方法有很多，其主要是隧道技术。所谓隧道就是将一种协议报文封装在另一种协议报文中，这样，一种协议就可以通过另一种协议的封装进行通信。这里就几个主要的隧道技术进行介绍。

1. GRE 隧道

顾名思义，这种隧道技术就是利用标准的 GRE 隧道技术来实现的。GRE 隧道是两点之间的链路，把 IPv6 作为乘客协议放置于 GRE 隧道中进行传递，其原理如图 8-24 所示，其中边缘路由器隧道口的 IPv6 地址为手动配置的全局 IPv6 地址。IPv6 孤岛的数据报文到达边缘路由器时，边缘路由器可以按照配置的静态路由将对应的报文封装在 GRE 报文中，通过 IPv4 网络，将其传送到另一边的边缘路由器，这个路由器再进行解封装过程，获得 IPv6 数据报文，然后在 IPv6 网络中正常传送到目的地。

图 8-24　GRE 隧道原理

GRE 隧道是基于成熟的 GRE 技术实现的，其通用性好，也易于理解。但 GRE 隧道是一种手动隧道，如果站点数量多，管理员的工作就很复杂了。因此用户希望能有自动隧道技术来减轻管理员的负担。

2. IPv4 兼容 IPv6 自动隧道

所谓自动隧道，就是不用管理员参与，路由器自动进行配置的隧道技术。一个隧道需要一个起点和一个终点。当起点定义好后，让路由器自动找到终点，自动形成一个隧道。但问题是路由器怎么知道隧道的终点是什么。要解决这个问题就需要在目的地址的结构上做一些工作。隧道技术就是根据这个思想提出来的。在这种自动隧道技术中使用了一种特殊的 IPv6 地址，即 IPv4 兼容 IPv6 地址，在这

图 8-25　IPv4 兼容 IPv6 隧道原理

种地址中，前缀是 0:0:0:0:0:0，最后的 32 位是 IPv4 地址，路由器就是利用最后的 32 位地址来形成隧道终点的，这时管理员只需要指定隧道起点即可。其原理如图 8-25 所示。

虽然隧道可以自动生成了，但是这种方法有一个很明显的缺陷，就是所有参与自动隧道的 IPv6 主机都要使用 IPv4 兼容 IPv6 地址，而且由于前缀相同，这就意味着所有主机都要处于同一个 IPv6 网段中，这就限制了这种技术的使用范围。为了解决这个问题，有人提出了 6TO4 隧道技术，下面就来了解 6TO4 隧道技术的情况。

3. 6TO4 隧道

6TO4 隧道技术可以把多个孤立的 IPv6 网络连接起来，其工作方式和上文的隧道类似，也要使用一种特殊的地址：6TO4 地址。它的写法是 2002:a.b.c.d:YYYY:××××:××××:××××:××××，其中 a.b.c.d 是 IPv4 地址，YYYY 是由用户自己定义的，用户可以使用这 16 位来表示不同的网络，这样一来，边缘路由器就可以接一组前缀不同的网络了。其原理如图 8-26 所示。

为了能够让 6TO4 网络中的主机能够和纯 IPv6 网络中的主机进行通信，在这种隧道技术中设置了 6TO4 中继路由器，中继路由器负责在 6TO4 和纯 IPv6 网络之间传输报文和通告路由，其实现的原理如图 8-27 所示。

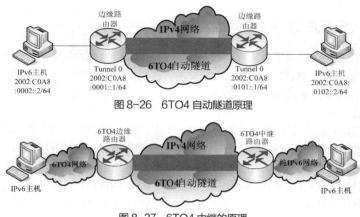

图 8-26　6TO4 自动隧道原理

图 8-27　6TO4 中继的原理

从上文可见 6TO4 隧道较好地解决了多个孤立 IPv6 网络之间的通信问题，而且能够让 6TO4 网络与纯 IPv6 网络之间实现互通，因此 6TO4 隧道是一种非常好的隧道技术，但其缺点是必须使用 6TO4 地址。

4. ISATAP 隧道

ISATAP 隧道不仅是一种隧道技术，而且这种隧道技术解决了 IPv4 网络中双栈主机的地址自动配置问题，在 ISATAP 隧道的两端设备之间可以运行 ND 协议。与其他隧道技术一样，ISATAP 隧道也要使用一种特定的地址形式，其接口 ID 部分必须如下：

::0:5EFE:a.b.c.d

其中 0:5EFE 是 IANA 规定的格式，a.b.c.d 是单播 IPv4 地址。ISATAP 地址的前 64 位是主机通过向 ISATAP 路由器发送请求，使用 ND 协议自动获得的。其原理如图 8-28 所示。

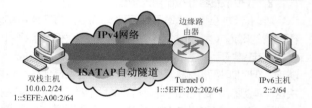

图 8-28　ISATAP 自动隧道原理

ISATAP 隧道的特点主要是把 IPv4 网络看作一个下层链路，ND 协议通过 IPv4 网络承载，实现了跨 IPv4 网络的 IPv6 地址自动配置，这样分散在 IPv4 网络中的双栈主机就有机会获得自动生成的全局 IPv6 地址，从而能够与 IPv6 网络中的主机进行通信。

除了上文所述的几种隧道技术以外，还有很多隧道技术，其中 6PE 隧道技术在 ISP 的网络中获得了大量的使用，其实现的基础是使用了 MPLS 技术，由于其比较复杂，这里不再讲述，感兴趣的读者可以参考相关的资料来了解其详细的细节。

8.8.2　IPv6 与 IPv4 网络之间的互通

IPv6 网络在发展过程中，必然要实现与 IPv4 网络的互通，否则目前大量的互联网资源无法为 IPv6 主机提供服务，就会限制 IPv6 技术的发展。IPv6 与 IPv4 网络之间互通的方法也有很多种，这里主要介绍常见的双栈技术和 NAP-PT 技术。

1. 双栈技术

顾名思义，双栈技术就是主机同时实现 IPv4 和 IPv6 两个协议栈，具备同时访问 IPv4 网络和 IPv6 网络的能力。但是有两个主要问题必须考虑：一个是双栈节点的地址配置问题；另一个是如何通过 DNS 获得对端的地址。

双栈节点的地址配置要求节点必须支持双栈，必须同时配置 IPv4 和 IPv6 地址，两个地址之间不必有关联，但是如果节点是支持自动隧道的双栈节点的话，必须配置两个地址之间的映射关系。

要从 DNS 获取通信对端的地址，这就要求 DNS 服务器必须具有这样的功能，即 DNS 服务器既能解析 IPv4 地址，也能解析 IPv6 地址。IPv4 的解析已经不是问题了，对于 IPv6 地址则定义了新的纪录类型 A6 和 AAAA，解决了 IPv6 地址解析的问题。

双栈技术使主机具有了双网通信的能力，但是由于每个 IPv6 节点都要有一个 IPv4 地址，这样不能避免 IPv4 地址耗尽的问题，所以双栈技术总体来讲只能是一个临时的过渡技术。

2. NAT-PT

当双栈技术面临的问题几乎不能解决的时候，可以尝试 NAT 技术。所不同的是原来的 NAT 实现的是公网地址和私有地址之间的转换，现在是用 NAT 来实现 IPv4 和 IPv6 协议首部之间的转换，也就是说 IPv4 网络中的主机用 IPv4 地址来表示 IPv6 网络中的主机，反之亦然。NAT-PT 技术分为以下 3 种：①静态 NAT-PT；②动态 NAT-PT；③结合 DNS ALG 的动态 NAT-PT。

（1）静态 NAT-PT。静态 NAT-PT 是由 NAT-PT 网关静态配置 IPv6 和 IPv4 地址绑定关系的技术，其实现原理如图 8-29 所示。在 IPv4 主机和 IPv6 主机通信过程中，报文经过 NAT-PT 网关时，网关根据静态配置的绑定关系进行转换。

静态 NAT-PT 原理很简单，但是由于要让 IPv6 地址与 IPv4 地址一一对应，所以当地址很多时，管理员的工作量比较大，而且要消耗大量的 IPv4 地址。

（2）动态 NAT-PT。动态地址映射可以避免静态地址映射的缺点。其实现的原理如图 8-30 所示，NAT-PT 网关要向 IPv6 网络中通告一个 96 位的前缀（Prefix），该前缀再加上一个 32 位的 IPv4 地址构成一个在 IPv6 网络中表示的 IPv4 主机。在 IPv6 网络中，凡是目的地址是这个前缀的报文都会被路由到 NAT-PT 网关，由网关将其转换成 IPv4 地址，对于源地址，IPv6 主机的地址在报文通过网关时要从地址池中找一个未被使用的 IPv4 地址来代替，而且网关要记录下两者之间的映射关系，从而完成了 IPv6 地址到 IPv4 地址的转换，让 IPv6 网络中的报文能够接着在 IPv4 网络中传递。

动态 NAT-PT 改进了静态 NAT-PT 的缺点，而且由于其采用了上层协议映射的方法，可以用一个 IPv4 地址支持大量的 IPv6 地址的转换，避免了 IPv4 地址不足的问题。但是这种转换只能由 IPv6 一侧先发起，如果让 IPv4 一侧先发起，由于 IPv4 主机并不知道 IPv6 主机的 IPv4 地址，所以是行不通的。

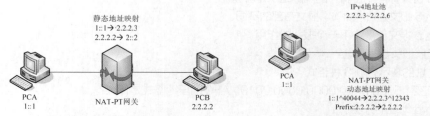

图 8-29 静态 NAT-PT 原理   图 8-30 动态 NAT-PT 原理

（3）结合 DNS ALG 的动态 NAT-PT。通过与 DNS 的结合实现结合 DNS ALG 的动态 NAT-PT 就能够实现让双方都可以主动发起连接的功能。其实现的原理如图 8-31 所示。这里以 PCB 主动发起为例来简要解释。

假如 PCB 想要和 PCA 进行通信，PCB 目前只知道 PCA 的域名，PCB 就可以向 IPv6 网络中的 DNS 服务器请求解析 PCA 的名字，此时 PCB 只知道 IPv6 网络中的 DNS 服务器的地址是 1.1.1.3（次映射在 NAT-PT 中已经配置）。因此报文的源地址就是 2.2.2.2，目的地址就是 1.1.1.3。

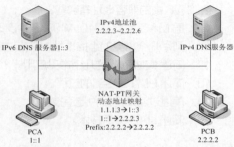

图 8-31 结合 DNS ALG 的动态 NAT-PT 原理

　　该请求被 NAT-PT 网关收到后，NAT-PT 网关会进行转换，2.2.2.2→Prefix:2.2.2.2（这里的 Prefix 是 NAT-PT 网关中配置的代表 IPv4 网络的 IPv6 网络前缀），1.1.1.3→1::3。同时要将 IPv4 的 A 类 DNS 请求改为 IPv6 的 AAAA 或 A6 类请求，并发送到 IPv6 DNS 服务器。

　　服务器解析后向 PCB 回应。报文的源地址是 1::3，目的地址 Prefix:2.2.2.2。这个报文会被路由到 NAT-PT 网关。

　　NAT-PT 网关收到后要进行转换，首先把 AAAA 或 A6 类型转换成 A 类型，并从地址池中找到 2.2.2.3，替换报文中的 1::1，并要记录下这个映射关系。然后把报文转给 PCB。

　　PCB 此时认为 PCA 的地址就是 2.2.2.3，就以此地址为目的地址发起到 PCA 的连接。当该报文到达 NAP-PT 网关时，网关会从映射纪录中查到所做的映射，进行转换后，在 IPv6 网络中进行传递。当 PCA 反馈时，再进行一次上述转换即可。

　　由此可以看出结合 DNS ALG 的动态 NAT-PT 实现了 IPv6 和 IPv4 网络的互通。但是需要明确，这种技术与 NAT 的缺点是一样的，由于其改变了报文首部，因此很多应用会无法使用，而且这种技术破坏了端到端的安全性。

本章小结

　　IPv6 技术是解决 IPv4 技术很多问题的最终方案，为此人类已经进行了将近 20 年的准备和实验。2011 年 2 月所有的 IPv4 地址已经分配完毕，未来几年是 IPv6 进行大规模推广的关键时间。

习题

1. 与 IPv6 协议标准制定有关的国际组织是哪些？
2. 简述 IPv6 报文首部与 IPv4 报文首部的不同。
3. 简述 IPv6 报文首部中下一个报头的作用。
4. IPv6 扩展报头都有哪些？
5. IPv6 地址的表示有哪 3 种格式？
6. 2001:0321:5300:0000:0000:0000:0010:2AF0 的压缩格式是什么？
7. 简述 IPv6 地址的分类。
8. IPv6 中的特殊地址有哪些？
9. IPv6 中的兼容地址有哪些？
10. 把 MAC 地址 0210:A40A:3B4D 改写成 EUI-64 地址。
11. 列举几个常见的组播地址，并描述它们的使用范围。
12. 简述 ICMPv6 的几个常见应用。
13. 简述 PMTU 检测的过程。
14. 简述过渡期的几种隧道技术。
15. 简述 NAP-PT 技术。

第9章
网络安全

09

网络的发展使人类对其依赖程度越来越高，网络安全越来越重要。本章将简要地介绍计算机网络安全的基本概念、常见的网络攻击技术，并通过一个校园网、一台个人计算机的网络安全防御方案来阐述计算机网络安全技术的具体应用。

本章主要学习内容如下。

- 计算机网络安全的基本概念。
- 网络面临的安全威胁。
- 黑客的入侵攻击过程。
- 网络扫描与网络监听。
- 木马的检测与防范。
- 拒绝服务攻击。
- 计算机病毒。
- PGP 加密/解密系统。
- 代理服务器工具。

9.1 网络安全简介

9.1.1 网络安全的定义

网络安全是一门涉及计算机科学、网络技术、通信技术、密码技术、信息安全技术、应用数学、数论、信息论等多个学科的综合学科。网络安全是指网络系统的硬件、软件及其系统中的数据受到保护，不因偶然的或者恶意的原因而遭到破坏、更改、泄露，系统连续可靠、正常地运行，网络服务不中断。

网络安全从其本质上来讲就是网络上的信息安全。从广义来说，凡是涉及网络上信息的保密性、完整性、可用性、真实性和可控性的相关技术和理论都是网络安全的研究领域。

9.1.2 网络面临的安全威胁

计算机网络上的通信面临以下 4 种威胁。

（1）截获（Interception）。攻击者从网络上窃听他人的通信内容。

（2）中断（Interruption）。攻击者有意中断他人在网络上的通信。

（3）篡改（Modification）。攻击者故意篡改网络上传送的报文。

（4）伪造（Fabrication）。攻击者伪造信息在网络上传送。

上述 4 种威胁可划分为两大类，即被动攻击和主动攻击。在上述情况中，截获信息的攻击称为被动攻击，而更改信息和拒绝用户使用资源的攻击称为主动攻击，如图 9-1 所示。

图9-1　网络的被动攻击和主动攻击

被动攻击又称为通信量分析（Traffic Analysis）。在被动攻击中，攻击者不干扰信息流，只是观察和分析某一个协议数据单元（PDU）。即使这些数据对攻击者来说是不易理解的，攻击者也可通过观察PDU的协议控制信息部分，了解正在通信的协议实体的地址和身份，研究PDU的长度和传输的频度，以便了解所交换数据的性质。

主动攻击是指攻击者对某个连接中通过的PDU进行各种处理，如有选择地更改、删除、延迟这些PDU，也包括记录和复制它们；还可以进行重放攻击，即将以前录下的PDU插入这个连接，甚至还可将合成的或伪造的PDU送入一个连接。

所有的主动攻击都是上述各种方法的某种组合。主动攻击从类型上可以划分为以下4种。

（1）更改报文流。更改报文流包括对通过连接的PDU的真实性、完整性和有序性的攻击。

（2）拒绝报文服务。拒绝报文服务指攻击者或者删除通过某一连接的所有PDU，或者将双方或单方的所有PDU加以延迟。

2000年2月，美国几个著名网站遭黑客袭击，这些网站的服务器一直处于"忙"的状态，因而拒绝向发出请求的客户提供服务。这种攻击方式被称为拒绝服务（Denial of Service，DoS）。若Internet上成百上千的网站集中攻击一个网站，则称为分布式拒绝服务（Distributed Denial of Service，DDoS）。

（3）伪造连接初始化。攻击者重放以前已被记录的合法连接初始化序列，或者伪造身份而企图建立连接。

（4）恶意程序攻击。恶意程序种类繁多，对网络安全威胁较大的主要有以下几种。

① 计算机病毒（Computer Virus）。一种会"传染"其他程序的程序，"传染"是通过修改其他程序来把自身或其变种复制进去来完成的。

② 计算机蠕虫（Computer Worm）。一种通过网络的通信功能，将自身从一个节点发送到另一个节点并启动运行的程序。

③ 特洛伊木马（Trojan Horse）。一种程序，它执行的功能超出所声称的功能。如一个编译程序除了执行编译任务之外，还把用户的源程序偷偷地复制下来，则这种编译程序就是一种特洛伊木马。计算机病毒有时也以特洛伊木马的形式出现。

④ 逻辑炸弹（Logic Bomb）。一种当运行环境满足某种特定条件时执行其他特殊功能的程序。如一个编辑程序，平时运行得很好，但当系统时间为13日且又为星期五时，它删去系统中的所有文件，这种程序就是一种逻辑炸弹。

对于主动攻击，可以采取适当措施加以检测，如使用加密技术、身份认证技术等。但对于被动攻击，通常是检测不出来的。

9.1.3　计算机网络及信息安全的目标

网络安全的目标，实际上也就是网络安全的基本要素，即机密性（Confidentiality）、完整性（Integrity）、可用性（Availability）、可控性（Controllability）与不可否认性（Non-Repudiation）。

1. 机密性

机密性是指保证信息不会被非授权访问，即非授权用户得到信息也无法知晓信息内容，因而不能使用。通常通过访问控制阻止非授权用户获得机密信息，并通过加密变换阻止非授权用户获知信息内容，确保信息不暴露给未授权的实体或者进程。

2. 完整性

完整性是指只有得到允许的人才能修改实体或者进程，并且能够判别出实体或者进程是否已被修改。一般通过访问控制阻止篡改行为，同时通过消息摘要算法来检验信息是否被篡改。

3. 可用性

可用性是信息资源服务功能和性能可靠性的度量，涉及物理、网络、系统、数据、应用和用户等多方面的因素，是对信息网络总体可靠性的要求。即授权用户根据需要可以随时访问所需信息，攻击者不能占用所有资源而阻碍授权者的工作。访问控制机制可阻止非授权用户进入网络，使静态信息可见，动态信息可操作。

4. 可控性

可控性主要指对危害国家信息（包括利用加密的非法通信活动）的监视审计，控制授权范围内的信息流向及行为方式。使用授权机制控制信息传播的范围、内容，必要时能恢复密钥，实现网络资源及信息的可控性。

5. 不可否认性

不可否认性是对出现的安全问题提供调查的依据和手段。使用审计、监控、防抵赖等安全机制，使得攻击者、破坏者、抵赖者"逃不脱"，并进一步对网络出现的安全问题提供调查的依据和手段，实现信息安全的可审查性，一般通过数字签名等技术来实现不可否认性。

9.2　网络安全基础知识

9.2.1　黑客入侵攻击的一般过程

随着网络应用的普及，黑客发起的网络攻击也越来越多，攻击的方式和手段也不断更新，研究黑客入侵过程，是为了做好网络安全的防护工作。

黑客入侵攻击的一般过程如下所述。

（1）确定攻击的目标。

（2）收集被攻击对象的有关信息。黑客在获取了目标机及其所在的网络类型后，还需进一步获取有关信息，如目标机的 IP 地址、操作系统类型和版本、系统管理人员的邮件地址等，根据这些信息进行分析，可得到被攻击方系统中可能存在的漏洞。

（3）利用适当的工具进行扫描。收集或编写适当的工具，并在对操作系统分析的基础上，对工具进行评估，判断有哪些漏洞和区域没有覆盖到。然后在尽可能短的时间内对目标进行扫描。完成扫描后，可以对所获数据进行分析，发现安全漏洞，如 FTP 漏洞、NFS 输出到未授权程序中、不受限制的服务器访问、不受限制的调制解调器、Sendmail 的漏洞以及 NIS 口令文件访问等。

（4）建立模拟环境，进行模拟攻击。根据之前所获得的信息，建立模拟环境，然后对模拟目标机进行一系列攻击，测试对方可能的反应。通过检查被攻击方的日志，可以了解攻击过程中留下的"痕迹"。这样攻击者就可以知道需要删除哪些文件来毁灭其入侵证据了。

（5）实施攻击。根据已知的漏洞，实施攻击。通过猜测程序可对截获的用户账号和口令进行破译；利用破译程序可对截获的系统密码文件进行破译；利用网络和系统本身的薄弱环节和安全漏洞可实施电子引诱（如安装特洛伊木马）等。黑客们或修改网页进行恶作剧，或破坏系统程序，或放病毒使系统陷入瘫痪，或窃取政治、军事、商业秘密，或进行电子邮件骚扰，或转移资金账户、窃取金钱等。

（6）清除痕迹。

9.2.2 网络安全所涉及技术

1. 网络扫描

扫描器对于攻击者来说是必不可少的工具，但它也是网络管理员在网络安全维护中的重要工具。扫描器的定义比较广泛，不限于一般的端口扫描，也不限于针对漏洞的扫描，它也可以是某种服务、某个协议。端口扫描只是扫描系统中最基本的形态和模块。扫描器的主要功能列举如下。

（1）检测主机是否在线。

（2）扫描目标系统开放的端口，有的还可以测试端口的服务信息。

（3）获取目标操作系统的敏感信息。

（4）破解系统口令。

（5）扫描其他系统敏感信息，例如，CGIScanner、AspScanner、从各个主要端口取得服务信息的 Scanner、数据库 Scanner 以及木马 Scanner 等。

一个优秀的扫描器能检测整个系统各个部分的安全性，能获取各种敏感的信息，并能试图通过攻击以观察系统反应等。扫描的种类和方法不尽相同，有的扫描方式甚至相当怪异且很难被发觉，但相当有效。常用的扫描工具有 X-Scan、Nmap 等，具体的使用方法见 9.3 节。

2. 网络监听

网络监听是黑客在局域网中常用的一种技术，它在网络中监听别人的数据包，监听的目的就是分析数据包，从而获得一些敏感信息，如账号和密码等。其实网络监听也是网络管理员经常使用的一个工具，主要用来监视网络的流量、状态、数据等信息，例如，Wireshark 就是许多系统管理员手中的必备工具。另外，分析数据包对于防范黑客行为，如黑客的扫描过程、攻击过程也非常重要，可据此制定相应防火墙规则来应对。网络监听工具和网络扫描工具一样，也是把双刃剑，因此要正确地对待它。

收到传输来的数据时，网卡先接收数据头的目的 MAC 地址，通常情况下，像收信一样，只有收信人才去打开信件，同样，网卡只接收和自己地址有关的信息包，即只有目的 MAC 地址与本地 MAC 地址相同的数据包或者是广播包（多播等），网卡才接收。否则，这些数据包就直接被网卡抛弃。

网卡还可以工作在另一种模式中，即混杂（Promiscuous）模式。此时网卡进行包过滤不同于普通模式，混杂模式不理会数据头内容，而是将所有经过的数据包都传递给操作系统去处理，那么它就可以捕获网络上所有经过它的数据帧了，如果一台机器的网卡被配置成这样的方式，它（包括其软件）就是一个嗅探器。常用的嗅探工具有 Wireshark 等，具体的使用方法见 9.4 节。

3. 木马

特洛伊木马（其名称取自希腊神话的特洛伊木马记，以下简称木马），英文叫作"Trojan Horse"，它是一种基于远程控制的黑客工具（病毒程序）。木马是常见的计算机安全隐患，作为网管员要格外重视木马的防御与处理。常见的普通木马一般是客户端/服务器端（C/S）模式，客户端/服务器端之间采用 TCP/UDP 的通信方式，攻击者控制的是相应的客户端程序，服务器端程序是木马程序，木马程序被植入毫不知情的用户的计算机。以"里应外合"的工作方式，服务器端程序打开特定的端口并进行监听（Listen），这些端口好像"后门"一样，所以，也有人把特洛伊木马叫作后门工具。攻击者所掌握的客户端程序向该端口发出请求（Connect Request），木马便和它连接起来了，攻击者就可以使用控制器进入计算机，通过客户端程序命令达到控制服务器端的目的。这类木马的一般工作模式如图 9-2 所示。

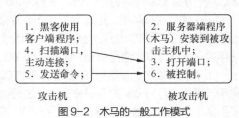

图 9-2　木马的一般工作模式

自木马程序诞生至今，已经出现了多种类型，现在大多数的木马都不是单一功能的木马，它们往往是很多种功能的集成品，木马有网络游戏类木马、网银类木马、即时通信类木马、网页单击类木马、下载类木马、代理类木马等多种木马形式。常见的木马有冰河等，具体的使用方法见 9.5 节。

4. 拒绝服务攻击

拒绝服务（Denial of Service，DoS）攻击广义上可以指任何导致网络设备（服务器、防火墙、交换机、路由器等）不能正常提供服务的攻击，现在一般指的是针对服务器的 DoS 攻击。这种攻击可能就是网线被拔下，或者网络的交通堵塞等，最终的结果是正常用户不能使用他所需要的服务。

从网络攻击的各种方法和所产生的破坏情况来看，DoS 是一种很简单但又很有效的进攻方式。尤其是对 ISP、电信部门，还有 DNS 服务器、Web 服务器、防火墙等来说，DoS 攻击的影响都是非常大的。

DoS 攻击的目的就是拒绝服务访问，破坏组织的正常运行，最终它会使部分 Internet 连接和网络系统失效。有些人认为 DoS 攻击是没用的，因为它们不会直接导致系统渗透。但是，黑客使用 DoS 攻击有以下几个目的。

（1）使服务器崩溃并让其他人也无法访问。

（2）黑客为了冒充某个服务器，就对它进行 DoS 攻击，使其瘫痪。

（3）黑客为了安装的木马启动，要求系统重启，DoS 攻击可以用于强制服务器重启。

DoS 的攻击方式有很多种，根据其攻击手法和目的的不同，有两种形式。一种是以消耗目标主机的可用资源为目的，使目标服务器忙于应付大量非法的、无用的连接请求，占用了服务器所有的资源，造成服务器对正常的请求无法再做出及时响应，从而形成事实上的服务中断，这也是最常见的拒绝服务攻击形式。这种攻击主要利用网络协议或者是系统的一些特点和漏洞进行攻击，主要的攻击方法有死亡之 Ping、SYN Flood、UDP Flood、ICMP Flood、Land、Teardrop 等，针对这些漏洞的攻击，目前在网络中都有大量的现成工具可以使用。另一种拒绝服务攻击是以消耗服务器链路的有效带宽为目的，攻击者通过发送大量有用或无用数据包，将整条链路的带宽全部占用，从而使合法用户请求无法通过链路到达服务器。如蠕虫对网络的影响。

拒绝服务攻击具体的攻击方式很多，例如，发送垃圾邮件；向匿名 FTP 上传垃圾文件；把服务器的硬盘塞满；合理利用策略锁定账户，一般服务器都有关于账户锁定的安全策略，某个账户连续 3 次登录失败，那么这个账号将被锁定。破坏者伪装一个账号去错误登录，这样将使得这个账号被锁定，而合法用户就不能使用这个账号去登录系统了。拒绝服务攻击常见的防御工具有冰盾抗 DDoS 防火墙，具体的使用方法见 9.6 节。

5. 防病毒技术

由于网络环境下的计算机病毒是网络系统的最大攻击者，具有强大的传染性和破坏性，因此，网络防病毒技术已成为网络安全防御技术的又一重要研究课题。网络防病毒技术可以直观地分为病毒预防技术、病毒检测技术及病毒清除技术。

（1）病毒预防技术。计算机病毒的预防技术就是通过一定的技术手段防止计算机病毒传染和对系统破坏。实际上这是一种动态判定技术，即一种行为规则判定技术。也就是说，计算机病毒的预防方法是对病毒的规则进行分类处理，而后在程序运作中凡有类似的规则出现则认定是计算机病毒。具体来说，计算机病毒的预防是通过阻止计算机病毒进入系统内存或阻止计算机病毒对磁盘的操作（尤其是写操作）来实现的。预防病毒技术包括磁盘引导区保护、加密可执行程序、读写控制技术、系统监控技术等。计算机病毒的预防应用包括对已知病毒的预防和对未知病毒的预防两个部分。目前，对已知病毒的预防可以采用特征判定技术或静态判定技术，而对未知病毒的预防则是一种行为规则的判定技术，即动态判定技术。

（2）病毒检测技术。计算机病毒的检测技术是指通过一定的技术手段判定出特定计算机病毒的技术。它有两种：一种是根据计算机病毒的关键字、特征程序段内容、病毒特征及传染方式、文件长度的变化，在特征分类的基础上建立的病毒检测技术；另一种是不针对具体病毒程序的自身校验技术，即对某个文件或数据段进行检验和计算并保存其结果，以后定期或不定期地以保存的结果对该文件或数据段进行检验，若出现差异，即表示该文件或数据段完整性已遭到破坏，感染上了病毒，从而检测到病毒的存在。

（3）病毒清除技术。计算机病毒的清除技术是计算机病毒检测技术发展的必然结果，是计算机病毒传染程序的一种逆过程。目前，清除病毒大多是在某种病毒出现后，通过对其进行分析研究而研制出具有相应解毒功能的软件，再利用该软件进行清除。这类软件技术的发展往往是被动的，具有滞后性。由于计算机软件所要求的精确性，杀毒软件有其局限性，因而对有些变种病毒的清除无能为力。常见的防病毒软件有卡巴斯基、诺顿、McAfee、小红伞、360 等，具体的防病毒实例见 9.7 节。

6. 加密/解密技术

加密的基本思想是伪装明文以隐蔽其真实内容，即将明文伪装成密文，如图 9-3 所示。伪装明文的操作称为加密，加密时所使用的信息变换规则称为加密算法。由密文恢复出原明文的过程称为解密。解密时所采用的信息变换规则称作解密算法。常见的加密/解密工具有 PGP 等，具体的使用方法见 9.8 节。

图 9-3　加密和解密过程示意图

7. 防火墙技术

保护网络安全的最主要手段之一是构筑防火墙（Firewall）。防火墙是一种网络安全防护系统，是由硬件和软件构成的用来在网络之间执行控制策略的系统。在设计防火墙时，人们认为防火墙保护的内部网络是"可信赖的网络"（Trusted Network），而外部网络是"不可信赖的网络"（Untrusted Network）。

设置防火墙的目的是保护内部网络资源不被外部非授权用户使用，防止内部受到外部非法用户的攻击。防火墙安装的位置一定是在内部网络与外部网络之间，如图 9-4 所示。

防火墙的主要功能如下。

（1）检查所有从外部网络进入内部网络的数据包。

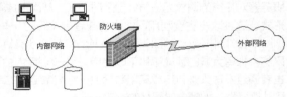

图 9-4　防火墙的位置与作用

（2）检查所有从内部网络流出到外部网络的数据包。

（3）执行安全策略，限制所有不符合安全策略要求的分组通过。

（4）具有防攻击能力，保证自身的安全性。

这种技术通过防火墙事先设置好的安全策略对进出内部网络和外部网络的数据流量进行分析、监测、管理和控制，从而保护内部网络的资源和信息。防火墙可以分为 3 类：包过滤防火墙、应用代理防火墙、状态检测防火墙。常见的代理防火墙工具有 CCProxy 等，具体的使用方法见 9.9 节。

9.3　网络扫描工具的使用

9.3.1　X-Scan 扫描器的使用

目前各种扫描器已经有不少，有的是在命令行形式下运行，部分还提供 GUI（图形用户界面）。下面以 X-Scan 为例，来介绍扫描器的功能和用法。X-Scan 是国内相当出名的扫描工具，完全免费，无须注册、无须安装（解压缩即可运行）、无须额外驱动程序支持。

X-Scan 采用多线程方式对指定 IP 地址段（或单机）进行安全漏洞检测，支持插件功能，提供了图形界面和命令行两种操作方式。扫描内容包括远程服务类型、操作系统类型及版本、各种弱口令漏洞、后门、应用服务漏洞、网络设备漏洞、拒绝服务漏洞等 20 多个大类。

下面使用 X-Scan 寻找本机漏洞和安全缺陷，保证单机或局域网安全，以网段 192.168.0.1～192.

168.0.100 为例。

（1）在 X-Scan 文件夹目录下，双击 xscan_gui.exe 应用程序图标，如图 9-5 所示。

（2）在该软件主界面中，单击"设置"菜单，并执行"扫描参数"命令，如图 9-6 所示。

图 9-5　X-Scan 文件夹目录

图 9-6　设置扫描参数

（3）在弹出的"扫描参数"窗口右侧"指定 IP 范围"文本框内，输入 IP 地址范围，如"192.168.0.1-192.168.0.100"，如图 9-7 所示。

（4）在"扫描参数"窗口中单击"全局设置"项，展开下级菜单如图 9-8 所示。

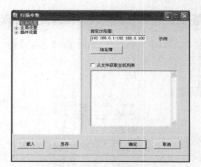

图 9-7　输入扫描 IP 范围

图 9-8　显示全局设置

（5）单击"全局设置"下的"扫描模块"项，启用相关扫描模块，如图 9-9 所示。

（6）单击"全局设置"下的"并发扫描"项，设置最大并发主机数和最大并发线程数，如图 9-10 所示。

（7）单击"全局设置"下的"扫描报告"项，在"报告文件"文本框中输入文件名 text.html，在"报告文件类型"下拉列表框中选择文件类型为 HTML，并勾选"扫描完成后自动生成并显示报告"复选框，如图 9-11 所示。

图 9-9　勾选扫描项

图 9-10　并发扫描设置

（8）单击"扫描参数"窗口中"全局设置"下的"其他设置"项，选择"跳过没有响应的主机"单选按钮和"跳过没有检测到开放端口的主机""使用 NMAP 判断远程操作系统"复选框，并单击"确定"按钮，如图 9-12 所示。

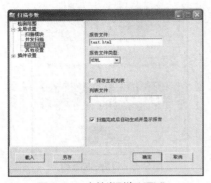

图 9-11　文件类型为 HTML

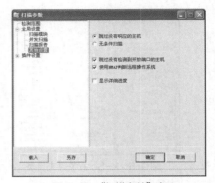

图 9-12　"扫描参数"窗口

（9）单击工具栏的启动按钮，界面如图 9-13 所示。

（10）扫描完成，扫描结果如图 9-14 所示。

图 9-13　主界面

图 9-14　查看扫描结果

9.3.2　端口扫描程序 Nmap 的使用

目前各种端口扫描器很多，在诸多端口扫描器中，Nmap 是其中的佼佼者，它提供了大量的基于 DOS 的命令行选项，还提供了支持 Windows 的 GUI（图形用户界面），能够灵活地满足各种扫描要求，而且输出格式丰富。

常用到的命令有如下几种。

（1）nmap-sP IP，扫描这个 IP 端内的所有存活主机，如图 9-15 所示。从图中可以看到扫描结果有 3 台主机。

（2）nmap-sT IP，扫描单个 IP 主机的端口，如图 9-16 所示。从图中可以看到扫描目标主机所开放的端口。

（3）nmap-sS IP，隐蔽扫描，隐藏本地机的信息，如图 9-17 所示。

（4）nmap-sU IP，进行 UDP 端口扫描，如图 9-18 所示。

通过端口扫描，可以知道目标主机所开放的端口，就可以进一步操作。

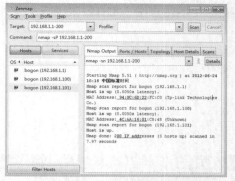

图 9-15　nmap-sP 参数扫描结果

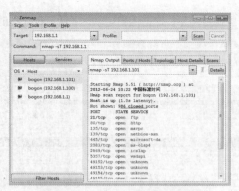

图 9-16　nmap-sT 参数扫描结果

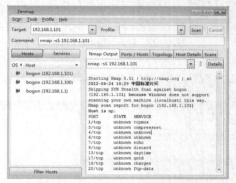

图 9-17　nmap-sS 参数扫描结果

图 9-18　nmap-sU 参数扫描结果

9.4　网络监听工具 Wireshark 的使用

Wireshark 是网络包分析工具。网络包分析工具的主要作用是尝试捕获网络包，并尝试显示包的尽可能详细的情况。与很多其他网络工具一样，Wireshark 也使用 pcap network library 来进行封包捕捉。

启动 Wireshark，选择菜单"Capture"下的"Interfaces"，如图 9-19 所示；接着选择相应网卡，如图 9-20 所示；然后单击"Start"按钮即出现所捕获的数据包的统计。想停止的时候，单击"Stop"按钮，捕获的数据包就会显示在面板中，如图 9-21 所示。

图 9-19　选择"Interfaces"

图 9-20　Wireshark 网卡设置

分析数据包有 3 个步骤：选择数据包、分析协议、分析数据包内容。

（1）第一步：选择数据包。每次捕获的数据包的数量很多，根据时间、地址、协议、具体信息等来对需要的数据进行简单的手工筛选，在众多数据中选出所要分析的那一个。例如，用户经常被人使用 Ping 来进行探测，那么，当想查明谁在对用户 Ping 的时候，面对嗅探到的结果，应该选择的是 ICMP。

例如，查看访问地址为 211.69.0.6 的 Web 服务器的数据包，如图 9-22 所示。

（2）第二步：分析协议。在协议窗口直接获得的信息是：以太帧头、IP 头、TCP 头和应用层协议中的内容。例如，MAC 地址、IP 地址和端口号、TCP 的标志位等。另外，Wireshark 还会给出部分协议的一些摘要信息，这些信息可以帮助用户在大量的数据中选取需要的部分，如图 9-23 所示。

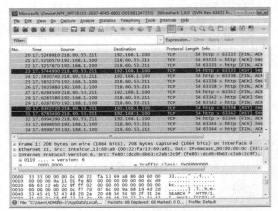

图 9-21　Wireshark 捕获数据包

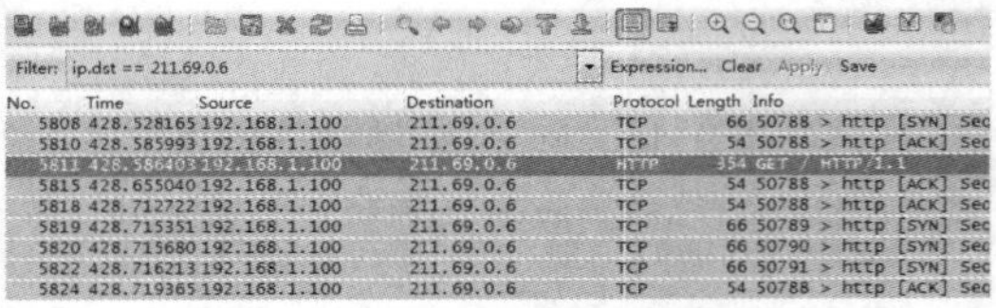

图 9-22　特定目的地址数据包

（3）第三步：分析数据包内容。一次完整的嗅探过程并不是只分析一个数据包，可能是在几百或上万个数据包中找出有用的几个或几十个来分析，理解数据包对于网络安全具有至关重要的意义。

下面通过 Wireshark 对 Ping PDU 进行捕获。

（1）确定标准实验拓扑和配置正确后，在实验室的计算机上启动 Wireshark。

图 9-23　Wireshark 协议窗口

在计算机的命令行中 Ping 连接的是其他网络的 IP 地址。在本例中，使用命令 ping 211.69.0.6（根据具体的实验环境自己选择 IP 地址）。

命令行窗口中收到该 ping 命令的成功应答后，停止数据包捕获。

（2）检查数据包列表窗格。此时，Wireshark 的数据包列表窗格应该显示如图 9-24 所示信息。

下面通过 Wireshark 对 FTP 分组进行俘获。

（1）启动 Wireshark 嗅探器。

（2）在浏览器地址栏中输入如下网址：ftp://ftp.rfc-editor.org。

（3）在停止分组俘获，如图 9-25 所示。

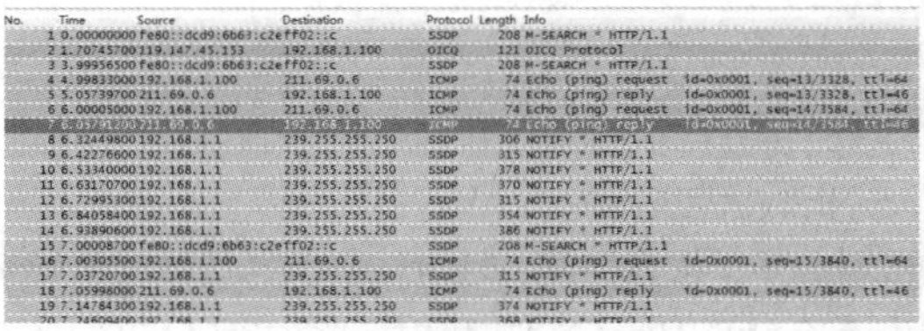

图 9-24　Wireshark 数据包列表窗格

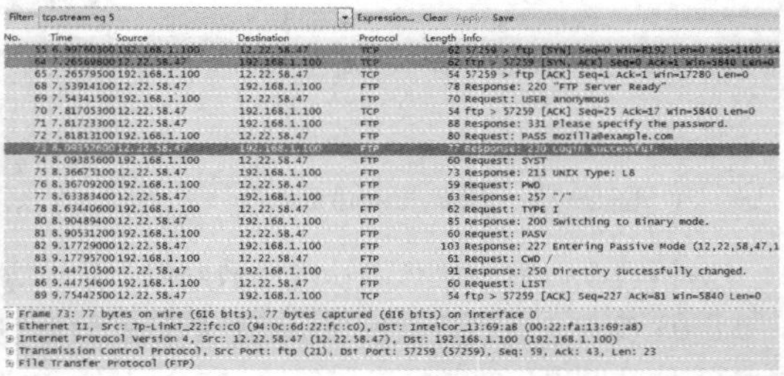

图 9-25　Wireshark 所捕获数据包信息

（4）选择 TCP 流中的一个分组，然后选择"Analyze"菜单下的"Follow TCP Stream"，就会看到控制通道的所有内容，如图 9-26 所示。

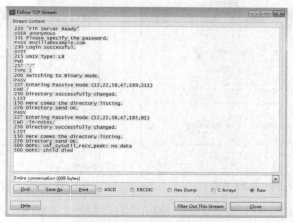

图 9-26　控制通道的所有内容

9.5　木马的配置与防范

9.5.1　冰河木马的配置

将冰河木马.rar 文件进行解压，解压路径可以自定义。解压结果如图 9-27 所示。

冰河木马共有两个应用程序，其中 G_SERVER.exe 是服务器程序，属于木马受控端程序，种木马时，需将该程序放入受控端的计算机，然后双击该程序即可；另一个是木马的客户端程序 G_CLIENT.exe，属于木马的主控端程序。

在主控端计算机中，双击 G_CLIENT.exe，打开木马的客户端程序（主控程序），可以看到如图 9-28 所示界面。

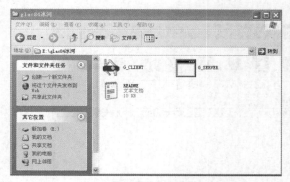

图 9-27　冰河文件

图 9-28　客户端设置

单击"设置"中的"配置服务器程序"菜单选项，打开如图 9-29 所示的"服务器配置"对话框对服务器进行配置。在该界面的"访问口令"文本框中输入访问密码"123456"，设置访问密码，然后单击"确定"按钮，以便后面客户端连接服务器端时使用该密码进行匹配。

采用自动搜索的方式添加受控端计算机，方法是单击"文件"中的"自动搜索"，打开"搜索计算机"对话框，如图 9-30 所示。

搜索结束时，发现在搜索结果栏中 IP 地址为 192.168.221.128 的项状态为 OK，表示搜索到 IP 地址为 192.168.221.128 的计算机已经中了冰河木马，且系统自动将该计算机添加到主控程序中，如图 9-31 所示。

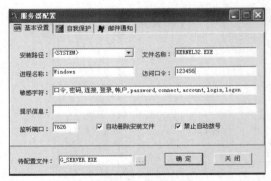

图 9-29　服务器配置　　　　　　　图 9-30　"搜索计算机"对话框

将受控端计算机添加后，可以浏览受控端计算机中的文件系统，如图 9-32 所示。

图 9-31　搜索结果

图 9-32　浏览受控端文件

在主控端计算机上观看受控端计算机的屏幕，这时在屏幕的左上角有一个窗口，该窗口中的图像即受控端计算机的屏幕，如图 9-33 所示。

图 9-33　浏览受控端屏幕

还可以通过冰河信使功能和服务器方进行聊天，如图 9-34、图 9-35 所示，当主控端发起信使通信之后，受控端也可以向主控端发送消息了。

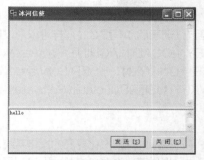

图 9-34 主控端发消息

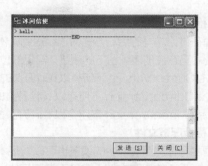

图 9-35 受控端接收消息

9.5.2 木马的检测

上网过程中，在正常使用计算机时，可能会发现计算机速度明显起了变化、硬盘在不停读写、鼠标不受控制、键盘无效、自己的一些窗口在未得到自己允许的情况下被关闭、新的窗口被莫名其妙地打开等。这一切不正常的现象，都可能是由于木马客户端在远程控制计算机，可以通过下面的方法检测。

1. 查看端口

木马启动后，自然会打开端口，可以通过检查端口的情况来查看有无木马。但是这种方法无法查出驱动程序/动态链接类型木马。

（1）netstat 命令。netstat 是 Windows 自带的网络命令，在 DOS 窗口或命令行下运行，可以使用户了解到自己的主机与 Internet 相连接的情况。它可以显示当前正在活动的网络连接的详细信息，如图 9-36 所示。

（2）专用工具。通过专用工具，如 FPort、TCPView 等都可以检查端口的情况，以及相关的进程、相关的 DLL 文件的情况。

2. 检查账户

恶意的攻击者非常喜欢使用克隆账号的方法来控制计算机。他们采用的方法就是激活一个系统中的默认账户，但这个账户是不经常用的，然后使用工具把这个账户提升到管理员权限，从表面上看这个账户还是和原来一样，但是这个克隆的账户是系统中最大的安全隐患。恶意攻击者可以通过这个账户任意地控制计算机。为了避免出现这种情况，可以用简单的方法对账户进行检测。

首先在命令行下输入 net user，查看计算机上有些什么用户，然后使用"net user 用户名"查看这个用户属于什么权限，一般除了 Administrator 是 administrators 组的，其他都不是。如图 9-37 所示。如果发现一个系统内置的用户是属于 administrators 组的，那几乎可以肯定计算机被入侵了，而且本计算机上已被克隆账户，此时需要使用"net user 用户名/del"删掉这个用户。

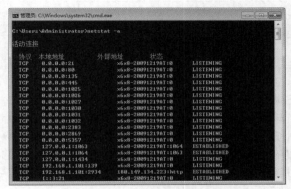

图 9-36 用 netstat 查看端口状态

图 9-37 net 命令显示账户信息

161

3. 检查注册表

上面在讨论木马的启动方式时已经提到，木马可以通过注册表启动，那么，同样可以通过检查注册表来发现木马在注册表里留下的痕迹。常见的位置有 HKEY_LOCAL_MACHINE\Software\Microsoft\Windows\CurrentVersion 下所有以 run 开头的键值；HKEY_CURRENT_USER\Software\ Microsoft\Windows\CurrentVersion 下所有以 run 开头的键值；HKEY_USERS\.Default\ Software\Microsoft\Windows\CurrentVersion 下所有以 run 开头的键值。

4. 检查配置文件

根据木马在配置文件中的设置也可以发现木马。用户平时使用的是图形化界面的操作系统，对于那些已经不太重要的配置文件大多是不闻不问的，这正好给木马提供了一个藏身之处。而且利用配置文件的特殊作用，木马很容易就能在用户的计算机中运行、发作，从而偷窥或者监视用户。如黑客在 Autoexec.bat 和 Config.sys 中加载木马程序，因此不能掉以轻心。

9.5.3　木马的防御与清除

木马一般都是通过 E-mail 和文件下载来传播的。因此要提高防范意识，不要打开陌生人邮件中的附件。判别附件是否正常的方法有 3 种。第一，看图标。E-mail 的附件基本上是 TXT、HTML 这两类文件，假如发现附件是 EXE 可执行文件，或其他不太常见的文件，那就要注意其是否为木马程序。第二，测长度。看图标的方法虽然简单、直观，但并不十分可靠，因为有些木马已经可以改变自身的图标了。这时可以采用第二种方法，即查看一下附件的大小。一般来说，木马程序都在 100KB 以上，而 TXT、HTML 文件大都不会这么大，如果发现附件大于 100KB，就值得怀疑了。第三，观反应。打开附件，发现毫无反应，或者是弹出一个出错提示框，那可能就是木马程序了。

另外，最好到正规网站去下载软件，这些网站的软件更新快，且大部分都经过测试，可以放心使用。假如需要下载一些非正规网站上的软件，注意不要在在线状态下安装软件，一旦软件中含有木马程序，就有可能导致系统信息的泄露。

一旦发现了木马，最简单的方法就是使用杀毒软件。现在国内的杀毒软件都推出了清除某些特洛伊木马的功能，如 360 安全卫士、金山毒霸、瑞星等，可以不定期地在脱机的情况下进行检查和清除。另外，有的杀毒软件还提供网络实时监控功能，这一功能可以在黑客从远端执行用户机器上的文件时，提供报警或使执行失败，使黑客向用户机上载可执行文件后无法正确执行。

新的木马不断出现，旧的木马变种也很快，有些要手工查找并清除。有些木马程序有隐藏属性，用户必须在 Windows 窗口执行"工具"→"文件夹选项"命令，在打开的"文件夹选项"对话框中选择"查看"选项卡，在"高级设置"选项组中选择"显示隐藏的文件、文件夹和驱动器"单选按钮，才能看到木马程序。由于木马种类繁多，各有特点，删除的方法也不尽相同，在此就不一一详述了。

9.6　拒绝服务攻击

9.6.1　分布式拒绝服务攻击

分布式拒绝服务（Distributed Denial of Service，DDoS）是一种基于 DoS 的特殊形式的攻击，是一种分布、协作的大规模攻击方式，主要攻击比较大的站点，如商业公司、搜索引擎和政府部门的站点。

早期的拒绝服务攻击主要是针对处理能力比较弱的单机，如个人 PC，或是窄带宽连接的网站，对拥有高带宽连接、高性能设备的网站影响不大，但在 1999 年年底，出现了 DDoS 的攻击。与早期的 DoS 攻击相比，DDoS 借助数百台、甚至数千台被植入攻击守护进程的攻击主机，同时发起进攻，如图 9-38 所示，这种攻击对网络服务提供商的破坏力是空前巨大的。

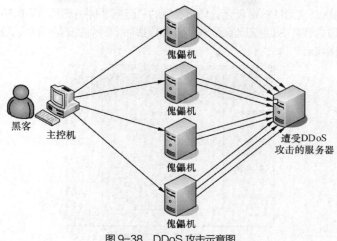

图 9-38　DDoS 攻击示意图

9.6.2　分布式拒绝服务攻击的防范

1. 如何发现攻击

在服务器上可以通过 CPU 使用率和内存利用率简单有效地查看服务器到当前负载的情况，如果发现服务器突然超负载运行，性能突然下降，则可能是受到攻击的征兆。具体有如下表现。

（1）网站的数据流量突然超出平常的十几倍甚至上百倍，而且同时到达网站的数据包分别来自大量不同的 IP。

（2）大量到达的数据包并不是网站服务连接的一部分，往往指向用户机器任意的端口。例如，用户的网站是 Web 服务器，而数据包却发向 FTP 端口或其他任意的端口。

2. 攻击前的防御准备

攻击前防御主要用来提高系统的安全性，防止系统被控制和利用，具体方法如下。

（1）增强服务器安全性，关闭一切不必要的服务，确保采用最新系统，及时更新安全补丁，限制同时打开的 SYN 连接数目，缩短 SYN 连接 time out 时间。

（2）在骨干节点配置防火墙，并设立相应合理的安全规则，安装入侵检测系统以防止被攻击者嗅探，同时限制 SYN/ICMP 流量等。

3. 攻击期间的防御

当 DDoS 攻击发生时，就需要采取有效措施来阻断攻击或者缓解攻击带来的影响，常用的技术有攻击检测、流量过滤和攻击缓解等。当检测到 DDoS 攻击时，系统将做出反应，对攻击流量报文进行丢弃或限制等操作。

4. 攻击结束的防范

当 DDoS 攻击结束后，目标主机需要尽快恢复正常运行，恢复提供正常的网络服务，更重要的是利用现有的记录对攻击行为进行特征分析，追踪攻击源，防范可能的下次攻击及为对攻击者进行法律追诉提供证据。

5. 冰盾抗 DDoS 防火墙

冰盾抗 DDoS 防火墙是一种较为出色的抗 DDoS 攻击的系统，其由华人留学生 Mr.Bingle Wang 和 Mr.Buick Zhang 设计开发，它采用生物基因鉴别技术智能识别各种 DDoS 攻击和黑客入侵行为，防火墙采用微内核技术实现，工作在系统的最底层，充分发挥 CPU 的效能，仅耗费少许内存即可获得处理效能。冰盾抗 DDoS 防火墙系统的关键防御技术设置如下。

（1）TCP连接限制。如图9-39所示，单击左侧的"连接限制"按钮，再单击"增加"按钮，此处设置服务器TCP端口为80，空连接阈值为30，即当连接后30秒内没有数据传送则自动断开，从而可有效抵御TCP多连接攻击。

图9-39　TCP连接限制

（2）服务器资源占用限制。单击"服务器资源占用限制"按钮，可设置一个IP最多允许同时维持的连接数为20，当超过后屏蔽时间为1 000秒，从而可有效抵御对服务器80端口的连接攻击，设置如图9-40所示。

（3）黑客入侵防护。如图9-41所示，单击左侧的"入侵防护"按钮，再单击"防护选项"按钮，可启用黑客入侵防护自动保护功能，可设置自动阻止为1 800秒，即当检测到黑客入侵攻击时，可实现30分钟的阻止攻击设置。

图9-40　服务器资源占用限制

图9-41　入侵防护

单击左侧的相关按钮还可进行攻击监控、端口过滤、黑白名单等功能设置，本书不再详述。

9.7　计算机病毒防治

下面通过一个校园网和个人计算机安全防御的实例，来介绍一下病毒防治的具体网络安全技术应用情况。

9.7.1　校园网安全防御

高校校园网以服务于教学、科研为宗旨，这决定其必然是一个管理相对宽松的开放式系统，无法像企业网一样进行严格统一的管理，这使得保障校园网安全成为一个大挑战。

某大学从自身情况出发，其安全方案主要包括以下2个方面。

1. 网络关键路由交换设备的安全配置

根据不同控制策略的要求，对校园网边界路由器、各校区核心交换机、汇聚点交换机以及楼内三层交换机分级配置合理的访问控制列表（ACL），从而保障网络安全。其安全机制如下。

（1）对蠕虫病毒常见传播端口和其他特征的控制，可有效防止蠕虫病毒大面积扩散。

（2）对常见木马端口和系统漏洞开放端口的控制，可有效降低网络攻击增加扫描的成功率。

（3）对 IP 源地址的检查将使部分攻击者无法冒用合法用户的 IP 地址发动攻击。

（4）对部分 ICMP 报文的控制将有助于降低 Sniffer 攻击的威胁。

在网络安全日常管理维护和出现病毒爆发或其他突发安全威胁时，合理配置 ACL 将有助于快速定位和清除威胁。

2. 采取静态 IP 地址管理模式

某大学长期以来一直采用校园网用户静态 IP 地址管理模式。所有网络用户入网前需要事先从网络中心申请获取静态 IP 地址。网络中心收到申请后在用户接入的二层交换机上完成一次"用户 MAC 地址-接入交换机端口"的绑定，并在用户楼内三层交换机上实现"用户 IP 地址-MAC 地址"的一一绑定，使用这种方法来确认最终用户，消除 IP 地址盗用等情况。由于网络中心针对校园网中使用的各种不同厂家和类型交换机，都开发了相应的绑定程序，所以所有的绑定管理工作都由程序自动完成，管理人员的工作量并不大。网络中心的网管数据库里存放着全校范围内数千台接入交换机的端口与用户房间端口一一对应的信息数据，以及所有用户的详细使用信息和相关 IP-MAC 资料，所有这些都为建立可管理的安全校园网提供了基础。

这种管理模式的好处很多。一旦出现扫描攻击、垃圾邮件等网络安全事件，根据 IP/MAC/端口可以在第一时间定位来源，从而为采取下一步处理措施提供准确的依据。这样一个完整准确的用户信息系统的存在，为构想中的网络自防御体系创造了条件。

（1）中央集中控制病毒。在病毒的防控方面，学校采取中央集中控制管理的模式，统一采购网络版杀毒软件，免费提供给校内用户使用，使得病毒库可以及时快速升级。此外，建立一个校内网络安全站点，及时发布安全公告，提供一些安全建议和相关安全工具下载也是十分必要的。

冲击波病毒爆发以后，网络中心开始思考如何应对由于微软操作系统漏洞引起的大规模蠕虫病毒感染。当年就建立了微软软件更新（SUS）站点，给校园网用户提供微软操作系统补丁的快速自动更新。目前又建立了微软 Windows 软件更新（WSUS）站点和 Linux 系列操作系统的自动更新站点，提供操作系统、微软 Office 应用程序、SQL 数据库的校内快速自动更新服务。因为 WSUS 的数据库里可以存储所有用户的更新信息，所以网络中心可以掌握校内计算机的漏洞分布情况，且对校内各计算机有没有装补丁一目了然。

（2）积极防范网络攻击。在校园网边界出口部署了 IDS，核心路由器上启用了 NetFlow、sFlow 等进行监控，对关键网络节点通过端口镜像、分光等方式进行进一步网络数据包的分析处理，通过部署基于 Nessus 的漏洞扫描服务器对校园网计算机进行定期安全扫描。及时查看并分析处理这些监控数据和报表有助于在第一时间发现异常网络安全事件并进行及时处理，防患于未然。

实践证明，选用合适的软件和分析处理方式将会大幅度提高工作效率。商业软件固然不错，但很多开源软件（如 Ethereal、Ntop、Nessus 等）在这些方面一样做得很优秀，并且易于用户根据自己的需要进行二次开发。

（3）统一身份认证。对于无线网络的安全而言，用户接入认证是非常关键的。网络中心使用了校内统一身份认证来限制校外用户未经授权的无线访问。由于 WEP 认证具有天然的弱安全性，网络中心又同时提供了基于 IEEE 802.1x 的认证平台进行校内统一身份认证并鼓励用户使用。

9.7.2　个人计算机安全防御

由于现在个人计算机所使用的操作系统多数为 Windows，因此，下面将主要介绍基于 Windows 操作系统的安全防范。

（1）杀毒软件不可少。现在不少人对防病毒有个误区，就是对待计算机病毒的关键是"杀"，其实对待计算机病毒应当以"防"为主。杀毒软件应立足于拒病毒于计算机门外。用户应当安装杀毒软件的实时监控程序，定期升级所安装的杀毒软件，给所用操作系统打相应补丁、升级引擎和病毒特征码。每周要对计算机进行一次全面的杀毒、扫描工作，以便发现并清除隐藏在系统中的病毒。当用户不慎感染上病毒时，应该立即将杀毒软件升级到最新版本，然后对整个硬盘进行扫描操作，清除一切可以查杀的病毒。如果病毒无法清除，或者杀毒软件不能做到对病毒体进行清晰的辨认，那么应该将病毒提交给杀毒软件公司，杀毒软件公司一般会在短期内给予用户满意的答复。面对网络攻击时，第一反应应该是拔掉网络连接端口，或按下杀毒软件上的"断开网络连接"按钮。

（2）个人防火墙不可替代。如果有条件，应安装个人防火墙以抵御黑客的袭击。所谓"防火墙"，是指一种将内部网和公众访问网（Internet）分开的方法，实际上是一种隔离技术。防火墙是在两个网络通信时执行的一种访问控制尺度，它能允许你"同意"的人和数据进入你的网络，同时将你"不同意"的人和数据拒之门外，最大限度地阻止网络中的黑客来访问你的网络，防止他们更改、复制、毁坏重要信息。

（3）分类设置密码并使密码设置尽可能复杂，在不同的场合使用不同的密码。

（4）不下载来路不明的软件及程序，不打开来历不明的邮件及附件。

（5）警惕"网络钓鱼"。目前，网上一些黑客利用"网络钓鱼"手法进行诈骗，如建立假冒网站或发送含有欺诈信息的电子邮件，盗取网上银行、网上证券或其他电子商务用户的账户密码，从而窃取用户资金。公安机关和银行、证券等有关部门应提醒网上银行、网上证券和电子商务用户对此提高警惕，防止上当受骗。目前"网络钓鱼"的主要手法有以下几种。

① 发送电子邮件，以虚假信息引诱用户中圈套。

② 建立假冒网上银行、网上证券网站，骗取用户账号和密码实施盗窃。

③ 利用虚假的电子商务进行诈骗。

④ 利用木马和黑客技术等手段窃取用户信息后实施盗窃活动。

⑤ 利用用户弱口令等漏洞破解、猜测用户账号和密码。

实际上，不法分子在实施网络诈骗的犯罪活动过程中，经常采取以上几种手法交织、配合进行，还有的通过手机短信、QQ 等进行各种各样的"网络钓鱼"不法活动。反网络钓鱼组织（Anti-Phishing Working Group，APWG）最新统计指出，约有 70.8% 的网络欺诈是针对金融机构的。从国内前几年的情况看，大多 Phishing 只被用来骗取 QQ 密码与游戏点卡与装备，但目前国内的众多银行已经多次被 Phishing。可以下载一些工具来防范 Phishing 活动，如 Netcraft Toolbar，该软件是 IE 上的 Toolbar，当用户开启 IEK 中的网址时，就会检查是否属于被拦截的危险或嫌疑网站，若属此范围就会停止连接到该网站，并显示提示。

（6）防范间谍软件。从一般用户能做到的方法来讲，要避免间谍软件的侵入，可以从下面 3 个途径入手。

① 把浏览器调到较高的安全等级。将 Internet Explorer 的安全等级调到"高"或"中"有助于防止下载。

② 在计算机上安装防止间谍软件的应用程序，时常监察及清除计算机的间谍软件，以阻止软件对外进行未经许可的通信。

③ 对将要在计算机上安装的共享软件进行甄别选择。

（7）只在必要时共享文件夹。

（8）不要随意浏览黑客网站、色情网站。

（9）定期备份重要数据。

9.8　PGP 加密/解密系统

PGP 加密软件是美国 Network Associate Inc.出产的免费软件，可用它对文件、邮件进行加密，在常用的 Winzip、Word、ARJ、Excel 等软件的加密功能均可被破解时，选择 PGP 对自己的私人文件、邮件进行加密不失为一个好办法。

下面使用 PGP 软件对 Outlook Express 邮件加密并签名后发送给接收方；接收方验证签名并解密邮件。

（1）安装 PGP。运行安装文件，系统自动进入安装向导，主要步骤如下。

① 选择用户类型，首次安装选择"No，I'm a New User"，如图 9-42 所示。

② 确认安装的路径。

③ 选择安装应用组件，如图 9-43 所示。

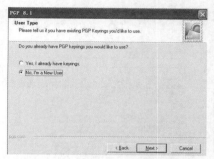

图 9-42　安装 PGP——选择用户类型

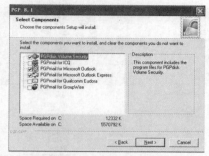

图 9-43　安装 PGP——选择应用组件

④ 安装完毕后，重新启动计算机；重启后，PGP-Desktop 已安装在计算机上（桌面任务栏内出现 PGP 图标）。安装向导会继续 PGP-Desktop 注册，填写注册码及相关信息，如图 9-44 所示，至此，PGP 软件安装完毕。

（2）生成用户密钥对。打开 Open PGP Desktop，在菜单中选择 PGP Keys，在 Key Generation Wizard 提示向导下，创建用户密钥对，如图 9-45 所示。

图 9-44　安装 PGP——填写注册信息

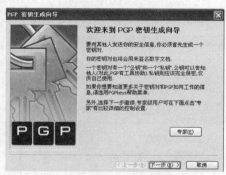

图 9-45　PGP 密钥生成向导

① 首先输入用户名及邮件地址，如图 9-46 所示。

② 输入用户保护私钥口令，如图 9-47 所示。

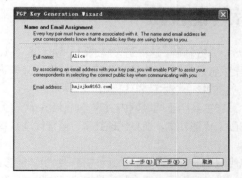

图 9-46　输入用户名及邮箱

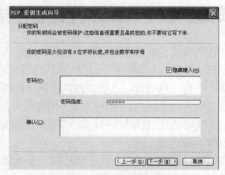

图 9-47　输入用户保护私钥口令

③ 完成用户密钥对的生成，在 PGP keys 窗口内出现用户密钥对信息。

（3）用 PGP 对 Outlook Express 邮件进行加密操作。

① 打开 Outlook Express，填写好邮件内容后，选择 Outlook 工具栏菜单中的 PGP 加密图标，使用用户公钥加密邮件内容，如图 9-48 所示。

② 发送加密邮件，如图 9-49 所示。

图 9-48　选择加密邮件

图 9-49　加密后的邮件

（4）接收方用私钥解密邮件。

① 收到邮件打开后，选中加密邮件后选择复制，打开 Open PGP Desktop，在菜单中选择 PGPmail，在 PGPmail 中选择解密/校验，在弹出的"选择文件并解密/校验"对话框中选择剪贴板，将要解密的邮件内容复制到剪贴板中，如图 9-50 所示。

② 输入用户保护私钥口令后，邮件被解密还原，如图 9-51 所示。

图 9-50　解密邮件

图 9-51　输入用户保护私钥口令

9.9　CCProxy 代理防火墙软件的使用

代理防火墙也叫应用层网关（Application Gateway）防火墙。这种防火墙通过一种代理（Proxy）技术参与一个 TCP 连接的全过程。从内部发出的数据包经过这样的防火墙处理后，就好像是源于防火墙外部网卡一样，从而可以达到隐藏内部网结构的作用，它的核心技术就是代理服务器技术。

CCProxy 是国内最流行的国产代理服务器软件。它主要用于局域网内共享 Modem 代理上网、ADSL 代理共享、宽带代理共享、专线代理共享、ISDN 代理共享、卫星代理共享、蓝牙代理共享和二级代理等共享代理上网。

CCProxy 具有两大功能：代理共享上网和客户端代理权限管理。只要局域网内有一台机器能够上网，其他机器就可以通过这台机器上安装的 CCProxy 来代理共享上网，最大限度地减少了硬件费用和上网费用，也保证了内网安全。只需要在服务器上 CCProxy 代理服务器软件里进行账号设置，就可以方便地管理客户端代理上网的权限。

下面使用 CCProxy 完成共享上网。

使用两台 PC，其中一台做 CCProxy 代理服务器，假设 IP 地址是 192.168.0.1，另一台设置为通过代理访问 Internet 的客户机，假设 IP 地址是 192.168.0.2。

（1）在 192.168.0.1 上安装 CCProxy 代理服务器。首先设置 CCProxy 代理服务器，主界面如图 9-52 所示。

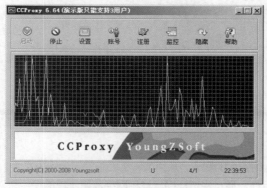

图 9-52　CCProxy 主界面

单击图 9-52 中的"设置"按钮，打开如图 9-53 所示的设置界面，该界面保持默认设置即可，只是各个代理协议所使用的端口需要注意一下，以便在进行客户端设置的时候录入对应的端口。

接着单击"账号"按钮，在打开的"账号管理"对话框中将"允许范围"设置为"允许部分"。选择验证类型为"用户/密码+IP 地址"，然后新建用户 User-001，如图 9-54 所示。

（2）设置 IE 浏览器代理方法。在菜单的"工具"→"Internet 选项"→"局域网设置"中选择使用代理服务器，如图 9-55 所示。

图 9-53　CCProxy 设置界面

图 9-54　CCProxy 账号管理界面

单击图 9-55 中的"高级"按钮，再根据服务器端的参数进行设置，将"代理服务器地址"填写为 CCProxy 代理服务器的 IP 地址（如 192.168.0.1），"端口"填写为 808，端口号要求跟 CCProxy 代理服务器中设置的一样，如图 9-56 所示。

其他应用程序的代理设置，需要根据具体应用程序来决定，但是基本参数是一样的，这样客户机 192.168.0.2 就可以通过安装了 CCProxy 的代理服务器（192.168.0.1）上网了。

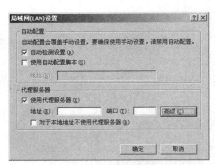

图 9-55　IE 浏览器代理设置

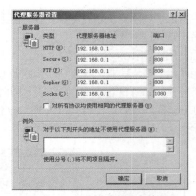

图 9-56　IE 浏览器代理参数设置

本章小结

本章介绍了计算机网络安全的概念，从目前网络面临的安全问题着手，分析了黑客的入侵攻击过程。为了加强自身系统的安全性，通过网络扫描工具和网络监听工具的使用来对系统进行初步防护。同时介绍了木马和拒绝服务攻击的原理和防范措施，进一步保护用户的系统。通过一个校园网、一台个人计算机的网络安全防御方案来阐述计算机网络安全技术的具体应用。最后对加密系统和网络防火墙系统进行了阐述，并通过具体的工具来实现。

习题

1. 简述计算机网络安全的定义。
2. 计算机网络及信息安全的目标有哪几方面？
3. 简述黑客入侵攻击的一般过程。
4. 简述扫描器的功能和作用。
5. 简述 Wireshark 软件的使用过程。
6. 简述木马的工作原理和工作过程。
7. 简述 DoS 攻击的原理和危害。
8. 在构建校园网安全体系时应注意哪几方面的问题？
9. 在构建个人计算机安全体系时应注意哪几方面的问题？
10. 简述 PGP 加密系统的使用过程。
11. 什么是防火墙？防火墙的主要功能是什么？
12. 简述 CCProxy 代理服务器的使用过程。

第 10 章
网络互联技术

10

网络互联技术是计算机网络的一项重要技术，按网络互联的层次，可分为物理层、数据链路层、网络层及高层；按网络互联的类型，可分为局域网与局域网、局域网与广域网、广域网与广域网；按使用到的设备或网络连接附件，可分为路由器、交换机、集线器、中继器、网卡等。

本章主要介绍了网络互联的基本概念以及网络互联时所用的传输介质和互联设备，并详细讲述了网络互联的两个重要设备：路由器和交换机的典型配置及其工程应用。

本章主要学习内容如下。

- 网络互联的类型及层次。
- 常用传输介质的使用。
- 常见网络设备的使用。
- 交换机的配置与典型工程应用。
- 路由器的配置与典型工程应用。

10.1 网络互联基础

世界上存在着各种各样的网络，每种网络都有其独特的技术特点。许多网络使用不同的协议，在寻址技术、用户接入等方面存在较大的差异，所以，这些物理网络并不能直接相连以实现相互通信。然而，随着网络应用的深入发展，各个网络之间有着各种各样的通信需求，必须通过一定的方法将各个独立的物理网络互联起来，实现更大范围的通信和资源共享，网络互联技术应运而生。与之相关的有两个非常重要的概念，就是路由和交换。

路由分为静态路由和动态路由，路由的相关知识在 5.3 节已经详细介绍过，此处不再赘述。交换技术分为电路交换和存储转发交换。交换的相关知识在 2.4 节已经详细介绍过，此处也不再赘述。

10.1.1 网络互联的类型

网络互联是指两个以上的计算机网络通过一定的方法，用一种或多种通信设备相互连接起来，以构成更大的网络系统，其目的是实现更广范围的通信和资源共享。

根据互联的计算机网络类型，网络互联大致可分为以下 3 种主要形式。

1. 广域网与广域网互联

广域网与广域网互联即互联的计算机网络均为广域网。常用的互联设备为支持异种协议和介质的路由器，一般在政府的通信部门或国际组织间进行，普通用户没有机会接触，本书不做重点讨论。

2. 局域网与局域网互联

局域网与局域网互联即互联的计算机网络均为局域网，是最常见的一种网络互联类型。一种情况是，在一个规模较大的机构中往往一开始就设计了多个局域网络；另一种情况是，有些单位，随着业务的发展，单个网段上的计算机数目增多，通信效率明显下降，需要增设网段以分担通信负荷，这就产生了不同局域网段之间的互联问题。

局域网与局域网互联常用的网络互联设备有集线器、交换机和路由器。集线器的连接，实现的是多个局域网的合并，不具有缩小冲突域和广播域的作用；二层交换机的连接，也只能实现多个局域网的合并，其广播域虽扩大了，但可实现缩小冲突域的作用，同时，通过 VLAN 划分，还可实现一定的隔离广播作用；路由器的连接是真正意义上的局域网与局域网互联，可同时实现缩小冲突域和广播域的作用。局域网与局域网之间连接，一般要求速率高、覆盖面积较小，往往由用户自己铺设专用线路或租用专线来实现。

随着网络技术的发展及应用的普及，一个单位（如高校）的内部网络往往存在多个局域网。路由器端口数量有限且路由速度较慢等问题限制了网络的规模和访问速度，三层交换机便应运而生。三层交换机就是具有部分路由器功能的交换机。三层交换机的最重要目的是加快大型局域网内部的数据交换速度，其所具有的路由功能也是为这一目的服务的，其具有路由转发速度快、端口数目多等特点，越来越受到大中型局域网用户的青睐。

3. 局域网与广域网互联

局域网与广域网互联即互联的计算机网络在局域网和广域网之间进行，可扩大数据通信的联通范围，将不同单位或机构使用的局域网连入范围更大的网络系统。其扩大的范围可以超越城市甚至国界，形成世界范围的数据通信网络。同时，在局域网与局域网的连接中，当互联的局域网分布的地理位置过大时，就必须采用广域网连接的技术手段，这就形成了局域网与广域网互联模式。

在局域网与广域网互联技术中，路由器、三层交换机都是最常用的互联设备。局域网和广域网连接，常常使用公共传输系统或租用专线。

10.1.2　网络互联的层次

网络互联具有很强的层次性，不同层次的互联所解决的问题、实现的方法是不同的。从通信协议的角度来看，网络互联可以分为以下 4 个层次。

1. 物理层

物理层是以比特流的形式传送数据信息的。通过物理层的互联，实现信息在不同传输介质中的转换和传输。物理层互联主要用于分布在不同地理范围内的各局域网的互联中，它要求所连接的各网络的数据传输率和链路层协议必须相同。常用的物理层互联设备是中继器和集线器。

2. 数据链路层

数据链路层是以帧为单位进行数据信息传送的。从一条链路上收到一个帧后，先检查其链路层协议，然后转发，与网络层协议无关。所以，数据链路层互联可用于两个或多个局域网的连接。常用的数据链路层互联设备是网桥和二层交换机。

3. 网络层

网络层互联主要解决的是路由选择、拥塞控制和差错恢复等问题，所以，它主要用于广域网互联环境中。常用的网络层互联设备是路由器和三层交换机。

4. 传输层及以上高层

由传输层向上解决的是端到端的通信问题。它们没有相应统一的标准的协议，所以高层互联是非常复杂的和多样化的，高层互联的核心是不同协议的转换。常把负责协议转换的互联设备统称为网关。

10.2　网络传输介质的使用

传输介质也称为传输媒体或传输媒介，它是连接网络中各个站点的物理通道。在计算机网络应用日益普及的今天，传输介质的使用也越来越丰富。按照传输介质分类，计算机网络可分为有线网络和无线网络两种。有线网络指的是采用双绞线、同轴电缆、光纤等有形传输介质连接计算机的网络。无线网络指的是采用无线电、微波等无形传输介质连接计算机的网络。

10.2.1　有线传输介质

有线传输介质是目前最常用的传输介质。

1. 同轴电缆

同轴电缆是以太网中使用最广泛的传输介质之一，20 世纪 80 年代至 20 世纪 90 年代初期，粗、细轴电线都是以太网的基础，在现代局域网中，双绞线的使用日渐增多。

同轴电缆的结构如图 10-1 所示。同轴电缆由内导体、绝缘层、外屏蔽层和塑料外皮组成。内导体是铜质芯线，它可以用单股的实心导线，也可以用多股的绞合线；外屏蔽层可以是单股线也可以是编织的网状线；最外面是塑料绝缘保护套层（塑料外皮）。

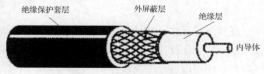

图 10-1　同轴电缆结构图

在同轴电缆中，内导体铜线传输电磁信号；外屏蔽层可以屏蔽噪声，也可以作为信号地；绝缘层通常由塑料制品组成，它将铜线与外屏蔽层隔开以避免短路；塑料外皮可使电缆免遭物理性破坏，它通常由柔韧性较好的防火塑料制品制成。同轴电缆的这种结构使得它具有良好的抗干扰性能。

按照特征阻抗数值的不同，同轴电缆可分为两类：50 Ω同轴电缆和 75 Ω同轴电缆，50 Ω同轴电缆主要用于以太网连接，75 Ω同轴电缆主要用于有线电视连接。

（1）50 Ω同轴电缆。50 Ω同轴电缆主要用于在数据通信中传输基带数字信号，因此，又称为基带同轴电缆，在局域网中有广泛使用。同轴电缆的传输速率和距离有关，一般来说，传输速率越高，支持的传输距离就越短。根据同轴电缆的直径粗细，50 Ω的基带同轴电缆又可分为粗缆和细缆两种。

① 粗缆。粗缆直径约为 1 cm，常用的粗同轴电缆的型号有 RG-8 和 RG-11。粗缆组网时必须安装收发器和使用收发器电缆，采用收发器电缆与工作站网卡上的 AUI 粗缆接口相连。粗缆安装较为复杂，总体成本也较高，但安装时不需切断电缆，因此可以根据需要灵活调整计算机的入网位置。粗缆连接距离长，可靠性高，所以适用于比较大的局域网络，用作网络主干。收发器结构示意图和粗缆组网示意图如图 10-2、图 10-3 所示。

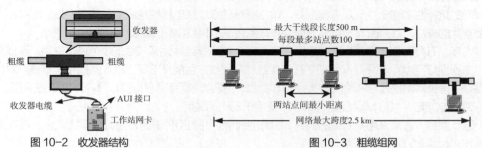

图 10-2　收发器结构　　　　　　　　　　图 10-3　粗缆组网

② 细缆。细缆直径约 0.5 cm，常用的细同轴电缆的型号为 RG-58/U。细缆组网时比较简单，成本低，连接工作站时，一般采用 T 形连接器（俗称 T 形头）与工作站网卡上的 BNC 接口连接。由于装 BNC 头时需切断电缆，所以，细缆组网有一个主要缺点是 BNC 接头上的连接容易松动，形成接触不良的隐患，这是细缆网络最常发生的故障之一。细缆适用于小型局域网组网。细缆组网示意图如图 10-4 所示。

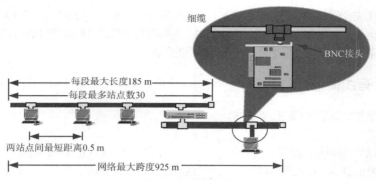

图 10-4　细缆组网

在实际应用中，由于粗缆可以传输更长的距离，而细缆比较经济，所以可以将粗缆和细缆结合起来使用。一般可以通过一个粗细转接器来完成粗缆和细缆的连接，粗细缆混连时，网络干线段长度为 185～500 m，也可以通过中继设备将粗缆网段和细缆网段相连接。

（2）75 Ω同轴电缆。75 Ω同轴电缆用于模拟传输系统，它是有线电视系统（CATV）中的标准电缆。在这种电缆上传送的信号采用了频分复用的宽带信号，所以，75 Ω同轴电缆又称为宽带同轴电缆，本书不再详细介绍。

2. 双绞线电缆

双绞线电缆是最常用的传输介质。把两根相互绝缘且并排放置的铜导线用规则的方法绞合起来就构成了双绞线，绞合可以减少对相邻导线的电磁干扰。将一定数量的双绞线捆在一起，外面包上护套就是双绞线电缆。一般一根电缆中包含多对双绞线，线对数量视用途在 2 至 1 800 对间选择，局域网中常用的线缆通常是 4 对 8 芯的双绞线电缆，有 1 层塑料外包皮，内部由 8 根具有绝缘保护层的铜导线组成，且两两绞在一起。双绞线可以分为屏蔽双绞线和非屏蔽双绞线两大类。

双绞线既适于模拟信号传输，又适于数字信号传输，因此，其在计算机网络和电话系统中都得到了广泛的应用。

（1）非屏蔽双绞线。非屏蔽双绞线（Unshielded Twisted Pair，UTP）由多对双绞线对和一层塑料外套构成，如图 10-5 所示。

由于双绞线缆含有多对线对，在相邻线对之间会产生信号干扰，需要对各线对提供隔离。在一对电线中，每英寸的缠绕越多，对所有

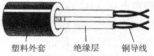

图 10-5　非屏蔽双绞线

形式的噪声的抗噪性就越好，所以，质量越好、价格越高的双绞线电缆缠绕密度越大。但是，缠绕密度的增大会导致更大的衰减，为了最优化性能，电缆生产厂商必须在串扰和减小衰减之间取得一个平衡。

1991 年，TIA 和 EIA 两个标准化组织在 TIA/EIA 568 标准中对双绞线的规范做了说明。该标准把非屏蔽双绞线分为了 5 类。后来，又出现了超 5 类线和 6 类线，目前又出现了超 6 类线和 7 类线。对计算机网络来说，目前最常用的 UTP 是超 5 类线和 6 类线。前四类线目前很少使用，本书不再详细介绍。

① 5 类线，支持 100 Mbit/s 的速率，广泛用于现代局域网。

② 超 5 类线，通常采用高质量的铜线、更高的缠绕，并使用先进的方法减少串扰。超 5 类线主要用于吉比特位以太网(1 000 Mbit/s)。

③ 6 类线，包括 4 个线对。每对电线被箔绝缘体包裹，另一层箔绝缘体包裹在所有线对的外面，同时一层防火塑料封套包裹在第二层箔层外。箔绝缘体对串扰起了很好的抵抗作用，六类布线的传输性能远远高于超 5 类标准，最适用于传输速率高于 1 Gbit/s 的应用。

④ 超 6 类线,此类产品传输带宽介于 6 类和 7 类之间,传输频率为 500 MHz,传输速度为 10 Gbit/s,标准外径 6 mm。

⑤ 7 类线，传输频率为 600 MHz，传输速度为 10 Gbit/s，单线标准外径 8 mm，多芯线标准外径

6 mm。

无论是哪一种线，衰减都随频率的升高而增大。类型数字越大、版本越新，技术越先进、带宽也越宽，当然价格也越高。

非屏蔽双绞线相对便宜、灵活且易于安装，无屏蔽外套，较细小，节省空间，非常适合于结构化布线，其连接的网络结构属于星形拓扑结构。

（2）屏蔽双绞线。为了提高双绞线的外界抗干扰性，在双绞线的外面再加上一个金属屏蔽层，就是屏蔽双绞线（Shielded Twisted Pair，STP），如图 10-6 所示。

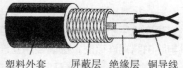

图 10-6　屏蔽双绞线

屏蔽双绞线具有非屏蔽双绞线的所有优点和缺点。同时，它比 UTP 电缆能更好地隔离外部的各种干扰，具有更高的传输速率。通常，STP 电缆比 UTP 电缆更贵一些。

屏蔽双绞线的安装比非屏蔽双绞线的安装要复杂一些，它必须配有支持屏蔽功能的特殊连接器及相应的安装技术。不恰当地连接 STP 线时会产生很多问题，屏蔽层可能会作为天线从其他导线中吸收信号和噪声，使得 STP 电缆不能工作，所以，屏蔽双绞线常用于一些特殊环境。

（3）双绞线的使用。作为局域网的常用传输介质，非屏蔽双绞线在组网中起着重要的作用。为了使用方便，UTP 中的 8 根电线采用了不同的颜色标志，分别为橙和橙白、绿和绿白、蓝和蓝白、棕和棕白。颜色和线号的对应关系如图 10-7 所示。

关于双绞线的色标和排列方法有统一的国际标准。即 TIA/EIA 568-A 和 TIA/EIA 568-B。具体如表 10-1 所示。

表 10-1　两种标准线序

引脚号	1	2	3	4	5	6	7	8
TIA/EIA 568-A	绿/白	绿	橙/白	蓝	蓝/白	橙	棕/白	棕
TIA/EIA 568-B	橙/白	橙	绿/白	蓝	蓝/白	绿	棕/白	棕
绕对	同一绕对		与6	同一绕对		与3	同一绕对	

以太网中的各个站点在进行信息传输时，用 1、2 线发送数据，3、6 线接收数据。UTP 电缆用 RJ-45 接头（俗称水晶头）和其他设备相连接。图 10-8 所示为一个水晶头和一根制作好的带有 RJ-45 接头的网络线缆。在制作网线时，可以使用专门的剥线/压线钳工具。

图 10-7　UTP 中颜色与线号对应关系　　　　图 10-8　RJ-45 接头和一根网线

设备的 RJ-45 接口有两种类型，分别为 MDI 接口和 MDI-X 接口。常见的网络设备中，计算机的网卡和路由器接口属于 MDI 类型，其 1、2 线负责发送数据，3、6 线负责接收数据；集线器和交换机接口属于 MDI-X 类型，其 1、2 线负责接收数据，3、6 线负责发送数据。在通信过程中，设备间连接要遵守的规则是，本端的发送线和对端的接收线连接；本端的接收线和对端的发送线连接。这样，不同的设备连接情况，对制作网线的过程中线对的排列顺序要求也不同，因此可以把 UTP 电缆分为直连线和交叉线两种类型。

① 直连线。直连线也叫直通线或平行线，它是指制作线缆时，网线两端的线序排列相同，一般采用 EIA/TIA 568-B 标准，呈平行状态，如图 10-9 所示。

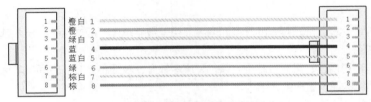

图 10-9　直连线线对排列示意图

直连线用于不同类型的接口相连。如计算机与集线器、计算机与交换机、集线器与路由器以及交换机与路由器相连接时，都需要用直连线。

② 交叉线。交叉线在制作过程中，网线两端的线序排列不同，一端采用 EIA/TIA 568-B 标准，另一端采用 EIA/TIA 568-A 标准，呈交叉状态，如图 10-10 所示。

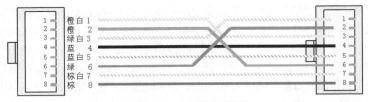

图 10-10　交叉线线对排列

交叉线用于同类型接口相连。如计算机与计算机、路由器与路由器以及计算机与路由器相连接时，都需要用交叉线。

（4）双绞线的制作与测试。

① 相关实验工具：非屏蔽双绞线、水晶头、压线钳、测试仪。

② 制作步骤：剥线→理线→切线→插线→压线→测线。

③ 制作过程如下。

步骤 1：剥线

将双绞线端头伸入剥线刀口，使线头触及前挡板，然后适度握紧压线钳同时慢慢旋转双绞线，让刀口划开双绞线的保护胶皮，取出端头从而拨下保护胶皮 2~3 cm，如图 10-11 所示。

步骤 2、3：理线和切线

将两两缠绕的铜导线分开，按照布线标准重新排列。如果是交叉线，一端采用 TIA/EIA 568-A 标准，另一端采用 TIA/EIA 568-B 标准；如果是平行线，两端都采用 TIA/EIA 568-B 标准。将裸露出的双绞线用压线钳剪下只剩约 14 mm，如图 10-12 所示。

图 10-11　剥线

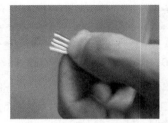

图 10-12　理线和切线

步骤 4：插线

将剪好的双绞线用左手捏紧不动，线序保证是从左到右，右手拿 RJ-45 水晶头，将弹片朝下，然后将排序好的双绞线 8 根线缆平行插进水晶头的 8 个凹槽内，并确保线缆至水晶头顶部。关键在于水晶头接头处，双绞线的外保护层需要插入水晶头 5 mm 以上，而不能在接头外，因为当双绞线受到外界的拉力时受力的是整个电缆，否则受力的是双绞线内部线芯和接头连接的金属部分，容易造成脱落，如图10-13 所示。

步骤 5：压线

将双绞线的每一根线依序放入 RJ-45 水晶头的引脚内，确保每根线在水晶头内正确且线缆和金属触点相接触。然后用压线钳进行匀力相压，如图 10-14 所示。

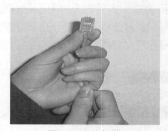 

图 10-13　插线　　　　　　　　　　　　　图 10-14　压线

重复以上步骤，完成双绞线的另一端制作。

步骤 6：测线

双绞线制作完成后，为了验证其联通性的好坏，需要使用测试仪进行测试。将双绞线的两端接到测试仪两端，打开测试仪开关，如果是交叉线，遵循 1~3、2~6 规则；如果为平行线，测试仪指示灯应该依次从 1 同步亮到 8，如图 10-15 所示。

图 10-15　测线

3. 光纤

20 世纪 70 年代以来，通信和计算机技术发展十分迅速，信息的传输速率提高得很快，传统的传输介质已不能满足其发展需求。光纤以其高带宽、高抗干扰性和低损耗的突出优势成为发展最迅速也最有前途的传输介质。

（1）光纤的成分。光纤是一种能够传导光信号的极细且柔软的介质。通常所用的光缆都是由若干根光纤组成的，制作光纤的成分主要有以下 3 种。

① 超纯二氧化硅。采用超纯二氧化硅制成的光纤，性能最好，但是成本太高，一般不用。

② 塑料纤维。采用塑料纤维制造光纤成本最低，但性能最差，有时可用于短距离通信。

③ 多成分玻璃纤维。性能价格比最高，应用最广泛。

（2）光纤的结构。光纤由纤芯和包层两部分构成。纤芯传播光波信号，包层和纤芯相比折射率较低。根据折射定律，当光从折射率高的一侧射入折射率低的一侧时，只要入射角大于临界值，就会发生全反射，此时，纤芯中的光线碰到包层时就会折射回纤芯，能量将不受损失。这个过程不断重复，光也就沿着光纤传输下去。所以，包层的作用就是把光反射回纤芯，防止光能量的泄漏，这也正是光纤的传输原理。

实际应用的光纤外部还有一个保护层，它用于提高光缆强度，防止光纤受外界温度、弯曲、拉伸等影响而折断。光缆的构成如图 10-16 所示，光在光纤中的传播如图 10-17 所示。

护套　包层　纤芯

图 10-16　光缆的构成　　　　　　　　图 10-17　光在光纤中的传播

（3）光纤的分类。描述光纤有两个尺寸参数：纤芯直径和包层直径，它们的度量单位都是μm。例如，62.5/125 μm 光纤电缆是指该光纤的纤芯直径为 62.5 μm，包层直径为 125 μm。

现在计算机网络中最常采用的光纤分类方法是按照传输点模数的不同来分类。"模"是指以一定角度进入光纤的一束光。根据传输点模数的不同，光纤可分为单模光纤和多模光纤两大类。

① 单模光纤。主要用于长距离通信，其纤芯直径为 8～10 μm，包层直径为 125 μm，提供单条光通路。单模光纤使用的光源一般是激光二极管，所以，单模光纤的带宽度、衰减小、容量大，能以很高的速率进行长距离传输。但单模光纤的纤芯一般较细，制造成本较高，而且光源昂贵，所以，通常在建筑物之间或地域分散时使用。

② 多模光纤。多模光纤可以同时支持多路光波进行传输，多模光纤采用普通的发光二极管作光源，传输距离不如单模光纤长，容量也比单模光纤小。但是多模光纤成本低，常应用于建筑物内或地理位置相邻的环境下。最常用的多模光纤尺寸为 62.5/125 μm。单模光纤和多模光纤传输的比较如图 10-18 所示。

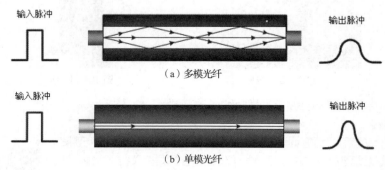

图 10-18　单模光纤与多模光纤的比较

按照波长范围划分，光纤有 3 类：0.85 μm 波长区、1.30 μm 波长区和 1.55 μm 波长区。其中，0.85 μm 波长区为多模光纤通信方式，1.55 μm 波长区为单模光纤通信方式，1.30 μm 波长区有多模和单模两种。

（4）光纤传输电信号的过程。光纤传输电信号的过程示意图如图 10-19 所示。

图 10-19　光纤传输电信号过程

用光纤来传输电信号时，在发送端要将其转换成光信号，在接收端用光检波器还原成电信号。对光载波调制时，典型的做法是在给定的频率下，以光的"有"和"无"来表示两个二进制数字。有 3 种方法可以增强光功率：一是放大信号，在发送端加放大器，提高入射光的功率；二是在接收端加放大器提高接收能力；三是当建筑群距离较远时，可以进行在线中继放大。

（5）光纤的应用。因为光纤传输的是光信号，所以它使用时有一些特殊的性质。

首先，光缆不易分支，一般用于点对点的连接；其次，由于每根光纤只能单向传送信号，因此要实现双向通信，光纤必须成对出现，一条发送，另一条接收。另外，光纤在使用时接头要干净、无磨损，以保证光通路的畅通。

光纤有 3 种连接方式：永久性连接、应急连接和活动连接。

① 永久性连接（又叫热熔）。这种连接是用放电的方法将两根光纤的连接点熔化并连接在一起。一般用于长途接续、永久或半永久固定连接。其主要特点是连接衰减在所有的连接方法中最低，典型衰减值为 0.01～0.03 dB/点。但连接时，需要专用设备（熔接机）和专业人员进行操作，而且，连接点也需要专用容器保护起来。

② 应急连接（又叫冷熔）。应急连接主要是用机械和化学的方法，将两根光纤固定并黏接在一起。这种方法的主要特点是连接迅速、可靠，连接典型衰减值为 0.1～0.3 dB/点。但连接点长期使用会不稳定，衰减也会大幅度增加，所以，只能短时间内应急用。

③ 活动连接。活动连接是利用各种光纤连接器件（插头和插座），将站点与站点或站点与光缆连接起来的一种方法。这种方法灵活、简单、方便、可靠，多用在建筑物内的计算机网络布线中。其典型衰减值为 1 dB/点。

在架设光纤时，不能把光纤拉得太紧，也不能弯成直角。平时架设光缆时会预留些长度，那是因为光纤断了后会缩短，预留长度以备连接使用，以减少不必要的光能量损失。

（6）光纤的特点。光纤除了能够提供比铜线更大的通信容量外，还有以下特点。

① 传输损耗小，中继距离长，非常适合于远距离通信。

② 抗雷电和电磁干扰性好。

③ 光纤不漏光并且难于拼接，这使得它很难被窃听，保密性强。

④ 体积和质量小，在现有电缆管道拥塞的情况下非常有用，也可以降低安装费用。

⑤ 光纤接口较贵，精确连接光纤需要专用设备，成本高。

10.2.2　无线传输介质

对于一些特殊环境，有线传输介质在应用时会显示出其局限性。当通信线路要通过一些高山或岛屿时，有时很难施工；当通信距离很远时，铺设电缆会显得昂贵又费时；对于移动用户上网，双绞线、同轴电缆和光纤都无法满足其要求。这时，可以采用无线通信来解决问题。

常用的无线传输介质和通信方式有微波、红外线、卫星及移动通信等，读者可参考有关书籍学习，在此因篇幅所限不再赘述。

10.3　常见的网络互联设备

网络互联设备是实现网络互联的关键，这些互联设备（包括网络互联附件）在实现网络连接功能时对应于 OSI 参考模型的不同层次，有着不同的功能特点和应用环境。交换机和路由器等常见网络互联设备已在第 4 章和 5 章详细介绍过，在此也不再赘述，本节重点介绍三层交换机和网关等网络互联设备的作用和使用。

10.3.1　三层交换机

三层交换机就是具有部分路由器功能的交换机。使用三层交换机最重要的目的就是加快大型局域网内部的数据交换速度，其所具有的路由功能也是为这个目的服务的，能够做到一次路由，多次转发。对于数据包转发等规律性的过程由硬件高速实现，而路由信息更新、路由表维护、路由计算、路由确定等功能由软件实现。

1．应用背景

出于安全和管理方便的考虑，为了减小广播风暴的危害，必须把大型局域网按功能或地域等因素划分成多个局域网。这就使 VLAN 技术在网络中得以大量应用，而各个不同 VLAN 间的通信都要经过路由器来完成转发，随着网间互访信息量的不断增加，由于路由器端口数量有限，单纯使用路由器来实现网间访问，路由速度较慢，所以极大限制了网络的规模和访问速度。基于这种情况，三层交换机便应运而生。三层交换机是为 IP 设计的，接口类型简单，拥有很强的二层包处理能力，非常适用于大型局域网内的数据路由与交换。它既可以工作在第三层替代或部分实现传统路由器的功能，同时具有接近第二层的交换速度，且价格相对较低。

在企业网和教学网中，一般会将三层交换机用在网络的核心层，用三层交换机上的吉比特端口或百兆端口连接不同的子网或 VLAN。不过应认识到三层交换机出现的最重要目的是加快大型局域网内部的数据交换，所具备的路由功能也多是围绕这一目的而展开的，所以它的路由功能没有同一档次的专业路由器强，在端口类型、安全、协议支持等方面还有许多欠缺，并不能完全取代路由器。

2. 工作原理

三层交换机使用了三层交换技术，简单地说，三层交换技术就是二层交换技术加上三层转发技术，它解决了局域网中网段划分之后子网之间必须依赖路由器进行管理的问题，解决了传统路由器低速转发包所造成的网络通信瓶颈的主要问题。

三层交换机工作原理如下。假设两个使用 IP 的站点 A、B 通过三层交换机进行通信，发送站点 A 在开始发送时，把自己的 IP 地址与 B 站的 IP 地址比较（网络地址比较），判断 B 站是否与自己在同一子网内。若目的站 B 与发送站 A 在同一子网内，则进行二层的转发。若两个站点不在同一子网内，如发送站 A 要与目的站 B 通信，发送站 A 要向"默认网关"发出 ARP（地址解析）封包，而"默认网关"的 IP 地址其实是三层交换机的三层交换模块。当发送站 A 对"默认网关"的 IP 地址广播出一个 ARP 请求时，如果三层交换模块在以前的通信过程中已经知道 B 站的 MAC 地址，则向发送站 A 回复 B 的 MAC 地址；否则三层交换模块根据路由信息向 B 站广播一个 ARP 请求，B 站得到此 ARP 请求后向三层交换模块回复其 MAC 地址。三层交换模块保存此地址并回复给发送站 A，同时将 B 站的 MAC 地址发送到二层交换引擎的 MAC 地址表。从这以后，A 向 B 发送的数据包便全部交给二层交换处理，信息得以高速交换，即"一次路由，多次转发"。由于仅仅在路由过程中才需要三层处理，绝大部分数据都通过二层交换转发，因此三层交换机的交换速度很快，接近二层交换机的交换速度。

3. 使用特点

目前，在校园网、城域网建设中，核心层、汇聚层、接入层都有三层交换机的应用，尤其是核心层一定要用三层交换机，否则整个网络成百上千台的计算机都在一个子网中，不仅毫无安全可言，也会因为无法分割广播域而无法隔离广播风暴。如果采用传统的路由器，虽然可以隔离广播，但是性能得不到保障。而三层交换机的出现恰好解决了这一难题。

三层交换机的使用具有以下主要特点。

（1）高可扩充性。三层交换机在连接多个子网时，子网只是与第三层交换模块建立逻辑连接，不像传统外接路由器那样需要增加端口，从而满足用户 3～5 年网络应用快速增长的需要。

（2）高性价比。三层交换机具有连接大型网络的能力，功能基本上可以取代某些传统路由器，但是价格较同档次、同样接口数量的路由器要低。

（3）适合多媒体传输。三层交换机具有 QoS 的控制功能，可以给不同的应用程序分配不同的带宽。例如，在校园网中传输视频流时，就可以专门为视频传输预留一定量的专用带宽，相当于在网络中开辟了专用通道，其他的应用程序不能占用这些预留的带宽，因此能够保证视频流传输的稳定性。而普通的二层交换机就没有这种特性，因此在传输视频数据时，会出现视频忽快忽慢的抖动现象。

另外，视频点播（VOD）也是教育网中经常使用的业务。由于有些视频点播系统使用广播来传输，而广播包是不能实现跨网段的，这样 VOD 就不能实现跨网段进行。如果采用单播形式实现 VOD，虽然可以实现跨网段，但是支持的同时连接数非常少，一般几十个连接就占用了全部带宽。而三层交换机具有组播功能，VOD 的数据包以组播的形式发向各个子网，既实现了跨网段传输，又保证了 VOD 的性能。

10.3.2 网关

网关（Gateway）实现的网络互联发生在网络层以上，它是网络层以上互联设备的总称。网关可以设在服务器、微机或大型机上。网关具有强大的功能并且大多时候都和应用有关，它们比路由器的价格要高一些。由于网关传输更可靠，所以传输数据的速度比交换机或路由器低，有造成拥塞的可能。

网关是软件和硬件的组合，通过使用适当的硬件与软件来实现不同协议之间的转换功能。软件实现不同的互联网协议之间的转换，硬件提供不同网络的接口。由于网关连接的是不同体系结构的网络结构，所以网关往往是针对某一特定应用的专用连接，没有通用的网关。

常见的网关如下。

（1）电子邮件网关。通过这种网关，可以从一个系统向另一个系统传输数据，它允许使用不同系统电子邮件的人相互通信。

（2）Internet 网关。这种网关允许并管理局域网和 Internet 的接入。它可以限制某些局域网用户访问 Internet。

（3）WAP 网关。这种网关负责连接无线网和 Internet，同时还作为获取数据的代理服务器。它负责从 Internet 标准协议到 WAP 协议的转换。

（4）IBM 主机网关。通过这种网关，可以在一台个人计算机和 IBM 大型机之间建立和管理通信。

10.3.3　其他网络连接附件

1. 网卡

网络接口卡（Network Interface Card，NIC）简称网卡，有时也叫网络适配器。它是插在计算机总线插槽内或某个外部接口上的扩展卡，充当计算机和网线之间的物理接口或连接，从而达到将计算机接入网络的目的。每个网卡出厂时，都被分配了一个全世界唯一的地址，称为物理地址或 MAC 地址。网卡地址由 IEEE 负责分配，该地址由一个 6 字节的二进制串组成，前 3 字节代表厂商代码，后 3 字节由厂商自己分配，这样可以保证网卡地址的唯一性。

由于网络的传输介质不同，网卡的接口类型也各有不同。粗同轴电缆接口为 AUI 接口，细同轴电缆接口为 BNC 接口，这两种接口目前已很少见。目前，广为使用的是和双绞线相连的 RJ-45 接口，还有和光纤相连的 SC 接口的光纤网卡。

2. 光纤收发器

光纤收发器是一种将短距离的双绞线电信号和长距离的光信号进行互换的以太网传输媒体转换单元，在很多地方也被称为光电转换器，如图 10-20 所示。在一些规模较大的企业、网络建设时直接使用光纤作为传输介质建立骨干网，而内部局域网的传输介质一般为双绞线。光纤收发器将双绞线电信号和光信号进行相互转换，确保了数据包在两个网络间传输顺畅，同时它将网络的传输距离极限从双绞线的 100m 扩展到几十甚至上百千米。

图 10-20　光纤收发器

目前，国外和国内生产光纤收发器的厂商很多，产品也极为丰富。为了保证与其他厂家的网卡、集线器和交换机等网络设备互联的兼容性，光纤收发器产品必须严格符合 100BASE TX-FX、1 000BASE TX-FX 等以太网标准。

10.4　交换机的典型配置与应用

交换机是交换技术具体应用和实现的载体。从工作在 ISO/OSI 参考模型的层次划分，可分为二层交换机（如 Cisco Catalyst 2950）、三层交换机（如 Cisco Catalyst 3550）及四层交换机（如 Cisco Catalyst 4006）；从在网络工程中所承担的任务划分，可分为接入层、汇聚层及核心层交换机。常用的二层交换机的主要配置包括基本配置、VLAN 配置和 STP 配置等，三层及以上交换机的配置还包括 IP 路由协议配置、访问列表配置、服务质量和流量控制配置等。用户应根据网络的需求和所选设备的具体应用情况，先进行规划和设计，经分析确认后，有选择地依次对网络中的每个交换机进行相应的功能配置。

下面主要以 Cisco 的二层交换机 Cisco Catalyst 2950 为例，由浅入深地介绍交换机的主要配置与应用。

10.4.1　交换机的配置基础

1．交换机的配置方式

交换机的配置方式可分为配置向导和手工配置两类。同路由器一样，一个新交换机进行第一次加电启动后，会自动运行配置向导，利用配置向导可以通过问答的形式对交换机进行初始配置。但使用交换机的配置向导只能完成一些基本的初始配置，对于更为详细的参数、选项和功能设置，只能通过手工配置的方式来完成。手工配置方式有超级终端、Telnet 和 Web 等方式，常用的主要是超级终端和 Telnet 方式，且一般在 CLI 命令行状态下进行。

（1）超级终端方式。该方式主要用于交换机的初始配置，交换机不需要具有 IP 地址。基本方法是：计算机通过 COM1/COM2 口和交换机的 Console 口连接，在计算机上启用"超级终端"程序，设置"波特率：9 600，数据位：8，停止位：1，奇偶校验：无，校验：无，数据流控制：无"即可。

（2）Telnet 方式。该方式配置要求交换机必须配置了管理 IP 地址。基本方法是：计算机通过网卡和交换机的以太网接口直接相连，计算机的网卡和交换机的以太网接口的 IP 地址必须在同一网段。

2．交换机的工作模式

在 CLI 命令行状态下，交换机主要有以下 4 种工作模式。

（1）一般用户模式，主要用于查看交换机的基本信息，只能执行少数命令，不能对交换机进行配置。默认提示符为 Switch>。

（2）使能（特权）模式，主要用于查看、测试、检查交换机或网络，不能对接口、VLAN 及 STP 等进行配置。默认提示符为 Switch #；进入方法为 Switch >enable。

（3）全局配置模式，主要用于配置交换机的全局性参数。提示符为 Switch (config)#；进入方法为 Switch #config ter。

（4）全局模式下的主要子模式，包括接口、线路等。其进入和提示符如下。

```
Switch (config)#ineterface e0     //进入接口模式
Switch (config-if)#           //接口模式提示符
Switch (config)#line con 0    //进入线路模式
Switch (config-line)#     //线路模式提示符
Switch (config)#vlan 10     //进入 VLAN 模式
Switch (config-vlan)#        //VLAN 模式提示符
```

> **注意**　也可以在 **enable** 状态下，进入 **VLAN** 配置模式，方法如下。
>
> ```
> Switch# vlan database          //进入 VLAN 配置模式
> Switch (vlan)#              //VLAN 模式提示符
> ```

3．命令行的使用及常用命令

（1）"？""Tab"的使用。键入"？"得到系统或命令的帮助；键入"Tab"则得到补充命令。

（2）命令行操作组合键的使用。

Ctrl+P：恢复上一条命令组合键。

Ctrl+N：恢复下一条命令组合键。

Ctrl+B：左移光标组合键。

Ctrl+F：右移光标组合键。

（3）其他常用命令。

① 改变命令状态的命令。常见改变命令状态的命令如表 10-2 所示。

表 10-2　常见改变命令状态的命令

任务	命令	任务	命令
进入特权命令状态	enable	退到根层命令	Ctrl+C
进入全局设置状态	config terminal	进入端口设置状态	interface type slot/number
退出一层命令	exit/end		

② 查看命令。常见的查看命令如表 10-3 所示。

表 10-3　常见的查看命令

任务	命令	任务	命令
查看版本及引导信息	show version	查看 VLAN 信息	show vlan
查看 flash 版本	show flash	查看 MAC 地址表	show mac-address-table
查看运行设置	show running-config	查看 VTP 信息	show vtp status
查看开机设置	show startup-config	查看 STP 信息	show spanning-tree
查看端口信息	show interface *type slot/number*		

③ 复制命令。主要用于 IOS 及配置文件的保存/备份、恢复/升级，具体的命令格式如图 10-21 所示。

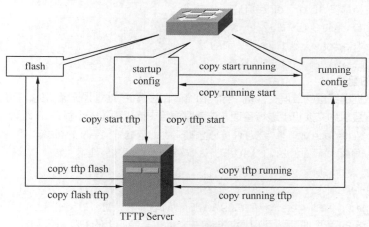

图 10-21　IOS 及配置文件的保存/备份、恢复/升级

④ 网络命令。常见的网络命令如表 10-4 所示。

表 10-4　常见的网络命令

任务	命令
登录远程主机	telnet hostname|IP address
网络侦测	ping hostname|IP address
路由跟踪	Traceroute hostname|IP address

10.4.2　交换机的基本配置

　　交换机的基本配置主要包括交换机命名、配置口令及加密、配置相关接口、配置管理 IP、配置保存与加载等，它是用户在科学管理大中型网络时必须进行的配置，是后续其他配置的基础。

1. 交换机的命名

交换机的名字被称作主机名（Hostname），它会在系统提示符中显示，在集中配置一个多交换机环境的网络中，交换机的统一命名会给管理与配置网络中的交换机带来极大的方便。

交换机的系统默认名字是 Switch。命名需要在全局配置模式下完成，方法如下。

```
Switch#config   ter   //进入全局配置模式
Switch(config)#hostname   switch-1   //命名为"switch-1"
```

2. 配置口令及加密

交换机的口令主要有 enable 口令、Console 口口令及 Telnet 口令等，通过口令配置，提高系统的安全性。

（1）enable 口令（特权用户）。

```
Switch(config)#enable password hnjz   //配置 enable 口令为"hnjz"，明文显示
Switch(config)#enable secret jz1618   //配置 enable 加密口令为"jz1618"，密文显示
```

（2）Console 口口令。

```
Switch(config)#line console 0   //进入 Console 口
Switch(config-line)#password 1618   //配置 Console 口口令为"1618"
Switch(config-line)#login   //提示口令检查
```

（3）Telnet 口令。如果要使用 Telnet 来登录网络中的交换机进行管理与配置，必须配置 Telnet 口令。交换机一般支持最多 16 个 Telnet 用户。

```
Switch(config)#line vty 0 15   //进入 vty 0 15
Switch(config-line)#password cisco   //口令为"cisco"
Switch(config-line)#login   //提示口令检查
```

3. 管理 IP 的配置

对于工作在数据链路层的二层交换机，给其每个端口设置 IP 地址是无意义的。但是有时网络管理人员可能需要从远程登录到交换机上进行管理，这就需要给交换机设置一个管理 IP 地址。

```
Switch(config)#interface vlan 1 //给交换机设置管理 IP 地址只能在 VLAN 1 中进行
Switch(config-if)#ip address 211.69.10.1 255.255.255.0   //设置管理 IP 地址
Switch(config-if)#no shutdown
Switch(config-if)#exit
Switch(config)#ip default-gateway 211.69.10.254 //网段的网关地址（在路由器上）
```

在设置了交换机的管理 IP 后，可以通过连接在交换机某端口上的 PC 进行测试。

4. 端口配置

二层交换机的端口配置主要包括端口速率、双工模式、关闭、启用等，可以单个配置，也可成组配置。

配置端口的命令格式如下所示:

```
Switch(config)#interface   type   port-number   //单个端口配置
```

其中，"type"为端口类型，如"Ethernet""FastEthernet""Gigabitethernet"等。"port-number"为端口号，如"0""0/1"等。

```
Switch(config)#interface range port-range //成组端口配置
```

其中，"port-range"为端口范围，同类型的第一个端口名称及号，到最后一个端口号，如"fastethernet 0/1 -5"，注意"-"前应有一个空格。

（1）端口速率的配置。

```
Switch(config)#interface fastethernet 0/1
Switch(config-if)#speed ?
```

- 10   Force 10 Mb/s operation

- 100　Force 100 Mb/s operation
- auto　Enable AUTO speed configuration

Switch(config-if)#speed 100　　//配置速率为 100 Mbit/s

（2）端口双工模式的配置。

Switch(config)#interface fastethernet 0/1

Switch(config-if)#duplex？

- auto　Enable AUTO duplex configuration
- full　Force full-duplex operation
- half　Force half-duplex operation

Switch(config-if)#duplex full　//配置为全双工

（3）端口的关闭和开启。

Switch (config-if)#shutdown　//关闭端口

Switch (config-if)#no shutdown　//开启端口

5. 交换机的配置检查。

当对交换机进行基本配置后，可使用一些 IOS 命令对交换机配置进行检查。

（1）显示交换机的运行配置文件。

Switch#show running-config //显示交换机运行配置文件内容

（2）显示交换机的启动配置文件。

Switch#show startup-config //显示交换机启动配置文件内容

（3）显示单个端口的状态。

Switch#show interface fastethernet 0/1

该命令可以显示交换机端口是否已启动、端口 MAC 地址、端口参数、端口速度、双工模式等，具体显示内容如下。

FastEthernet0/1 is up, line protocol is up

　　Hardware is Fast Ethernet, address is 000C.1588.5549 (bia 000C.1588.5549)

　　MTU 1500 bytes, BW 100000 Kbit, DLY 1000 usec,

　　　　reliability 255/255, txload 1/255, rxload 1/255

　　Full-duplex, 100Mb/s

　　Encapsulation ARPA, loopback not set

　　ARP type: ARPA, ARP Timeout 04:00:00

　　Last input 02:29:44, output never, output hang never

　　Last clearing of "show interface" counters never

　　Input queue: 0/75/0/0 (size/max/drops/flushes); Total output drops: 0

　　Queueing strategy: fifo

　　Output queue :0/40 (size/max)

　　5 minute input rate 0 bits/sec, 0 packets/sec

　　5 minute output rate 0 bits/sec, 0 packets/sec

　　　　269 packets input, 71059 bytes, 0 no buffer

　　　　Received 6 broadcasts, 0 runts, 0 giants, 0 throttles

　　　　0 input errors, 0 CRC, 0 frame, 0 overrun, 0 ignored

　　　　7290 packets output, 429075 bytes, 0 underruns

　　　　0 output errors, 3 interface resets

　　　　0 output buffer failures, 0 output buffers swapped out

（4）显示所有端口的状态。

```
Switch #show interfaces status
Port        Name        Status      Vlan        Duplex      Speed       Type
----------------------------------------------------------------------------------
Fa0/1                   connected   1           a-full      a-100       10/100BaseTX
Fa0/2                   connected   1           a-full      a-100       10/100BaseTX
Fa0/3                   connected   1           a-full      a-100       10/100BaseTX
Fa0/4                   notconnect  1           auto        auto        10/100BaseTX
Fa0/5                   notconnect  1           auto        auto        10/100BaseTX
Fa0/6                   notconnect  1           auto        auto        10/100BaseTX
Fa0/7                   notconnect  1           auto        auto        10/100BaseTX
Fa0/8                   notconnect  1           auto        auto        10/100BaseTX
Fa0/9                   notconnect  1           auto        auto        10/100BaseTX
Fa0/10                  notconnect  1           auto        auto        10/100BaseTX
Fa0/11                  notconnect  1           auto        auto        10/100BaseTX
Fa0/12                  notconnect  1           auto        auto        10/100BaseTX
```

（5）显示交换机 MAC 地址表。

```
Switch#show mac-address-table
```

该命令能显示交换机 MAC 地址表的内容，包括学习到的主机的 MAC 地址及其所属 VLAN、所处端口、条目类型（静态 Static、动态 Dynamic 等）。

```
Mac Address Table
-------------------------------------------

Vlan    Mac Address     Type        Ports
----    -----------     ----        -----
   1    000C.5777.6318  DYNAMIC     Fa0/1
   1    000C.2070.6381  DYNAMIC     Fa0/2
   1    000C.4685.9246  DYNAMIC     Fa0/3

Total Mac Addresses for this criterion: 3
```

6. 配置保存及导入

（1）将当前配置（running-config）保存到启动配置（startup-config）中。

```
Switch#copy run start
```

（2）将当前配置（running-config）保存到 TFTP 计算机上。

```
Switch#copy run tftp        //需按提示对 IP 地址、文件名、存放位置进行设置
```

（3）将 TFTP 上的配置文件导入到当前配置（running-config）。

```
Switch#copy tftp run        //需按提示对 IP 地址、文件名、文件位置进行设置
```

7. IOS 的备份和升级

用 TFTP 服务器可以对系统 IOS 软件进行备份和升级。TFTP 服务器可以是一台装有并运行 TFTP 软件的计算机。可以把 IOS 软件作为备份复制到计算机上，也可以利用此方法对 IOS 软件进行升级。其方法如下。

（1）备份 IOS（导出）。

```
Switch#copy flash tftp      //需按提示对 IP 地址、文件名、文件位置进行设置
```

（2）升级 IOS（导入）。

```
Switch#copy tftp flash    //需按提示对 IP 地址、文件名、文件位置进行设置
```

10.4.3　交换机 VLAN 的配置

虚拟局域网（VLAN）技术通过将连在交换机上的主机划分到不同的网段，并将广播通信量限制在每个网段内部，减少了广播对网络带宽的不利影响。

初始状态下，交换机上的所有端口都在一个 VLAN 中，即 VLAN 1。网络管理人员可通过手工配置将交换机的不同端口标记成为属于不同的 VLAN，接入某端口的主机将自动成为该 VLAN 的成员。

交换机是如何区分不同 VLAN 的数据的呢？实际上，交换机是通过给不同 VLAN 的数据打标记来区分 VLAN 的。数据包在流入交换机的端口时，会被加上 VLAN 标记符，在数据包从某端口发出之前再去掉 VLAN 标记符。换句话说，带有 VLAN 标记符的数据包不会从交换机的任何端口发出，除非端口是主干（Trunk）端口。主干端口用来级联多个交换机，并在主干道上传送多个 VLAN 的数据包。

交换机配置 VLAN 时需要注意以下几点。

① VLAN 1 不能创建、删除或重命名。

② VTP 只在 VLAN 1 传播。

③ 交换机管理 IP 地址只能创建在 VLAN 1 中。

1. 创建 VLAN

使用全局模式命令 VLAN 可以创建 VLAN，并给 VLAN 命名。如果没有为新创建的 VLAN 命名，交换机会自动为其命名，格式是 VLAN××××，其中："××××"是 VLAN 编号，如果不足 4 位，前面补 0，如 VLAN 0010。

```
Switch#vlan database    //进入 VLAN 配置模式
Switch(vlan)#vlan 10 name vlan10    //创建 VLAN 并命名为 VLAN 0010
```

2. VLAN 成员分配

VLAN 成员分配有静态和动态两种方式。

（1）静态分配。静态分配适合小规模交换网络，需管理员按照设计方案对所有交换机一一进行配置。

```
Switch(config)#interface fastethernet 0/1    //进入端口配置模式
Switch(config-if)#switchport mode access    //定义 fastethernet 0/1 为二层端口
Switch(config-if)#switchport access vlan 10    //将 fastethernet 0/1 端口分配给 VLAN 0010
Switch(config-if)#interface fastethernet 0/2    //进入端口配置模式
Switch(config-if)#switchport mode access    //定义 fastethernet 0/2 为二层端口
Switch(config-if)#switchport access vlan 10    //将 fastethernet 0/2 端口分配给 VLAN 0010
    ⋮
```

（2）动态分配。动态分配适合中大型交换网络，动态成员分配方式是根据主机 MAC 地址来划分 VLAN 成员的一种管理方式，需要一台 VLAN 管理策略服务器（VLAN Management Policy Server，VMPS），该服务器维护着一个主机 MAC 地址及其对应 VLAN 号的数据库。如果一个交换机端口的成员分配方式为动态分配，则当此端口收到一个数据帧的时候，会查询 VMPS 数据库中的信息，然后自动将此接口划分成 VMPS 数据库中对应记录规定的 VLAN 成员。VLAN 管理策略服务器可以是专用服务器，也可以是 Catalyst 高端交换机，如 Catalyst 5000 等。有关动态分配的配置本书不再详述，请参考其他资料。

3. 删除 VLAN

```
Switch#vlan database    //进入 VLAN 配置模式
Switch(vlan)#no vlan 10    //删除 VLAN 0010
```

> **注意** ① VLAN 号为 1 和 1002～1005 的，是系统自动生成的 VLAN，不能被删掉；
> ② 当删除一个 VLAN 时，原来属于此 VLAN 的端口将处于非激活的状态，直到将其分配给某一 VLAN。

4. VLAN 主干道配置

VLAN 可以通过交换机进行扩展，这意味着不同交换机上可以定义相同的 VLAN。可以将有相同 VLAN 的交换机通过主干道（Trunk）接口互联（主干道可以传送多个 VLAN 信息），使得处于不同交换机但具有相同 VLAN 定义的主机可以互相通信。如图 10-22 所示，两台交换机通过各自的 1 端口级联起来构成主干道，用来在两台交换机之间传送各 VLAN 的数据。

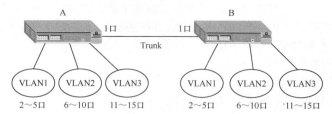

图 10-22　VLAN 主干道配置

交换机 A 和 B 的相同 VLAN 上的主机应能相互通信，不属于同一 VLAN 的主机无法互相通信。

有两种 VLAN 中继协议可以选择：ISL 和 IEEE 802.1q。交换机间链路（Inter-Switch Link，ISL）是 Cisco 专用的 VLAN 中继协议，不适合异种设备的交换网络。下面以 IEEE 802.1q 协议为例进行配置。

【例 10-1】 VLAN 主干道配置。

```
Switch-A#config ter
Switch-A(config)#interface fastethernet 0/1
Switch-A(config-if)#switchport trunk encapsulation dot1q //配置 trunk 封装为 802.1q 协议
Switch-A(config-if)#switchport mode ?   //一般设置为 trunk 即可结束
```
- access   Set trunking mode to ACCESS unconditionally   //普通模式
- dynamic   Set trunking mode to dynamically negotiate access or trunk mode //动态适应模式
- trunk   Set trunking mode to TRUNK unconditionally //干道模式
```
Switch-A(config-if)# switchport mode dynamic ?   //如果上步选择了 dynamic 模式
```
- auto   Set trunking mode dynamic negotiation parameter to AUTO //自适应模式
- desirable   Set trunking mode dynamic negotiation parameter to DESIRABLE //期望模式

因此，两台交换机的两个端口之间是否能够建立干道连接，取决于这两个端口模式的组合，如表 10-5 所示。

表 10-5　主干道模式的组合

本方端口的模式	对方端口的模式			
	普通	干道	自适应	期望
普通（Access）	无干道	无干道	无干道	无干道
干道（Trunk）	无干道	干道	干道	干道
自适应（Dynamic-auto）	无干道	干道	无干道	干道
期望（Dynamic-desirable）	无干道	干道	干道	干道

有时还需进行 native vlan 和 trunk allowed vlan 的配置，步骤如下。

"Switch-A(config-if)#switchport trunk native vlan1"　//决定向哪个 VLAN 传送不带 802.1q 标记的数据包。

> **注意**　封装 802.1q 的 trunk 端口可以接收带有标记和不带标记的数据包，交换机向 native vlan 传送不带标签的数据流，默认情况下 native vlan 是 1。

Switch-A(config-if)#switchport trunk allowed vlan {add | all | except | remove} *vlan-list*

在设置了交换机干道端口后，可以使用命令"#show interfaces trunk"检查干道状态，可显示 VLAN 的干道模式及当前干道状态、干道封装类型、本征 VLAN 号、干道可以传送的 VLAN 列表等，具体显示内容如下。

Port	Mode	Encapsulation	Status	Native vlan
Fa0/1	on	802.1q	trunking	1
Port	Vlans allowed on trunk			
Fa0/1	1-4094			

5. VTP 中继协议配置

在配置 VLAN 时，当网络中交换机数量很多时，需要分别在每台交换机上创建很多重复的 VLAN。因此工作量大、过程烦琐，且容易出错，通常采用 VLAN 中继协议（VLAN Trunking Protocol，VTP）来解决这个问题。VTP 允许在一台交换机上创建所有的 VLAN，然后，利用交换机之间的互相学习功能，将创建好的 VLAN 定义传播到整个网络中需要此 VLAN 定义在所有交换机上。同时，有关 VLAN 的删除、参数更改操作也可进行传播，从而可大大减轻网络管理人员的配置负担。

（1）VTP 概述。

① VTP 域。为了保证 VLAN 配置信息只传送到指定交换机，定义了 VTP 域的概念。每个参与 VTP 过程的交换机必须有一个共同的 VTP 域名、VTP 域密码。只有 VTP 域名、VTP 域密码完全相同的交换机之间才会互相转发 VLAN 的定义信息。

② VTP 工作模式。VTP 有 3 种工作模式：服务器模式、客户机模式、透明模式。

* 服务器（Server）模式。工作在服务器模式的交换机可以创建 VLAN、删除 VLAN、修改 VLAN 参数，同时还有责任发送和转发 VLAN 更新消息。

当在某台服务器模式交换机上进行了 VLAN 更改操作后，会增加该交换机的 VTP 版本号以反映 VLAN 配置的变化。当处于服务器模式的交换机收到比自己的 VTP 版本号更新的 VTP 广播时，会更新自己的 VLAN 数据库信息。

* 客户机（Client）模式。工作在客户机模式下的交换机不能创建 VLAN、删除 VLAN、修改 VLAN 参数（不能做任何更改 VLAN 设置的操作）。它只能接收其他服务器模式交换机传送的 VLAN 配置信息。

当处于客户机模式下的交换机收到比自己的 VTP 版本号更新的 VTP 广播时，会更新自己的 VLAN 数据库信息。同时，客户机模式下的交换机也有责任转发 VLAN 更新消息。

* 透明（Transparent）模式。如果网络中的某些交换机需要单独配置 VLAN，可以将这些交换机设置成透明模式。工作在透明模式下的交换机可以创建 VLAN、删除 VLAN、修改 VLAN 参数。这些关于 VLAN 配置的信息并不向外发送。但是，透明模式下的交换机也有责任转发收到的 VLAN 更新消息。

> **注意**　通常每隔 300 s，VTP 通告都会被传送到整个 VTP 域。每个收到 VTP 通告的交换机（透明模式的除外），如果配置版本较低，则需要同步自己的 VLAN 数据库。而这种同步采用的是覆盖式的同步方法，即首先完全删除自己的 VLAN 配置，然后完全接收新 VLAN 信息。

（2）VTP 配置。在完成 VTP 配置前，先要进行各交换机级联端口的主干道（Trunk）配置，保证

VTP 更新信息的传播。在完成 VTP 配置后，再在主 VTP 域服务器上进行 VLAN 配置，即配置顺序为"级联端口的主干道（Trunk）配置→VTP 配置→主 VTP 域服务器上 VLAN 配置"。

- 配置 VTP 管理域。不同 VTP 管理域、不同 VTP 域密码的交换机之间不交换 VTP 通告信息。因此，首先需要配置本 VTP 域中所有交换机的 VTP 管理域名称及密码。过程如下。

```
Switch#vlan database   //进入 VLAN 配置模式
Switch(vlan)#vtp domain xlx   //配置 VTP 域名为"xlx"
Changing VTP domain from xlx to xlx
Switch(vlan)#vtp password 1618   //配置 VTP 域的密码为"1618"
```

- 配置 VTP 模式。依据网络设计，分别配置各交换机的 VTP 模式。方法如下。

```
Switch(vlan)#vtp   ?
client        Set the device to client mode.
domain        Set the name of the VTP administrative domain.
password      Set the password for the VTP administrative domain.
server        Set the device to server mode.
transparent   Set the device to transparent mode.
```

- 检查 VTP 配置。当 VTP 配置完成后，可以使用命令"# show vtp status"检查 VTP 配置情况。

10.4.4　不同 VLAN 间的路由配置

VLAN 能将不同网段的广播隔离开，但是也隔离了不同 VLAN 间用户的数据传输。在二层交换机上无法实现不同 VLAN 间的路由功能，为了实现不同 VLAN 间的数据传输，必须使用外接路由器或三层路由交换机的方法来实现不同 VLAN 间的路由。

1. 使用路由器实现

（1）通过一个路由器上的多个接口实现。可以利用一个路由器的多个以太网接口实现不同 VLAN 间路由选择。这种方法是最简单的一种实现方法，在交换机一端和路由器一端几乎不需要额外的配置，如图 10-23 所示。

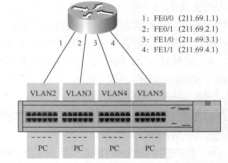

图 10-23　通过一个路由器上的多个接口实现的方法

这种方法的缺点是占用路由器的端口过多，在中大型交换网络中实现起来不现实。

（2）独臂路由。当路由器端口有限时，可以使用称为独臂路由（One Arm Router）的解决方案。在这种解决方案中只需要将交换机的一个端口（必须是主干道端口）接入路由器的一个以太网接口，并在路由器的该接口上进行多 IP 地址配置或利用子接口方式配置。

① 多 IP 地址配置方法。即在路由器的一个接口上同时配置多个 IP 地址，如图 10-24 所示。其缺点是：所有 VLAN 的广播信息都要通过路由器的该以太网接口进行转发，这会给其他 VLAN 带来很大影响。

【例 10-2】　多 IP 地址配置。

```
Router(config)#interface FastEthernet 0/0
Router(config-if)#ip address 211.69.1.1 255.255.255.0   //IP1
Router(config-if)#ip address 211.69.2.1 255.255.255.0 secondary   //IP2
Router(config-if)#ip address 211.69.3.1 255.255.255.0 secondary   //IP3
Router(config-if)#ip address 211.69.4.1 255.255.255.0 secondary   //IP4
```

② 子接口配置方法。为了解决上述方法中引入了 VLAN 间广播的缺点，可以采用子接口的方式对

VLAN 间的数据进行路由。在这种方式中，路由器的一个以太网口和交换机的主干道接口相连，并将路由器的以太网物理接口划分成若干个子接口，每个子接口对应一个 VLAN。同时，将子接口的封装形式设为 802.1q（需要和交换机的设置匹配）即可，如图 10-25 所示。

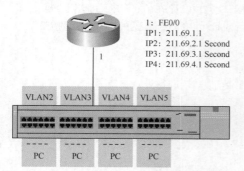

1：FE0/0
IP1：211.69.1.1
IP2：211.69.2.1 Second
IP3：211.69.3.1 Second
IP4：211.69.4.1 Second

VLAN2 VLAN3 VLAN4 VLAN5

PC   PC   PC   PC

图 10-24　采用多 IP 地址配置方法

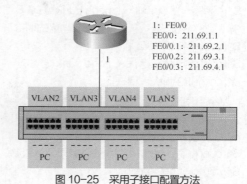

1：FE0/0
FE0/0：211.69.1.1
FE0/0.1：211.69.2.1
FE0/0.2：211.69.3.1
FE0/0.3：211.69.4.1

VLAN2 VLAN3 VLAN4 VLAN5

PC   PC   PC   PC

图 10-25　采用子接口配置方法

【例 10-3】　子接口配置。

```
Router(config)#interface FastEthernet 0/0    //FE0/0
Router(config-if)#ip address 211.69.1.1 255.255.255.0
Router(config-if)#interface FastEthernet 0/0.1 //FE0/0.1
Router(config-subif)#encapsulation dot1q 2
Router(config-subif)#ip address 211.69.2.1 255.255.255.0
Router(config-if)#interface FastEthernet 0/0.2    //FE0/0.2
Router(config-subif)#encapsulation dot1q 3
Router(config-subif)#ip address 211.69.3.1 255.255.255.0
Router(config-if)#interface FastEthernet 0/0.3     //FE0/0.3
Router(config-subif)#encapsulation dot1q 4
Router(config-subif)#ip address 211.69.4.1 255.255.255.0
```

 注意　　如果采用 802.1q 的封装形式，则 VLAN 1 不能封装，因为 802.1q 规定本征 VLAN（VLAN 1）是不能封装的。

2. 使用三层交换机实现

三层交换机具有以太网接口多，路由交换速度快等优点，它也可以像路由器一样，通过采用上述方法来实现不同 VLAN 间的路由。在目前的局域网组网过程中，一般只有内网连接外网的时候才用到路由器，在局域网内部的路由转发，一般通过三层交换机来实现。Cisco 三层交换机通过配置逻辑三层接口来实现不同 VLAN 间的通信。

在配置逻辑三层接口前，必须在交换机已经创建并配置 VLAN，并将某些二层交换端口加入所创建的 VLAN。另外，需要启用三层交换机的 IP 路由。

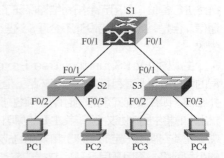

图 10-26　采用三层交换机实现 VLAN 间路由

【例 10-4】　如图 10-26 所示，交换机 S1 是三层交换机，交换机 S2、S3 是二层交换机，3 个交换机和 4 台主机之间通过如图 10-26 所示接口相连，PC1 和 PC3 属于 VLAN 1，PC2 和 PC4 属于 VLAN 2，通过配置逻辑三层接口实现 VLAN 1 和 VLAN 2 间主机的相互通信。

191

交换机 S1 配置如下。

```
S1(config)#vlan 2
S1(config)#inter f0/1
S1(config-if)#switchport mode trunk //注意只有二层接口才可以设置 trunk，若是三层接口，要
                                    //在此接口下使用 switchport 命令使三层口转换成二层接口
S1(config)#inter f0/2
S1(config-if)#switchport mode trunk
S1(config)#inter vlan 1
S1(config-if)ip add 192.168.1.1 255.255.255.0
S1(config-if)no shutdown //开启逻辑三层接口
S1(config)#inter vlan 2
S1(config-if)ip add 192.168.2.1 255.255.255.0
S1(config-if)no shutdown
S1(config)#ip routing //启用 IP 路由
```

交换机 S2 配置如下。

```
S2(config)#vlan 2
S2(config)#inter f0/1
S2(config-if)#switchport mode trunk
S2(config-if)#inter f0/3
S2(config-if)# switchport access vlan 2
```

交换机 S3 的配置和交换机 S2 基本相同，在此省略。

> **注意**　　VLAN 1 主机的 IP 地址在 192.168.1.0/24 网段，网关为 192.168.1.1；VLAN 2
> 主机的 IP 地址在 192.168.2.0/24 网段，网关为 192.168.2.1

另外，可以在三层交换机接口下通过命令"no switchport"来实现二层接口转换为三层接口，这样在三层接口下就可以配置 IP 地址，通过三层交换机来实现路由器的功能。

10.4.5　生成树及实现负载均衡配置

在高可靠性交换网络设计中，为了实现设备之间的冗余配置，往往需要对网络中的关键设备和关键链路进行备份。采用冗余拓扑结构保证了当设备或链路故障时提供备份设备或链路，从而不影响正常的通信。但是，如果网络设计不合理，这些冗余设备及链路构成的环路将会引发很多问题，导致网络设计失败。

生成树协议（Spanning Tree Protocol，STP）是一个第二层的管理协议，其目标是在物理环路上建立一个无环的逻辑链路拓扑结构，即在实现冗余的同时保证网络的无环设计。很多品牌的交换机出厂时将生成树协议关闭，其主要的原因在于生成树在开启的时候需要花费交换机一定的 CPU 和内存的成本。对于有些不需要冗余的小型网络，不用开启 STP，这样能节省设备的额外成本，Cisco 的交换机默认全部是打开的，因此，在 Cisco 交换机网络中，生成树几乎不需要任何配置就可以正常工作，如图 10-27 所示。两台交换机通过两根以上的级联线连接后，STP 协议会通过交换机间交换的 BPDU（Bridge Protocol Data Unit）消息，自动让某个或某

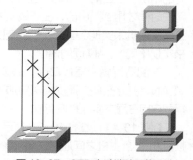

图 10-27　STP 自动消除网络环路

些端口处于阻塞状态（BLK），某些端口处于转发状态（FWD），生成树的检查命令为"# show spanning-tree"。

```
Spanning tree enabled protocol ieee
    Root ID    Priority      32768
               Address       000C.1350.3294
               Hello Time    2 sec   Max Age 20 sec   Forward Delay 15 sec

    Bridge ID  Priority      32769   (priority 32768 sys-id-ext 1)
               Address       000C.1420.6888
               Hello Time    2 sec   Max Age 20 sec   Forward Delay 15 sec
               Aging Time 300

Interface     Port ID                      Designated                  Port ID
Name          Prio.Nbr         Cost Sts    Cost Bridge ID              Prio.Nbr
--------------- --------- ---------- --- --------- ---------------------- ---------
Fa0/1         100.1            1 FWD       0 32768 000C.1350.3294 100.1
Fa0/2         100.2            1 BLK       0 32768 000C.1350.3294 100.2
Fa0/3         100.3            1 BLK       0 32768 000C.1350.3294 100.3
Fa0/4         100.4            1 BLK       0 32768 000C.1350.3294 100.4
Fa0/5         100.5            100 FWD     0 32768 000C.1420.6888 100.5
```

交换机为了避免环路，STP 通常是阻断所有端口，交换机之间只留一条链路。使用负载均衡后，可以把不同 VLAN 的流量分配到不同的 Trunk 上。负载均衡可通过配置 STP 端口权值或 STP 路径值来实现。如果使用 STP 端口权值来配置，要求两条负载均衡的 Trunk 必须连在同一交换机上；使用路径值则可以连相同的交换机或连不同的交换机。

1. 使用 STP 端口权值的负载均衡

当同一台交换机的两个口形成环路时，STP 端口权值用来决定哪个端口是转发的，哪个端口是阻断的。可以通过配置端口权值来决定两对 Trunk 各走哪些 VLAN，有较高权值的端口（数字越小，权值越高）VLAN 将处于转发状态，同一个 VLAN 在另一个 Trunk 有较低的权值（数字较大）则将处在阻断状态。即同一 VLAN 只在一个 Trunk 上发送接收。基于端口权值的负载均衡示意图如图 10-28 所示，Trunk1 将发送和接收 VLAN 8-10 的数据，Trunk2 将发送和接收 VLAN 3-6 的数据。

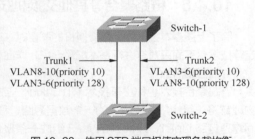

图 10-28 使用 STP 端口权值实现负载均衡

Switch-1 在完成了 Trunk 端口配置、VTP 配置（配成 Server 模式）和各 VLAN 配置后，需进行以下主要配置。注意，priority 128 为默认。

【例 10-5】 STP 端口权值实现负载均衡配置。

```
Switch-1#configure terminal
Switch-1(config)#interface fastethernet0/1
Switch-1(config-if)#spanning-tree vlan 8 port-priority 10
Switch-1(config-if)#spanning-tree vlan 9 port-priority 10
Switch-1(config-if)#spanning-tree vlan 10 port-priority 10
```

```
Switch-1(config)#interface fastethernet0/2
Switch-1(config-if)#spanning-tree vlan 3 port-priority 10
Switch-1(config-if)#spanning-tree vlan 4 port-priority 10
Switch-1(config-if)#spanning-tree vlan 5 port-priority 10
Switch-1(config-if)#spanning-tree vlan 6 port-priority 10
```

Switch-2 只要进行 Trunk 端口配置、VTP 配置（配成 Client 模式）即可。

2. 使用 STP 路径值的负载均衡

通过配置 STP 路径值可以实现负载均衡，如图 10-29 所示，Trunk1 走 VLAN 8-10，Trunk2 走 VLAN 2-4。路径值（path cost）数值越小，优先级越高。

Switch-1 在完成了 Trunk 端口配置、VTP 配置（配成 Server 模式）和各 VLAN 配置后，需进行以下主要配置。注意，path cost 19 为默认。

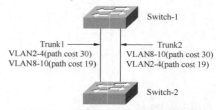

图 10-29　使用 STP 路径值实现负载均衡

【例 10-6】　STP 路径值实现负载均衡的配置。

```
Switch-1#configure terminal
Switch-1(config)#interface fastethernet0/1
Switch-1(config-if)#spanning-tree vlan 2 cost 30
Switch-1(config-if)#spanning-tree vlan 3 cost 30
Switch-1(config-if)#spanning-tree vlan 4 cost 30
Switch-1(config)#interface fastethernet0/2
Switch-1(config-if)#spanning-tree vlan 8 cost 30
Switch-1(config-if)#spanning-tree vlan 9 cost 30
Switch-1(config-if)#spanning-tree vlan 10 cost 30
```

Switch-2 只要进行 Trunk 端口配置、VTP 配置（配成 Client 模式）即可。

10.4.6　链路聚合等其他交换机技术配置

除了上述基本技术外，在交换机的配置时，还可能涉及链路聚合、端口镜像和 MAC 地址与端口绑定等技术，下面只对其进行基本配置介绍，详细配置请参考其他资料。

1. 链路聚合

链路聚合技术也称主干技术（Trunking）或捆绑技术（Bonding），其实质是将两台设备间的数条物理链路"组合"成逻辑上的一条数据通路，称为一条聚合链路，如图 10-30（a）所示。交换机之间物理链路 Link1、Link2 和 Link3 组成一条聚合链路。该链路在逻辑上是一个整体，内部的组成和传输数据的细节对上层服务是透明的。聚合内部的物理链路共同完成数据的传输并实现两端设备的互为备份。只要还存在能正常工作的成员，整个传输链路就不会失效。仍以图 10-30 的链路聚合为例，如果 Link1 和 Link2 先后故障，它们的数据任务会迅速转移到 Link3 上，因而两台交换机间的连接不会中断，如图 10-30（b）所示。

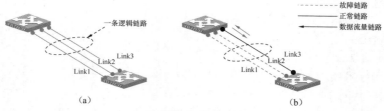

图 10-30　链路聚合

（1）链路聚合的标准。目前链路聚合技术的正式标准为 IEEE 802.3ad，链路聚合控制协议（Link Aggregation Control Protocol, LACP）由 IEEE 802 委员会制定。标准中定义了链路聚合技术的目标、聚合子层内各模块的功能和操作的原则，以及链路聚合控制的内容等。

（2）链路聚合的优点。首先是提高了链路的可用性，即链路聚合中，成员互相动态备份。当某一链路中断时，其他成员能够迅速接替其工作。与生成树协议不同，链路聚合启用备份的过程对聚合之外是不可见的，而且启用备份过程只在聚合链路内，与其他链路无关，切换可在数毫秒内完成。其次是增加链路容量，即为用户提供一种经济的提高链路传输带宽的方法，通过捆绑多条物理链路，用户不必升级现有设备就能获得更大带宽的数据链路，其容量等于各物理链路容量之和。

（3）Cisco Port Channel 介绍。在介绍 Port Channel 之前先介绍一下 Port Group 的概念。Port Group 是配置层面上的一个物理端口组，配置到 Port Group 里面的物理端口才可以参加链路汇聚，并成为 Port Channel 里的某个成员端口。在逻辑上，Port Group 并不是一个端口，而是一个端口序列。加入 Port Group 中的物理端口满足某种条件时进行端口汇聚，形成一个 Port Channel，这个 Port Channel 具备了逻辑端口的属性，才真正成为一个独立的逻辑端口。端口汇聚是一种逻辑上的抽象过程，将一组具备相同属性的端口序列，抽象成一个逻辑端口。Port Channel 是一组物理端口的集合体，在逻辑上被当作一个物理端口。对用户来讲，完全可以将这个 Port Channel 当作一个端口使用，因此不仅能增加网络的带宽，还能提供链路的备份功能。

（4）链路聚合的简单配置。交换机的端口链路汇聚功能通常在交换机连接路由器、主机或者其他交换机时使用。图 10-30 中两交换机的 1～3 号端口汇聚成一个 Port Channel，该 Port Channel 的带宽为 3 个端口带宽的总和。

分别在每个交换机的 1～3 端口上进行如下配置：

```
Switch-1#configure ter
Switch-1(config)#interface fastethernet0/1   //进入端口
Switch-1(config-if)#channel-protocol lacp   //启用端口的 LACP
Switch-1(config-if)#channel-group 1 mode active   // 将本端口以 active 模式加入聚合组 1，即 Port Channel
号为 1 的聚合组。
```

注意　配置聚合的端口在速率、类型、模式（access/trunk）等方面必须要一致。

2. 端口镜像

端口镜像，简单地说，就是把交换机一个或多个端口（源端口）的流量完全复制一份，从另外一个端口（目的端口）发出去，以便网络管理人员通过目的端口分析源端口的数据及流量等情况。端口镜像仅适用于以太网交换端口。Cisco 的端口镜像叫作 Switched Port Analyzer，简称 SPAN。通过设置 SPAN 特性能够对流经某个交换机端口或某个 VLAN 的数据流进行监视，被监视的数据流可以通过协议分析设备（如 IDS 设备）进行分析处理。SPAN 特性中包括一个目的端口和一组源端口，它将流经源端口的数据包镜像到目的端口上。SPAN 特性不会影响源端口的正常工作，也不会影响正常的交换机操作。

Cisco 的 SPAN 一般分成 3 种，SPAN、RSPAN 和 VSPAN。简单地说，SPAN 是指源和目的端口都在同一台交换机上；RSPAN 指目的和源端口不在同一交换机上；VSPAN 可以镜像整个或数个 VLAN 到一个目的端口。下面给出了一些常见的 SPAN 配置的例子。

（1）监听某端口的数据流。

```
Switch(config)#monitor session 1 source interface fastEthernet0/1
// fastEthernet0/1 为被监听的源端口
Switch(config)#monitor session 1 destination interface fastEthernet0/10
```

// fastEthernet0/10 为监听的目标端口

说 明　　本配置将监视所有出入端口 fastethernet0/1 的数据流，凡是经过该端口的数据都会复制一份并被送到端口 fastethernet0/10 上去。

（2）监听多个端口的数据流。

Switch(config)#monitor session 1 destination interface Fa 0/1 ingress vlan 5

// fastEthernet 0/1 监听所有流入 VLAN 5 的数据流

或者如下。

Switch(config)#monitor session 1 source interface fastEthernet0/1-4

// fastEthernet0/1 为被监听的源端口

Switch(config)#monitor session 1 destination interface fastEthernet0/10

// fastEthernet0/10 为监听的目标端口

说 明

　　本配置将监视所有出入端口 fastethernet0/1~4 的数据流，凡是经过该端口的数据都会复制一份并被送到端口 fastethernet0/10 上去。

3. MAC 地址与端口绑定

端口绑定也称为交换机的 Port-security 功能，在网络安全越来越重要的今天，高校和企业对于局域网的安全控制也越来越严格，普遍采用的做法之一就是 IP 地址、网卡的 MAC 地址与交换机端口绑定。

（1）网卡的 MAC 地址与交换机的端口绑定。

```
Switch#config ter
Switch(config）#int f0/1
Switch（config-if）#switchport mode access
//设置端口模式为 access，默认的 dynamic 模式下不能使用 Port-security 功能
Switch（config-if）#switchport port-security //打开 Port-security 功能
Switch（config-if）#switchport port-security mac-address xxxx.xxxx.xxxx
//xxxx.xxxx.xxxx 就是要绑定的计算机的 MAC 地址
Switch（config-if）#switchport port-security maximum 1 //绑定的最大 MAC 数，默认为 1
Switch（config-if）#switchport port-security violation shutdown　//如果违反规则，该端口就 shutdown
```

注意　　没使用的端口必须手工配置 shutdown。该方法的缺点是不能防止 IP 盗用。

（2）端口上同时绑定特定主机的 MAC 地址和 IP 地址。

为了防止内部人员进行非法 IP 盗用（例如，盗用权限更高人员的 IP 地址，以获得权限外的信息），可以将内部网络的 IP 地址与 MAC 地址绑定，盗用者即使修改了 IP 地址，也因 MAC 地址不匹配而盗用失败，而且由于网卡 MAC 地址的唯一确定性，可以根据 MAC 地址查出使用该 MAC 地址的网卡，进而查出非法盗用者。

```
Switch(config)#Mac access-list extended MAC1
//定义一个 MAC 地址访问控制列表，并且命名该列表为 MAC1
Switch(config)#permit host 1234.5678.abcd any
```

```
//定义 MAC 地址为 1234.5678.abcd 的主机可以访问任意主机
Switch(config)#permit any host 1234.5678.abcd
//定义所有主机可以访问 MAC 地址为 1234.5678.abcd 的主机
Switch(config)#lp access-list extended IP1
//定义一个 IP 地址访问控制列表，并且命名该列表为 IP1
Switch(config)#Permit 211.69.0.1 0.0.0.0 any
//定义 IP 地址为 211.69.0.1 的主机可以访问任意主机
Switch(config)#Permit any 211.69.0.1 0.0.0.0
//定义所有主机可以访问 IP 地址为 211.69.0.1 的主机
Switch(config-if)#interface Fa0/1
//进入配置具体端口的模式
Switch(config-if)#mac access-group MAC1 in
//在该端口上应用名为 MAC1 的访问列表（即前面定义的访问策略）
Switch(config-if)#lp access-group IP1 in
//在该端口上应用名为 IP1 的访问列表（即前面定义的访问策略）
```

 注意

在实际配置时，不同型号的交换机可能还有成批配置的步骤，请参阅其手册。

10.5 路由器的典型配置与应用

路由器工作在 OSI 模型的第三层，不同于二层交换机的是，其必须通过相应的配置才能使用。本节以路由器及其配置技术为主线，详细介绍了路由器的相关概念和路由器的路由协议、广域网协议、远程接入、地址转换、访问控制列表等配置方法，对规划、组建和管理局域网、园区网具有重要的工程指导价值。

10.5.1 路由器的基本配置

路由器在配置和使用上要比交换机难，读者在学习时要牢记以下要点。

要点 1：路由器在使用时必须进行相关的配置才能起到相应的作用，即先配置，后使用，不同于集线器。

要点 2：路由器的配置包括的内容比较多，常用的主要有基本配置、静态路由、动态路由协议、广域网协议、远程访问、IP 电话、地址转换、访问列表等。

要点 3：路由器的最小配置是基本配置、链路连接配置、路由配置。

要点 4：用户应根据网络的具体情况和需求，先进行规划和设计，经分析确认后，有选择地依次对网络中的每个路由器进行相应的配置。

下面以 Cisco 路由器为例，由浅入深地介绍路由器的各种典型配置。

1. 路由器配置基础

（1）路由器的配置方式。

① 超级终端方式。该方式主要用于路由器的初始配置，路由器不需要 IP 地址。基本方法是：计算机通过 COM1/COM2 口和路由器的 Console 口连接，在计算机上启用"超级终端"程序，设置同交换机部分。

② Telnet 方式。该方式配置要求路由器必须配置了 IP 地址。基本方法是：计算机通过网卡和路由器的以太网接口直接相连，计算机的网卡和路由器的以太网接口的 IP 地址必须在同一网段。

（2）路由器的工作模式。在命令行状态下，主要有以下几种工作模式。

① 一般用户模式，主要用于查看路由器的基本信息，只能执行少数命令，不能对路由器进行配置。提示符为 Router>；进入方式为 Telnet 或 Console。

② 使能（特权）模式，主要用于查看、测试、检查路由器或网络，不能对接口、路由协议进行配置。提示符为 Router#；进入方式为 Router>enable。

③ 全局配置模式，主要用于配置路由器的全局性参数。提示符为 Router(config)#；进入方式为 Router#config ter。

④ 全局模式下的子模式，包括接口、路由协议、线路等。其进入模式提示符如下。

```
Router(config)#ineterface e0    //进入接口模式
Router(config-if)#              //接口模式提示符
Router(config)#rip              //进入路由协议模式
Router(config-router)#          //路由协议模式
Router(config)#line con 0       //进入线路模式
Router(config-line)#            //线路模式提示符
```

⑤ 监控模式，主要用于 IOS 升级及恢复口令，不能用于正常配置。提示符为>；进入方式为在路由器加电 60 s 内，在超级终端连接状态下按 Ctrl+Break 组合键。

（3）命令行的使用及常用命令。

① "？""Tab"的使用。键入"？"得到系统或命令的帮助；"Tab"补充命令。

② 命令行操作组合键的使用。

- Ctrl+P：恢复上一条命令组合键。
- Ctrl+N：恢复下一条命令组合键。
- Ctrl+B：左移光标组合键。
- Ctrl+F：右移光标组合键。

③ 改变命令状态的命令。常见改变命令状态的命令如表 10-6 所列。

表 10-6　常见的改变命令状态的命令

任务	命令	任务	命令
进入特权命令状态	enable	进入端口设置状态	interface type slot/number
进入全局设置状态	config terminal	进入线路设置状态	line type slot/number
退出一层命令	exit/end	进入路由设置状态	router protocol
退到根层命令	Ctrl+C		

④ 查看命令。常见的查看命令如表 10-7 所例。

表 10-7　常见的查看命令

任务	命令	任务	命令
查看版本及引导信息	show version	查看开机设置	show startup-config
查看 flash 版本	show flash	显示端口信息	show interface type slot/number
查看运行设置	show running-config	显示路由信息	show ip route

⑤ 复制命令。主要用于 IOS 及配置文件的保存/备份、恢复/升级，如图 10-31 所示。

⑥ 网络命令。常见的网络命令如表 10-8 所列。

表 10-8　网络命令

任务	命令
登录远程主机	telnet hostname|IP address
网络侦测	ping hostname|IP address
路由跟踪	Traceroute　hostname|IP address

（4）内存体系结构介绍。Cisco 路由器有 ROM、DRAM、NVRAM、FLASH 4 种内存，其中，ROM 相当于 PC 机中的 BIOS，里面的程序主要是在路由器启动时进行加电自检，实现对路由器硬件系统的全面检测，但并不提供给维护者查看和管理的权限。DRAM、NVRAM、FLASH 这 3 种内存的作用及每一部分的查看命令如图 10-32 所示。

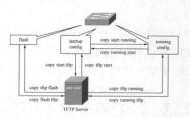

图 10-31　IOS 及配置文件的保存/备份、恢复/升级

图 10-32　Cisco 路由器的内存体系结构

① DRAM。为路由器的动态内存，该内存中的内容在系统掉电时会完全丢失。DRAM 中主要包含路由表、ARP 缓存、fast-switch 缓存、数据包缓存等。DRAM 中也包含有正在执行的路由器配置文件 running-config。

(#show running-config\| show ip route\| show mem\| show protocols\| show processes cpu)

② NVRAM。NVRAM 中包含有路由器配置文件 startup-config，NVRAM 中的内容在系统掉电时不会丢失。

(#show startup-config)

③ FLASH。存放的是路由器的 IOS，可以通过写入新版本对路由器进行软件升级。

(#show flash)

注意　① 路由器启动时，首先运行 ROM 中的程序，进行系统自检及引导，然后运行 FLASH 中的 IOS，并在 NVRAM 中寻找路由器的配置（startup-config），并将其装入 DRAM（startup-config 变成 running-config）。② ROM、NVRAM 大小不能调整；FLASH、DRAM 大小能调整（扩充）。

2. 路由器的基本配置内容

路由器的基本配置一般包括如下内容：路由器命名、配置口令及加密、配置相关的接口、配置保存与加载等，它是用户在使用路由器时必须进行的配置，是后续其他配置的基础。

在设计路由器的各种配置时，为便于举例说明，本节以图 10-33 为工程背景，如有不同时再另外说明。

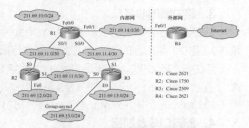

图 10-33　路由器配置网络结构

网络结构说明如下。

该结构模型由 R1（Cisco 2621）、R2（Cisco 1750）、R3（Cisco 2509）3 个路由器通过同步串口的 DTE、DCE 电缆将 211.69.10.0/24、211.69.12.0/24、211.69.13.0/24、211.69.15.0/24 4 个 C 类网段互联起来，而 211.69.11.0/30、211.69.11.4/30、

211.69.11.8/30、211.69.14.0/30 4 个子网，每个子网内只有 2 个 IP 地址，用于路由器之间互联的端口使用。

（1）R1（Cisco 2621）。其自带 2 个 10/100 Mbit/s 的快速以太网接口，分别为 FastEthernet0/0（Fe0/0）、FastEthernet0/1（Fe0/1），分别连接了 211.69.10.0/24、211.69.14.0/30 2 个网段；另需配置 1 个 2FAS-WIC 广域网接口模块，通过 DTE/DCE 电缆分别和 R2（Cisco 1750）、R3（Cisco 2509）2 个路由器连接；再配置 1 个 NM-1V 网络模块、1 个 2FSX 的 Voice/Fax 语音接口模块，以实现 IP 电话功能。

（2）R2（Cisco 1750）。其自带 1 个 10/100 Mbit/s 的快速以太网接口，为 FastEthernet0/0（Fe0），连接 211.69.12.0/24 这个 C 类网段；另需配置 1 个 2FAS-WIC 广域网接口模块，通过 DTE/DCE 电缆分别和 R1（Cisco 2621）、R3（Cisco 2509）2 个路由器连接；再配置 1 个 NM-1V 网络模块、1 个 2FSX 的 Voice/Fax 语音接口模块和 R1（Cisco 2621）一起实现 IP 电话功能。

（3）R3（Cisco2509）。其自带 1 个 10 Mbit/s 的以太网接口，为 Ethernet0/0（E0），连接 211.69.13.0/24 这个 C 类网段；自带 8 个 Async 异步拨号接口，通过连接 Modem 实现远程拨号访问；另需配置 1 个 2FAS-WIC 广域网接口模块，通过 DTE/DCE 电缆分别和 R1（Cisco 2621）、R2（Cisco1750）2 个路由器连接。

（4）R4（Cisco 2621）。作为外网 ISP 的接入路由器，其自带 2 个 10/100 Mbit/s 的快速以太网接口，通过 FastEthernet0/1（Fe0/1）连接 211.69.14.0/30 和 R1 相连。

各路由器接口的 IP 地址如下。

① R1（Cisco 2621）上各端口的 IP 地址。

S0/0 端口的 IP 地址：211.69.11.5/30
S0/1 端口的 IP 地址：211.69.11.1/30
Fe0/0 端口的 IP 地址：211.69.10.1/24
Fe0/1 端口的 IP 地址：211.69.14.1/30

② R2（Cisco 1750）上各端口的 IP 地址。

S0 端口的 IP 地址：211.69.11.2/30
S1 端口的 IP 地址：211.69.11.9/30
Fe0 端口的 IP 地址：211.69.12.1/24

③ R3（Cisco 2509）上各端口的 IP 地址。

S0 端口的 IP 地址：211.69.11.10/30
S1 端口的 IP 地址：211.69.11.6/30
E0 端口的 IP 地址：211.69.13.1/24

④ R4（Cisco 2621）上各端口的 IP 地址。

Fe0/1 端口的 IP 地址：211.69.14.2/30

3. 路由器的命名

路由器的名字被称作主机名（Hostname），它会在系统提示符中显示，在集中配置一个多路由器环境的网络中，路由器的统一命名会给管理与配置网络中路由器带来极大的方便。

路由器的系统默认名字是 Router。命名需要在全局配置模式下完成，方法如下。

```
Router#config  ter    //进入全局配置模式
Router(config)# hostname  Router-2621    //命名为"Router-2621"
```

4. 配置口令及加密

路由器的口令主要有 enable 口令、Console 口口令、aux 口口令及 Telnet 口令等，通过口令配置，可提高系统的安全性。默认配置的大部分口令是明码显示，可通过加密的方式，使所有口令在用 show run 显示时成为密文。

以下是 line console 0 命令建立终端控制台访问时使用的密码。

（1）enable 口令（特权用户）。

```
Router(config)#enable password xlx1618    //配置 enable 口令为 "xlx1618"，明文显示
Router(config)#enable secret xu1618    //配置 enable 加密口令为 "xu1618"，密文显示
```

（2）Console 口口令。

```
Router(config)#line console 0    //进入 Console 口
Router(config-line)#password cisco    //配置 Console 口口令为 "cisco"
Router(config-line)#login    //口令检查
```

（3）aux 口口令。

```
Router(config)#line aux 0    //进入 aux 口
Router(config-line)#password cisco    //配置 aux 口口令为 "cisco"
Router(config-line)#login    //口令检查
```

（4）Telnet 口令。如果要使用 Telnet 来登录网络中的路由器以进行管理与配置，必须配置 Telnet 口令。路由器一般最多支持 16 个 Telnet 用户。以下是 Line vty 0 15 建立 Telnet 会话访问时使用的密码保护。

① 16 个 Telnet 用户口令相同。

```
Router(config)#line vty 0 15    //进入 vty 0 15
Router(config-line)#password cisco    //口令为 "cisco"
Router(config-line)#login    //口令检查
```

② Telnet 用户口令不全相同。

```
Router(config)#line vty 0    //进入 vty 0
Router(config-line)#password cisco    //口令为 "cisco"
Router(config-line)#login    //口令检查
Router(config)#line vty 1 10    //进入 vty 1～10
Router(config-line)#password cisco1    //口令为 "cisco1"
Router(config-line)#login    //口令检查
Router(config)#line vty 11 15    //进入 vty 11～15
Router(config-line)#password cisco4    //口令为 "cisco4"
Router(config-line)#login    //口令检查
```

（5）口令加密。上述除 "enable secret" 为加密口令外，其余口令都为明文显示。如果想加密，采用如下命令即可。

```
Router(config)#service   password-encryption
```

5. 配置接口

以太网接口的基本配置，主要包括 IP 地址、速率、双工模式等。串口的基本配置，主要包括 IP 地址、封装协议、速率等，串口的其他配置会在后面有关内容中介绍。

配置接口的命令格式如下所示。

```
Router(config)#interface   type   port-number
```

其中，type 为接口类型，如 "serial" "Ethemet" "FastEthernet" 等；port-number 为接口号，如 "0" "0/1" 等。

（1）以太网的基本配置。

```
Router(config)#interface fastEthernet 0/0
Router(config-if)#ip add 20.0.0.1 255.0.0.0    //配置 IP 地址
Router(config-if)#speed 100    //配置速率为 100 Mbit/s
```

Router(config-if)#duplex full　　//配置为全双工模式

（2）串口的基本配置。

Router(config)#interface serial 0/0

Router(config-if)#ip add 30.0.0.1 255.0.0.0　　//配置 IP 地址

Router(config-if)#enca ppp　　//封装 PPP 协议

Router(config-if)#clock rate 128000　　//速率为 128 000 bit/s　（要确认接口支持）

（3）接口的关闭和开启。

Router(config-if)#shutdown　　//关闭接口

Router(config-if)#no shutdown　　//开启接口

注意　　①配置串口的端口速率时必须是列表中的值，不能随意设置。②设置的速率不能大于端口实际传输速率的最大值。

6. 配置保存及导入

（1）将当前配置（running-config）保存到启动配置（startup-config）。

Router(config)#copy run start 或者 Router(config)#write

（2）将当前配置（running-config）保存到 TFTP 计算机。

Router(config)#copy run tftp　　//需按提示对 IP 地址、文件名、存放位置进行设置

（3）将 TFTP 上的配置文件导入到当前配置（running-config）。

Router(config)#copy tftp run　　//需按提示对 IP 地址、文件名、文件位置进行设置

注意　　涉及 **TFTP** 时，在配置计算机上要先启动 **TFTP** 服务器，并设置存放目录等。

7. 导出和导入 IOS 软件

用 TFTP 服务器可以对系统 IOS 软件进行上传和下载。TFTP 服务器可以是一台装有并运行 TFTP 软件的计算机。可以把 IOS 软件作为备份复制到计算机上，也可以利用此方法对 IOS 软件进行升级（导入），其方法如下。

（1）导出 IOS（备份）。

Router(config)#copy flash tftp　　//需按提示对 IP 地址、文件名、文件位置进行设置

（2）导入 IOS（升级）。

情况 1：路由器工作正常时。

Router(config)#copy tftp flash　　//需按提示对 IP 地址、文件名、文件位置进行设置

情况 2：路由器不能正常启动。

```
rommon2>tftpdnld
IP_ADDRESS=211.69.1.1　　//路由器以太口地址
IP_SUBNET_MASK=255.255.255.0
DEFAULT_GATEWAY=211.69.1.1　　//网关
TFTP_SERVER=211.69.1.2　　//TFTP 的 IP 地址
TFTP_FILE=*****.BIN　　//新的 flash 文件
rommon2>tftpdnld
rommon2>reset
```

10.5.2　静态及默认路由配置

1.　配置静态路由

静态路由是手工配置的，当网络拓扑结构发生改变而需要更新路由时，网络管理员就必须手工更新静态路由信息。当某个网络只能通过一条路由出去时，使用静态路由即可。网络配置静态路由避免了动态路由更新所带来的系统和带宽开销。

注意　　　路由配置时一定要注意源和目标路由的"有去有回"原则。

ip route 命令用来设定一条静态路由，语法如下。

```
ip route network mask {address|interface} [distance] [tag] [permanent]
```

- Network：目标网络或子网地址。
- Mask：子网掩码。
- Address：下一跳的 IP 地址或相邻路由器的端口地址。
- Interface：相邻路由器的端口名称。
- Distance：管理距离。
- Tag：可选。
- Permanent：路由的优先级。

【例 10-7】　静态路由的配置。

如图 10-33 所示，要求内部网之间通过静态路由实现内网各网段 211.69.10.0/24、211.69.12.0/24、211.69.13.0/24 的相互通信。

R1 的配置：

```
Router(config)#ip route 211.69.12.0 255.255.255.0 211.69.11.2
Router(config)#ip route 211.69.13.0 255.255.255.0 211.69.11.6
```

R2 的配置：

```
Router(config)#ip route 211.69.10.0 255.255.255.0 211.69.11.1
Router(config)#ip route 211.69.13.0 255.255.255.0 211.69.11.1
Router(config)#ip route 211.69.11.4 255.255.255.252 211.69.11.1
```

R3 的配置：

```
Router(config)#ip route 211.69.10.0 255.255.255.0 211.69.11.5
Router(config)#ip route 211.69.12.0 255.255.255.0 211.69.11.5
Router(config)#ip route 211.69.11.0 255.255.255.252 211.69.11.5
```

2.　配置默认路由

默认路由也是由用户手工配置的，它作为到达目的网络的路由未知时所选择的路径。也就是当路由表中没有明确列出到达某一目的网络的下一跳时，则将选择默认路由所指定的下一跳地址（默认路由的优先级最低）。

实际上，路由器不可能知道到达所有网络的路由，如图 10-33 所示，R1、R2、R3 路由器不可能知道内网访问 Internet 时所有路由的目的网络地址，因此，如想让内网用户能够访问 Internet，必须再配置一条默认路由。

【例 10-8】　默认路由配置。如图 10-33 所示，要求内网的所有用户能够访问 Internet。

R1 的配置：

```
Router(config)#ip route 0.0.0.0 0.0.0.0 211.69.14.2
```

R2 的配置：

```
Router(config)#ip route 0.0.0.0 0.0.0.0 211.69.11.1
```

R3 的配置：

```
Router(config)#ip route 0.0.0.0 0.0.0.0 211.69.11.5
```

3. 不同路由的优先级

当一台路由器上配置多种路由和路由协议时，就有了路由优先级的概念。当到达同一目标网络有多条路径选择时，按优先级最高的执行包的路径转发。不同的厂商对路由协议优先级的定义不同，并且支持的路由协议种类也不同，如表 10-9 所列。

表 10-9　Cisco/华为路由器的优先级

Cisco 路由器		华为路由器	
DIRECT（直连）	0	DIRECT（直连）	0
STATIC（静态）	1	OSPF（动态）	10
OSPF（动态）	110	STATIC（静态）	60
RIP（动态）	120	RIP（动态）	110
默认路由		默认路由	
未知	255	未知	255

10.5.3　动态路由协议配置

动态路由协议的两个基本功能：维护路由选择表；以路由更新的形式将信息及时地发布给其他路由器。

动态路由依靠一个路由协议和其他路由器共享信息。一个路由协议通过某种路由算法定义了一系列规则，当路由器和相邻路由器通信时就使用这些规则。当用一种路由算法更新路由表时，它的主要目标是确定路由表要包含最佳的路由信息。路由算法为通过网络上的每一条路径产生一个数字，叫度量值（Metric Value），其值越小，这条路径就越好。度量值的计算可以基于路径的某一个特征，也可以把几个特征结合起来计算出更复杂的度量。

路由器最常用的度量有以下 6 种。

（1）带宽（Bandwidth）：链路的数据承载能力。

（2）延迟（Delay）：把数据包从源端送到目的端所需的时间。

（3）负载（Load）：在路由器或链路上的通信信息量。

（4）可靠性（Reliability）：网络中每条通信链路上的差错率。

（5）跳数（Hopcount）：数据包从源端到达目的端所必须通过的路由器个数。

（6）滴答数（Ticks）：数据链路延迟。

基本路由算法可分为两种：距离矢量和链路状态。距离矢量算法是确定网络中任一条链路的方向（矢量）和距离，当从源端到目的端存在多条路径时，以距离最短（Hops）为最优；链路状态（也称最短路径优先）算法需重建整个网络的拓扑结构，当从源端到目的端存在多条路径时，以代价最小（Costs）为最优。相关的理论内容见第 5 章。

1. RIP 配置

路由信息协议（RIP）是一种应用较早、使用广泛的内部网关协议。RIP 适用于小型网络，是典型的距离向量算法协议。RIP 路由选择只是基于两点间的"跳数"（Hops），经过一个路由器认为是一跳，当从源端到目的端存在多条路径时，以距离最短的路径为路由。RIP 有 3 个时钟，分别是路由更新时钟（每30 s）、路由无效时钟（每 90 s）、路由取消时钟（每 270 s）。

RIP 并没有任何链接质量的概念，低速的串行链路被认为与高速的光纤链路是同样的。因为

RIP 是以最小的跳数来选择路由的，所以当在 1 000 Mbit/s 的光纤链路、100 Mbit/s 的以太网、9 600 bit/s 的串行链路 3 个路由中选择时，RIP 很可能会选择后者。RIP 也没有链路流量等级的概念。例如，对于两条以太网链路，其中一个很忙，另一个根本没有数据流，RIP 可能会选择忙的那条链路。

RIP-1 版本的最大 Hops 数是 15 跳，RIP-2 版本的最大 Hops 数是 128 跳，大于 15 跳/128 跳，则认为不可到达。因此，在大的网络系统中，Hops 数很可能超过规定值，使用 RIP 是很不现实的。另外，RIP 每隔 30 s 才进行信息更新，因此，在大型网络中，坏的链路信息可能要花很长时间才能传播过来，路由信息的稳定时间可能更长，并且在这段时间内可能产生路由环路。

【例 10-9】 RIP 的配置。

如图 10-33 所示，要求内网 R1、R2、R3 路由器启用 RIP-2 路由协议。注意，在实验时为保证 RIP 路由的有效性，必须删除静态路由，可以保留默认路由。

R1 配置的主要内容如下：

```
Router(config)#router rip              //启用 RIP 协议
Router(config-router)#version 2              //使用 RIP-2 协议
Router(config-router)#network 211.69.10.0   //宣告所连 211.69.10.0 网段
Router(config-router)#network 211.69.14.0   //宣告所连 211.69.14.0 子网
Router(config-router)#network 211.69.11.0   //宣告所连 211.69.11.0 子网
Router(config-router)#network 211.69.11.4   //宣告所连 211.69.11.4 子网
```

其他路由器的主要配置步骤：对于 R2，将所连 211.69.12.0，211.69.11.0，211.69.11.8 网段宣告出来即可；对于 R3，将所连 211.69.13.0，211.69.11.4，211.69.11.8 网段宣告出来即可。

RIP 配置完成后，可使用"show ip route"显示 IP 路由选择表。

注意

```
Router(config)#ip subnet-zero     //支持变长子网掩码
```

【例 10-10】 查看路由表。

如图 10-33 所示，以 R3 为例说明路由表的基本内容。

```
Router#show ip route
Codes: C - connected, S - static, I - IGRP, R - RIP, M - mobile, B - BGP
       D - EIGRP, EX - EIGRP external, O - OSPF, IA - OSPF inter area
       N1 - OSPF NSSA external type 1, N2 - OSPF NSSA external type 2
       E1 - OSPF external type 1, E2 - OSPF external type 2, E - EGP
       i - IS-IS, L1 - IS-IS level-1, L2 - IS-IS level-2, * - candidate default
       U - per-user static route, o - ODR
Gateway of last resort is not set
R      211.69.14.0/30 [120/1] via 211.69.11.5, 00:00:24, Serial1
R      211.69.12.0/24 [120/1] via 211.69.11.9, 00:00:22, Serial0
C      211.69.13.0/24 is directly connected, Ethernet0
R      211.69.10.0/24 [120/1] via 211.69.11.5, 00:00:24, Serial1
       211.69.11.0/30 is subnetted, 3 subnets
C         211.69.11.8 is directly connected, Serial0
C         211.69.11.4 is directly connected, Serial1
R         211.69.11.0 [120/1] via 211.69.11.5, 00:00:24, Serial1
                      [120/1] via 211.69.11.9, 00:00:22, Serial0
```

注意

OSPF 路由中，"110/20" 中的 110 为管理距离；20 为路由开销（Costs）。

2. IGRP 配置

IGRP 是由 Cisco 公司针对 RIP 的不足而开发的，它是一种距离矢量路由协议。默认情况下，IGRP 的路由更新时钟为 90 s，路由无效时钟为 270 s，路由取消时钟为 630 s。

IGRP 路由协议使用变量的组合来确定一个组合式的度量方式，IGRP 度量方式没有 RIP 的跳数计数限制，但可以提供 255 跳的路由信息，适合大型网络。所使用的变量包括带宽、延时、负载、可靠性、最大传输单元（MTU）。

【例 10-11】 IGRP 的配置。

如图 10-33 所示，以 R1、R2、R3 为例说明 IGRP 配置的主要内容。

R1 的主要配置内容：

```
Router(config)#router igrp 100        //启用 IGRP 路由协议，定义 AS 号为 100
Router(config-router)#network 211.69.10.0   //宣告直联网段
Router(config-router)#network 211.69.11.0
Router(config-router)#network 211.69.11.4
Router(config-router)#network 211.69.14.0
```

对于 R2，将所连 211.69.12.0，211.69.11.0，211.69.11.8 网段宣告出来即可；对于 R3，将所连 211.69.13.0，211.69.11.4，211.69.11.8 网段宣告出来即可。注意，R1、R2、R3 的自治域（AS）号必须相同才能相互交换路由信息。

3. OSPF 配置

OSPF（Open Shortest Path First）路由协议是由 IETF（Internet Engineering Task Force）IGP 工作小组于 1987 年开发的一种链路状态路由协议。同一时期，RIP 已成为最主要的协议，但它随着网络规模的增长，已逐渐暴露出一些问题。Cisco 的 IGRP 是可用的，并有更优的路径选择特征，但其收敛时间太长。OSPF 能够适应大型全局 IP 网络的扩展，而基于距离矢量的 IP 路由协议，如 RIP 和 IGRP 则不能适应这种网络。OSPF 协议的特性包括支持 VLSM（可变长子网掩码）、快速收敛、低网络利用、高级路由选择及可用组播传送报文等。

OSPF 协议是一个被设计为适用一个自治系统的链接状态协议。链接状态协议通过在 OSPF 区域内各路由器中维持一个相同的拓扑结构数据库来工作。路由器将每条网络链接信息送给它所有的相邻路由器，从而更新它们的拓扑结构数据库，并传播这些信息到其他路由器。

小型网络上基本的 OSPF 协议配置并不复杂。但当把 OSPF 协议应用于大规模网络时，它就会变得很复杂，需要考虑区域设计、冗余、认证等多种因素。与 RIP、IGRP 和 EIGRP 协议相比，OSPF 协议配置中主要增加的是 OSPF 协议的区域（Area）设置。每个区域都有一个区域号，当网络中存在多个区域时，必须存在 0 区域，它是骨干区域，所有其他区域都通过直接或虚链路连接到骨干区域上。为了优化操作，各区域所包含的路由器不应超过 70 个。

注意

同一网段不能划为两个不同的 OSPF 区域。

【例 10-12】 单区域的 OSPF 配置。

如图 10-33 所示，以 R1、R2、R3 为例说明 OSPF 配置的主要内容。

R1 的配置：

```
Router(config)#router ospf 100      //启用 OSPF 路由协议，定义 OSPF 进程 ID 号为 100
Router(config-router)#network 211.69.10.0 0.0.0.255 area 0 //宣告直联网段及所在区域为 0
Router(config-router)#network 211.69.11.0 0.0.0.3 area 0 //宣告直联网段及所在区域为 0
Router(config-router)#network 211.69.11.4 0.0.0.3 area 0 //宣告直联网段及所在区域为 0
Router(config-router)#network 211.69.14.0 0.0.0.3 area 0 //宣告直联网段及所在区域为 0
```

对于 R2，将所连 211.69.12.0，211.69.11.0，211.69.11.8 网段宣告出来并定义区域为 0 即可；对于 R3，将所连 211.69.13.0，211.69.11.4，211.69.11.8 网段宣告出来并定义区域为 0 即可。注意，R1、R2、R3 的区域（Area）ID 号必须相同，才能相互交换路由信息；另外，网端后应是子网掩码的反码（通配符）。

注意

Router(config)# no router ospf 100   //删除 ospf

【例 10-13】 多区域的 OSPF 配置。

如图 10-34 所示，以 R1、R2、R3、R4 为例说明 OSPF 配置的主要内容。图 10-34 中各路由器相关接口的 IP 地址如表 10-10 所列。

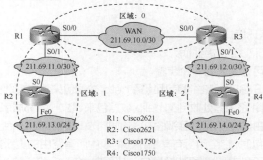

图 10-34　多区域的 OSPF 配置的网络结构

表 10-10　路由器相关接口的 IP 地址

路由器名称	接口名称	IP 地址	子网掩码
R1	S0/0	211.69.10.1	255.255.255.252
	S0/0	211.69.11.1	255.255.255.252
R2	S0	211.69.11.2	255.255.255.252
	FE0	211.69.13.1	255.255.255.0
R3	S0/0	211.69.10.2	255.255.255.252
	S0/1	211.69.12.1	255.255.255.252
R4	S0	211.69.12.2	255.255.255.252
	FE0	211.69.14.1	255.255.255.0

R1 的主要配置：

Router(config)#router ospf 100   //启用 OSPF 路由协议，定义 OSPF 进程 ID 号为 100
Router(config-router)#network 211.69.10.0 0.0.0.3 area 0 //宣告直联网段及所在区域为 0
Router(config-router)#network 211.69.11.0 0.0.0.3 area 1 //宣告直联网段及所在区域为 1

R2 的主要配置：

Router(config)#router ospf 200   //启用 OSPF 路由协议，定义 OSPF 进程 ID 号为 200
Router(config-router)#network 211.69.11.0 0.0.0.3 area 1 //宣告直联网段及所在区域为 1
Router(config-router)#network 211.69.13.0 0.0.0.255 area 1//宣告直联网段及所在区域为 1

R3 的主要配置：

Router(config)#router ospf 300   //启用 OSPF 路由协议，定义 OSPF 进程 ID 号为 300
Router(config-router)#network 211.69.10.0 0.0.0.3 area 0 //宣告直联网段及所在区域为 0
Router(config-router)#network 211.69.12.0 0.0.0.3 area 2 //宣告直联网段及所在区域为 2

R4 的主要配置：

Router(config)#router ospf 400   //启用 OSPF 路由协议，定义 OSPF 进程 ID 号为 400
Router(config-router)#network 211.69.12.0 0.0.0.3 area 2 //宣告直联网段及所在区域为 2
Router(config-router)#network 211.69.14.0 0.0.0.255 area 2//宣告直联网段及所在区域为 2

4. EIGRP 配置

增强型内部网关路由协议（Enhanced Interior Gateway Routing Protocol，EIGRP）是 Cisco 开发的一种 IGRP 的替代产品。EIGRP 是 Cisco 把距离矢量路由协议和链路状态路由协议的最佳特性融合在一起的一种新型路由协议。它是一种 Cisco 专有路由选择协议，像 IGRP 一样配置，并且使用与 IGRP 相同的度量值。IGRP 和 EIGRP 是相互兼容的，但 EIGRP 能提供多协议支持，而 IGRP 不能。EIGRP 具有如下特征。

（1）收敛速度快。

（2）带宽消耗较小。

（3）更适合大规模网络环境。

（4）减少了路由器对 CPU 的占用时间。

EIGRP 路由器的运行可分为下列 4 个步骤。

步骤 1：建立邻居表。EIGRP 路由器使用组播 hello 数据包来建立相邻关系。每台路由器根据它从运行相同协议的 EIGRP 相邻路由器处收到的 hello 数据包来建立一张邻居表。

步骤 2：发现路由。路由器在了解到相邻路由器的同时发现路由。当一台 EIGRP 路由器从一个新邻居那里收到一个 hello 数据包时，它会用含有其拓扑结构表中所有路由的更新数据包进行响应。这样一来，该新路由器将从它的所有邻居那里收到更新数据包，从而建立起一张完整的拓扑结构表。

步骤 3：选择路由。路由器对拓扑结构表进行分析，从中选择出主路由和备份路由，主路由被安放到路由表中。EIGRP 使用与 IGRP 相同的复合度量值，即带宽、延迟、可靠性、负载和 MTU 来确定最佳路径，但它将路径成本值扩大了 256 倍。正常情况下，带宽和延迟将是确定 EIGRP 度量值的唯一因素。如果想使其他因素起作用，需要管理员配置。EIGRP 在拓扑结构表上运行算法来确定到各目的网络的最佳无环路主路由和备份路由。最佳路由是度量值最小的路由，度量值的计算是通过将下一跳路由器的目的网络的度量值与本地路由器和下一跳路由器之间的度量值相加而计算出来的。

步骤 4：维护路由。当网络结构发生变化时，学到该变化的路由器将把该新信息放在组播更新数据包中通告给它的邻居。相邻路由器收到信息后，加入自己的路由表，使整个网络中路由信息保持一致。

【例 10-14】 EIGRP 的配置。

如图 10-34 所示，以 R1、R2、R3 为例说明 EIGRP 配置的主要内容。

R1 的主要配置：

Router(config)#router eigrp 100　　//启用 EIGRP 路由协议，定其 AS 的 ID 号为 100

Router(config-router)#network 211.69.10.0　//宣告直联网段

Router(config-router)#network 211.69.11.0　//宣告直联网段

R2 的主要配置：

Router(config)#router eigrp 100　　//启用 EIGRP 路由协议，定其 AS 的 ID 号为 100

Router(config-router)#network 211.69.11.0　//宣告直联网段

Router(config-router)#network 211.69.13.0　//宣告直联网段

R3 的主要配置：

Router(config)#router eigrp 100　　//启用 EIGRP 路由协议，定其 AS 的 ID 号为 100

Router(config-router)#network 211.69.10.0　//宣告直联网段

Router(config-router)#network 211.69.12.0　//宣告直联网段

注意　R1、R2、R3 的自治域（AS）号必须相同，才能相互交换路由信息。

【例 10-15】　EIGRP 配置后的路由表。

以例 10-14 配置后 R1 的路由表为例进行说明。

Router#show ip route

Codes:C-connected,S-Static,I-IGRP,R-RIP,M-inobile,B-BGP,D-EIGRP,EX-EIGRP　　external,

O-OSRF,IA-OSPF inter area N1-OSPF NSSA external type 1,N2-OSPF NSSA external type 2

EI-OSPF external type 1,E2- OSPF external type 2,E-EGP I-IS-IS level-1,L2-IS-IS lvevl-2,*-Candidate

default U-per-user static route,o-ODR

Gateway of last resort IS not set

D 211.69.12.0/24[90/2297856] via 211.69.11.2,00:22:19.serial 0

D 211.69.11.8/30[90/2297236] via 211.69.11.2,00:22:20.serial 0

C 211.69.10.0/24 is directly connected, FastEthernet0/0

D 211.69.13.0/14 [90/2195456] via 211.69.11.6,00:22:22, serial 1

C 211.69.11.0/30 is directly connected, serial 0/1

C 211.69.11.4/30 is directly connected, serial 0/0

从上面路由表中，可以看到有 3 个网络：211.69.12.0/24、211.69.11.8/30、211.69.13.0/24，经由 EIGRP 学习到。EIGRP 路由表项由"D"和"EX"标识。"D"表示在相同自治系统内的路由，"EX"表示从不同自治系统接收的路由。EIGRP 内部路由管理距离是 90（同一 AS），而外部路由管理距离为 170（不同 AS）。

5. BGP 配置

BGP（边界网关协议）是一种基于距离矢量算法的自治系统之间的路由协议。一个自治系统（AS）是一组路由器，这一组路由器处于使用一个集成的路由选择策略的管理域之内。这一管理域通常由一个或多个已经注册的或专用的 A、B 或 C 类 IP 网络组成。前面讨论了处于同一管理域下运行于单个或多个 AS 中的内部网关路由协议，包括 RIP、IGRP、OSPF 以及 EIGRP，而 BGP 用于在不同自治系统之间交换路由信息，其常在国家骨干网或电信运营商的路由器上应用。

BGP 配置是一个非常复杂的专题，本书不再介绍。

10.5.4　广域网互联配置

本小节将讨论目前最流行的 WAN 技术的工作方式以及在 Cisco 路由器上比较常用的广域网协议配置，包括 PPP、HDLC、帧中继和 DDN 等。

1. 广域网概述

广域网是指大范围互联的网络。例如，一个企业在全国以至全球都建有办公机构或分公司，将公司本部与这些办事机构互联就需要使用广域网。Internet 是世界上最大的广域网络，普通用户如果通过电话线拨号方式连接 Internet，就是与 Internet 上的访问服务器进行连接。

广域网由于传送距离较远，不可能用企业自有的布线系统传输数据，通常需采用公用线路或网络，如 PSTN、ISDN、租用专线等。

在广域网上使用的设备主要是路由器、广域网交换机、访问服务器等。

路由器主要用于两个和两个以上的局域网或局域网与广域网之间的相互连接。它能够根据数据的目标地址，以最有效的方式和路线进行传输。路由器可以自动计算有效、快速的传送路径，因此，可达到充分利用低速公共线路的目的。由于路由器是广域网连接的必需设备，所以在使用公共线路的情况下必须采用路由器连接，而且，也只有路由器具备与公共线路连接的相关接口。

广域网交换机是一种多端口网络设备，典型的交换方式有帧中继、X.25 等。广域网交换机工作在 OSI 参考模型的第二层，即数据链路层。

访问服务器主要用于通过 PSTN、ISDN 等线路实现用户的远程访问连接。

2. PPP 与 HDLC 协议的配置

（1）PPP 协议及配置。PPP（Point to Point Procotol）是 SLIP（Serial Line IP Procotol）的继承者，是一种标准的串行线路封装方法，提供了同步和异步电路，实现路由器到路由器或主机到网络的点对点连接。由于 PPP 封装是在接口上，它也能够由使用物理接口的拨号设备接口所产生的呼叫设定。PPP 协议可以在链路建立过程中检查链路质量；它支持密码认证协议（PAP）和握手验证协议（CHAP）；还支持动态地址分配、多种协议及同步、异步通信等。

建立 PPP 连接首先要进行身份验证，用户可以选择使用 PAP 或 CHAP 方式进行验证。使用 PAP 并不是一个安全的方法，其验证过程由被验证方发起。采用 PAP 验证方式时，链路上远端节点（一般为被验证方）将反复地发送用户和密码到主节点（主验证方），直到认证通过，并且验证密码在链路上是明文传输的。PAP 验证是"二次握手"。通常情况下，CHAP 是首选的验证方式。CHAP 的验证工作方式：当远程路由器希望与本地路由器建立连接时，是由本地路由器（主验证方）发起验证请求，发送一个 CHAP "询问"数据包给远程路由器（被验证方），远程路由器做出响应，本地路由器收到响应后再检验其安全性，这就是所谓的"三次握手"。CHAP 验证时密码是经过加密后，以密文方式传输的，且不允许连接发起方（主验证方）在没有收到询问消息的情况下进行连接尝试，这提高了安全性。

【例 10-16】　不需要 PPP 验证的配置。

如图 10-34 所示，以图中 R1、R3 的配置为例进行说明。

R1 的主要配置内容：

```
Router(config)#interface s0/0
Router(config-if)#ip address 211.69.10.1 255.255.255.252
Router(config-if)#enca ppp    //封装 PPP 协议
Router(config-if)#clock rate 130000     //DCE 端需配速率
Router(config-if)#no ppp authentication     //默认为不使用验证，因此该步可省略
```

R3 的主要配置内容：

```
Router(config)#interface s0/0
Router(config-if)#ip address 211.69.10.2 255.255.255.252
Router(config-if)#enca ppp    //封装 PPP 协议
Router(config-if)#no ppp authentication    //默认为不使用验证，因此该步可省略
```

注意　需要进行路由配置。

【例 10-17】CHAP 验证配置。

如图 10-34 所示，以图中 R1、R3 的配置为例进行说明。

R1 的主要配置内容：

```
Router(config)#hostname router1
Router1(config)#username router3 password 1618    //建立对端路由器名和验证密码
Router1(config)#interface s0/0
Router1(config-if)#ip address 211.69.10.1 255.255.255.252
Router1(config-if)#enca ppp    //封装 PPP 协议
Router1(config-if)#clockrate 130000
Router1(config-if)#ppp authentication chap    //配置验证模式为 CHAP
```

R3 的主要配置内容：

```
Router(config)#hostname router3
Router3(config)#username router1 password 1618    //建立对端路由器名和验证密码
Router3(config)#interface s0/0
Router3(config-if)#ip address 211.69.10.2 255.255.255.252
Router3(config-if)#enca ppp    //封装 PPP 协议
Router3(config-if)#ppp authentication chap    //配置验证模式为 CHAP
```

注意　① 需配置路由。② 两端的验证密码须一致。

（2）HDLC 协议及配置。HDLC（High-level Data Link Control）协议是高级数据链路控制协议，它是 Cisco 串行线路的默认封装协议。HDLC 的应用十分广泛，而配置十分简单。HDLC 没有窗口流量控制，只允许点对点的连接，HDLC 帧与其他供应商设备不兼容。也就是说，只有当专用线路两端是运行 Cisco IOS 软件的路由器时，HDLC 封装才可以被使用。注意，HDLC 是 Cisco 的默认封装协议，正常情况下，是不用配置的。

HDLC 配置命令如下：

```
encapsulation hdlc
```

其他配置和验证方法同 PPP 配置，此处不再详述。

3. 帧中继的配置

（1）帧中继技术概述。帧中继（Frame Relay）是一种由 ANSI 和 CCITT 标准化的高性能 WAN 协议，它工作在 OSI 参考模型的物理层和数据链路层。帧中继定义了在公共数据网上发送数据的流程，是一种面向连接的数据链路技术，为提供高性能和高效率数据传输进行了技术简化。帧中继是数据包大小可变的传输服务，最大的帧可分为 4 096 字节；帧中继访问可在 T1、E1、BRI 和 PRI 的数字化设备上提供；由于它要求的带宽低且差错率小，因此应用较为广泛。

帧中继的特点如下。

① 低延时。网络延时大，网络性能就会下降。

② 可靠性好。在给定的延时情况下，吞吐量会随着网络的可靠性变化而变化，可靠性好，超时等待的重发帧就少，吞吐量就会大大提高。

③ 可预测性。在许多网络环境中，如 SNA CICS 等，不仅要求延时低，而且需要可预测性。

④ 公开性。Cisco 的帧中继目前支持 IP、DECnet、AppleTalk、XNS、Novell IPX 等多种协议和透明网桥在其中的传输。

（2）帧中继的配置。帧中继技术提供面向连接的数据链路层的通信，在每对设备之间都存在一条定义好的通信链路，且该链路有一个数据链路标识符（DLCI），DLCI 的值一般由帧中继服务商指定，帧中继既支持永久虚电路（PVC）也支持交换虚电路（SVC）。数据链路连接标识符（DLCI）为端到端的 PVC 提供了一个本地标识，用以识别在 DTE 和帧中继交换机之间的逻辑虚拟电路。由于它只在本地有意义，所以用户只要保证 DLCI 在本地访问管道不出现重复即可，对整个帧中继网络则没有这个要求。DLCI 可以是 10、16 或 23 位（二进制），默认情况下 DLCI 为 10 位，也就是说其值为 0~1 023，但 0~15 和 1 008~1 023 是保留做特殊用途的。

在配置帧中继时，用户需要配置一个有效的 DLCI 号码以映射到一个网络地址上。在 Cisco 路由器上，地址映射可以是手工配置的，也可以采用动态地址映射。使用动态地址映射时，根据给定的 DLCI 号码，用帧中继的逆向地址解析协议（RARP）为某一具体连接找出下一跳协议地址，然后路由器会更新它的映射列表，并使用该表中的信息将数据包转发到正确的路由。

本地管理接口（Local Management Interface，LMI）是帧中继协议规范，它负责管理链路连接和保持设备间的状态。LMI 有 3 种类型，Cisco LMI 是由 Cisco、DEC、北电和 Stratacom 联合开发的，ANSI LMI 是 ANSI 标准，应用最为广泛，另外还有 Q933a LMI。

对一些突发性极强的应用，推荐使用帧中继。配置帧中继主要包括以下过程。

① 在接口上启用帧中继。

② 选择 LMI 的信号类型（ANSI 或 Cisco）。

③ 设置静态帧中继映射或者使用 RARP 的动态映射。

【例 10-18】 帧中继验证配置。

如图 10-35 所示，以图中 R1、R2、R3 的配置为例进行说明。

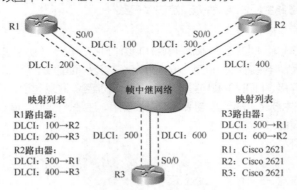

图 10-35　帧中继配置网络结构

R1 的主要配置内容：

```
Router(config)#interface serial 0/0
Router(config-if)#ip address 211.69.10.1   255.255.255.0
Router(config-if)#encapsulation frame-relay
```

```
Router(config-if)#frame-relay lmi-type ansi
Router(config-if)#frame-relay map ip 211.69.10.2 100 broadcast
Router(config-if)#frame-relay map ip 211.69.10.3 200 broadcast
```

R2 的主要配置内容：

```
Router(config)#interface serial 0/0
Router(config-if)#ip address 211.69.10.2   255.255.255.0
Router(config-if)#encapsulation frame-relay
Router(config-if)#frame-relay lmi-type ansi
Router(config-if)#frame-relay map ip 211.69.10.1 300 broadcast
Router(config-if)#frame-relay map ip 211.69.10.3 400 broadcast
```

R3 的主要配置内容：

```
Router(config)#interface serial 0/0
Router(config-if)#ip address 211.69.10.3   255.255.255.0
Router(config-if)#encapsulation frame-relay
Router(config-if)#frame-relay lmi-type ansi
Router(config-if)#frame-relay map ip 211.69.10.1 500 broadcast
Router(config-if)#frame-relay map ip 211.69.10.2 600 broadcast
```

 说 明

以 R1 配置为例，第一行指定了要配置的接口；第二行为接口配置了网络地址；第三行定义了接口封装协议的类型；第四行定义帧中继使用的 LMI 类型，其可选值为 ansi、cisco、q933a 等；第五、六行设置了静态映射，即本地 DLCI 为 100 的对应 211.69.10.2（R2），本地 DLCI 为 200 的对应 211.69.10.3（R3），其中 broadcast 为任选项。

4. DDN 专线连接的配置

（1）DDN 概述。数字数据网（Digital Data Network，DDN）是随着数据通信业务的发展而兴起的一种新兴网络。利用 DDN 方式连接 Internet 是目前最为常见的点对点的专线入网方式，而前面讲到的帧中继是交换式网络接入方式。DDN 利用数字信道提供永久或半永久性电路，是利用数字信道传输数据信号的数据传输网，它支持 PPP、SLIP、HDLC 等链路层通信协议。

DDN 的传输媒介有光缆、数字微波、卫星信道以及用户终端可用的普通电缆和双绞线。利用数字信道传输数据信号与传统的模拟信道相比，具有传输质量高、速度快、带宽利用率高等一系列优点。DDN 向用户提供的是半永久性的数字连接，沿途不进行复杂的软件处理，因此延时较短，避免了分组网中传输延时较大且不固定的缺点。DDN 采用交叉连接装置，可根据用户需要，在约定的时间内接通所需带宽的线路，信道容量的分配和接续在计算机控制下进行，具有极大的灵活性，使用户可以开通种类较多的信息业务，传输任何合适的信息。

（2）DDN 的特点。DDN 是同步数据传输网络，不具备交换功能，可根据与用户所订协议，定时接通所需路由（半永久性连接）。

① 传输速率高，网络时延小。由于 DDN 采用了同步转移模式的数字时分复用技术（TDM），用户数据信息可根据事先约定的协议，在固定的时限以预先设定的通道带宽和速率顺序传输，这样只需按时限识别通道就可以准确地将数据信息送到目的端。由于信息是顺序到达目的端的，免去了目的端对信息的重组，因此，减小了时延。目前，DDN 的最高传输速率可达 155 Mbit/s，平均时延≤450 μs。

② 不受外界环境影响，速率稳定不变，误码率极低。

③ DDN 为全透明网。DDN 是任何规程都可以支持，不受约束的全透明网，可支持网络层以及其上的任何协议，从而可满足数据、图像、声音等多种业务的需要。

④ DDN 网中的网络产品能够通过帧中继、网桥或路由器连接不同逻辑拓扑结构的局域网。

（3）DDN 的配置。在实际工程中，Cisco 路由器接 DDN 专线时，一般采用 HDLC 协议封装，同步串口需通过 V.35 或 RS232 DTE 线缆连接 CSU/DSU（通信服务单元/数据服务单元），则 Cisco 路由器为 DTE，CSU/DSU 为 DCE，由 DCE 端提供时钟。如果将两台路由器通过 V.35 线缆背对背直接相连，则必须由连接 DCE 线缆的一方路由器提供同步时钟。

Cisco2600 系列产品的高速串口最高可支持 2 Mbit/s 的传输速率，同步-异步串口在同步方式下支持 128 kbit/s 的传输速率，在异步方式下支持 115.2 kbit/s 的传输速率。

【例 10-19】 DDN 配置。

如图 10-34 所示，以图中 R1、R3 背对背连接配置为例进行说明。

R1 的主要配置内容：

```
Router(config)#interface serial 0/0
Router(config-if)#ip address 211.69.10.1   255.255.255.252
Router(config-if)#encapsulation hdlc   //封装 HDLC 协议
Router(config-if)#clockrate 2000000   //在 DCE 端配置同步时钟
```

R3 的主要配置内容：

```
Router(config)#interface serial 0/0
Router(config-if)#ip address 211.69.10.2   255.255.255.252
Router(config-if)#encapsulation hdlc   //封装 HDLC 协议
```

10.5.5 NAT 配置与局域网访问 Internet

如果想连接 Internet，又不想让网络内的所有计算机都拥有一个真正的 IP 地址，可以通过 NAT（网络地址转换）功能，将申请的合法 IP 地址统一管理，当内网的计算机需要连接 Internet 时，动态或静态地将内网私有的 IP 地址转换为 Internet 合法的 IP 地址。

最常用的两种地址分配方式：静态地址分配和动态地址分配。

静态地址分配是用户在地址转换查找表中配置具体的地址转换对，即将指定的内部地址静态地映射到指定的外部地址。内部地址和外部地址的静态映射应是"一对一"的关系，但不能"多对一"。

动态地址分配是在知道对哪些内部地址必须进行转换，可以用哪些合法地址作为外部地址时，一个主机根据使用需求被 NAT 设备转换的过程。动态转换可以使用多个合法外部地址集，也可以共享一个合法外部 IP 地址，后者是通过改变外出数据包的源端口并进行端口映射完成的，这就是 PAT（端口地址翻译）技术，可以实现"多对多"或"多对一"。

注意　　此处"多对多"的含义为同时转换数由合法 IP 地址数决定，N 个合法地址，内网只能有 N 个地址同时转换，即内网上网的 PC 数和地址池的 IP 个数一致。

1. 静态 NAT 的配置

要启用基本的静态 IP 地址转换，需完成下列步骤。

步骤一：在路由器上配置 IP 路由和 IP 地址。

步骤二：使用 "ip nat inside source static local-ip global-ip" 全局配置命令。其中，local-ip 指定内部网络中的私用地址，global-ip 指定一个内部全局地址，这个地址须是一个合法 IP 地址。

步骤三：进入相应的接口配置模式，输入 "ip nat {inside|outside}" 命令，在一个内部和一个外部接口上启用 NAT。

【例 10-20】 静态 NAT 的配置。

如图 10-36 所示，以图中 R1 来说明如何实现静态 NAT 的配置。

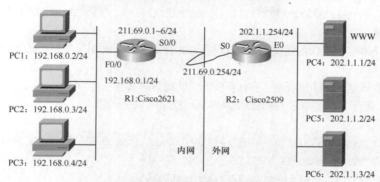

图 10-36   NAT 配置的网络结构示意图

R1 的主要配置（一对一为例）：

Router(config)#ip nat inside source static 192.168.0.2 211.69.0.2

//定义内部地址 192.168.0.2，转换外部地址为 211.69.0.2

Router(config)#ip nat inside source static 192.168.0.3 211.69.0.3

//定义内部地址 192.168.0.3，转换外部地址为 211.69.0.3

Router(config)#ip nat inside source static 192.168.0.4 211.69.0.4

//定义内部地址 192.168.0.4，转换外部地址为 211.69.0.4

Router(config)#interface   FastEthernet0/0

Router(config-if)#ip address 192.168.0.1 255.255.255.0

Router(config-if)#ip nat inside   //指定 F0/0 为内网接口

Router(config)#interface   serial 0/0

Router(config-if)#ip address 211.69.0.1 255.255.255.0

Router(config-if)#ip nat outside   //指定 S0/0 为外网接口

 注意　　① R1、R2 上使用 RIP 路由配置即可。② 可将外网的 WWW 服务器启动，通过查看 WWW 服务器上的日志来说明地址转换过程（c:\winnt\system32\logfiles\w3svc1\）。删除日志文件时，要先停止 IIS 服务。③ 内部网段 192.168.0.0 没用的 IP 地址必须进行相应的安全配置，防止其访问外网。

2. 动态 NAT 的配置

要启用动态 IP 地址转换，需完成下列步骤。

步骤一：在路由器上配置 IP 路由和 IP 地址。

步骤二：用 access-list access-list-number {permit|deny} local-ip-address 命令为内部网络定义一个标准的 IP 访问控制列表。

步骤三：用 ip nat pool pool-name start-ip end-ip {netmask netmask|prefix-length prefix-length} [type-rotary] 命令为内部定义一个 NAT 地址池，该命令中参数的含义如下。

- pool-name：地址池的名字。
- start-ip：地址池中地址范围的开始 IP 地址。
- end-ip：地址池中地址范围的结束 IP 地址。
- netmask：地址池中地址所属网络的网络掩码。

- prefix-length：掩码中 1 的个数。
- type-rotary：真正的内部主机的地址池中的地址范围，用于 TCP 负载均衡，此参数可选。

步骤四：用 "ip nat inside source list access-list-number pool-name" 命令将访问控制列表映射到 NAT 地址集。

步骤五：进入相应的接口配置模式，输入 "ip nat {inside|outside}" 命令，在至少一个内部和一个外部接口上启用 NAT。

【例 10-21】 动态 NAT 的配置（多对多情况，使用 RIP 即可）。

如图 10-36 所示，以图中 R1 来说明如何实现动态 NAT 的配置。

R1 的主要配置：

```
Router(config)# ip nat pool xlx 211.69.0.2 211.69.0.6 netmask 255.255.255.0
//定义内部地址池 XLX，地址范围为 211.69.0.2～211.69.0.6
Router(config)# access-list 1 permit 192.168.0.0   0.0.0.255
//定义一个标准访问控制列表 1，源地址为 192.168.0.0/24 的网络设为允许
Router(config)#ip nat inside source list 1 pool xlx
//将访问控制列表 1 映射到地址池 XLX
Router(config)# interface   FastEthernet0/0
Router(config-if)# ip address 192.168.0.1 255.255.255.0
Router(config-if)# ip nat inside     //指定 F0/0 为内网接口
Router(config)# interface   serial 0/0
Router(config-if)# ip address 211.69.0.1 255.255.255.0
Router(config-if)# ip nat outside    //指定 S0/0 为外网接口
```

注意 　当 **211.69.0.2～211.69.0.6** 的地址用完后，不能再进行地址转换。

【例 10-22】 动态 NAT 的主要配置（多对一情况，使用 RIP 即可）。

```
Router(config)# ip nat pool xlx 211.69.0.2 211.69.0.2 netmask 255.255.255.0
//定义内部地址池 XLX，有效地址只有一个为 211.69.0.2
⋮
Router(config)#ip nat inside source list 1 pool xlx overload
//将访问控制列表 1 映射到地址池 XLX
```

其他步骤同上列。

10.5.6　访问控制列表配置

网络管理最重要的任务之一就是网络安全，实现网络安全的一种方法便是使用路由器提供的基于数据包的过滤功能，即访问控制列表 ACL（Access Control List），其能在路由器接口处决定哪种类型的信息流量被转发，哪种类型的信息流量被拒绝。

在 Cisco 路由器中，每个访问控制列表的执行顺序是"从上到下，顺序判断"，每一条新加的列表项都被安置在访问控制列表的最后面，所以，当一个 ACL 建好之后，就不能通过行号删除某一指定的列表项。当需要另外增加一列表项时，只能删除该 ACL，然后再重新建立一个新的带有一系列条件判断语句（列表项）的 ACL。这就是要在一台 PC 上使用文本编辑器编辑好路由器的 ACL 后，再通过 TFTP 把它上传到路由器的原因。

另外，访问控制列表的结尾处有一个隐含的"deny all"，一般情况下，隐含拒绝并不会出现在配置文件中，所以，如果某数据包在 ACL 的最后一条规则上停止，它将被抛弃。

访问控制列表有如下两种基本类型。

（1）标准类型。列表号的范围为 1～99，IP 包过滤规则是只对数据包中的源地址进行检查。

（2）扩展类型。列表号的范围为 100～199，IP 包过滤规则是可对数据包中的源地址、目标地址、协议及端口号进行检查，可以过滤高层的 WWW、FTP 等协议。

1．标准访问控制列表

（1）标准访问控制列表的语法。

Access-list *access-list-number*{deny|permit} source[source-wildcard] [log]

可以通过在 access-list 命令前加 no 的形式，来删除一个已经建立的标准 ACL。access-list 1 permit 172.16.8.1 0.0.0.0 access-list 命令参数的含义如下。

- *access-list-number*：访问控制列表号，标准访问控制列表的号码范围是 1～99。
- deny：如果满足条件，数据包被拒绝从该入口通过。
- permit：如果满足条件，数据包允许从该入口通过。
- source：数据包的源网络地址，可以是具体的地址或 any（任意），如果源地址是单个 IP 地址，将 source 改成 host。后再写 IP 地址即可。
- source-wildcard：可选项，分配给源地址的通配符的位数，默认时，该字段是 0.0.0.0。
- log：可选项，生成日志信息，记录匹配 permit 或 deny 语句的包。

（2）地址和通配符掩码。当使用标准访问控制列表时，源地址必须被指定。源地址可以是一台主机、一组主机或整个子网的地址。源地址的范围由通配符字段来确定。通配符掩码是一个 32 bit 的数字字符串，使用 1 或 0 来表示，它被用"."分成 4 组，每组 8 bit。在通配符掩码位中，0 表示检查相应的位，而 1 表示不检查相应位。通配符掩码相当于子网掩码的反码。

【例 10-23】 通配符掩码的匹配。

```
211.69.10.0   0.0.0.255     //匹配的是 211.69.10.0/24 一个 C 类网段,包括 211.69.10.0～211.69.10.255。
211.69.10.0   0.0.0.3       //匹配的是 211.69.10.0/30 一个子网段,包括 211.69.10.0～211.69.10.3。
211.69.10.0   0.0.0.15      //匹配的是 211.69.10.0/28 一个子网段,包括 211.69.10.0～211.69.10.15。
211.69.10.0   0.0.0.31      //匹配的是 211.69.10.0/27 一个子网段,包括 211.69.10.0～211.69.10.31
211.69.0.0    0.0.15.255    //匹配的是 211.69.0.0/20 多个 C 类网段,包括 211.69.0.0～211.69.15.255。
172.15.0.0    0.0.255.255   //匹配的是 172.15.0.0/16 一个 B 类网段,包括 172.15.0.0～172.15.255.255。
```

（3）关键字 any 和 host 的用法。

① any。指定允许所有的 IP 地址作为源地址。这样，当某环境下允许访问任何目的地址时，就不用输入 source 位为 0.0.0.0，再输入通配符掩码为 255.255.255.255 了，直接使用 any 就可以了。下面两行指令是等价的。

```
access-list 1 permit 0.0.0.0 255.255.255.255
access-list 1 permit any
```

② host。用在访问表中指定通配符掩码是 0.0.0.0。这样在某环境下要输入单个的地址，如 172.16.8.1，就不用输入 172.16.8.1 和通配符掩码 0.0.0.0 了，直接在地址前加 host 就可以了。下面两行指令是等价的。

```
access-list 1 permit 172.16.8.1 0.0.0.0
access-list 1 permit  host 172.16.8.1
```

（4）ACL 的使用。在创建了一个访问控制列表并分配了表号之后，为了让该访问控制列表真正起作用，用户必须把它配置到一个接口上且指明应用的数据流方向。

语法：ip access-group access-list-number {in|out}

对于该命令，要记住的是在每个端口、每个协议、每个方向上只能有一个访问控制列表。下面列出了 access-group 命令参数的含义。

- ip：定义所用的协议。
- access-list-number：访问控制列表的号码。
- in|out：定义 ACL 是被应用到接口的流入方向（in），还是接口的流出方向（out）。

注意　访问控制列表一般配置在内网的出口上。

【例 10-24】　标准访问控制列表的配置。

如图 10-37 所示，以图中 R1 来说明实现标准访问控制列表的配置。

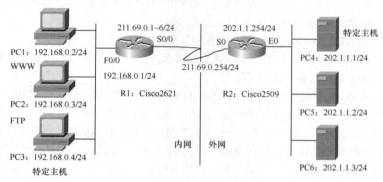

图 10-37　ACL 配置的网络结构

要求：允许内网 192.168.0.0/24 访问 Internet，但拒绝此网络中主机 192.168.0.2 访问 Internet。R1 的主要配置：

```
Router(config)#access-list 1 deny host 192.168.0.2
Router(config)#access-list 1 permit 192.168.0.0 0.0.0.255
Router(config)#interface　S0/0　（注意：如加到 F0/0 口，192.168.0.0 全网段不通）
Router(config-if)#ip access-group 1 out
```

注意　因标准访问控制列表的执行是从上到下顺序进行的，所以，一定要注意每个列表项的书写顺序。

2. 扩展访问控制列表

扩展访问控制列表能进行更精确的包过滤控制，包括数据包的源地址、数据包的目的地址、协议类型、端口号等。

（1）扩展访问控制列表的语法。扩展 ACL 也是在全局配置模式下进行设计的，其命令 access-list 的完全语法格式为：

```
access-list　access-list-number　{deny|permit}　protocol　source[source-mask　destination destination-mask] [operator operand] [established]
```

命令参数的主要含义如下。

- access-list-number：访问控制列表号，范围为 100～199。
- deny：如果满足条件，数据包被拒绝通过。
- permit：如果满足条件，数据包允许通过。

- protocol：指定协议类型，如 IP/TCP/UDP/ICMP 等。
- source：源地址。
- destination：目的地址。
- source-mask：源通配符掩码。
- destination-mask：目的通配符掩码。
- operator operand：可为 it/gt/eq/neq，分别表示小于/大于/等于/不等于端口号。
- established：可选项。

（2）访问控制的参数。

① 协议及协议的端口号。可以使用扩展 ACL 来过滤多种不同协议，如 TCP、UDP、ICMP 和 IP。在扩展 ACL 中，要指定上层 TCP 或 UDP 端口号，从而选择允许或拒绝的协议。常见的端口号及其对应协议如下，20/21：FTP；23：Telnet；25：SMTP；69：TFTP；53：DNS；80：HTTP 等，详细描述参见 Cisco 的有关书目。

② 地址和通配符掩码。扩展 ACL 的 IP 地址和通配符掩码的使用同标准 ACL，此处不再详述。

【例 10-25】 扩展访问控制列表的配置。

如图 10-37 所示，以图中 R1 来说明实现扩展访问控制列表的配置。

假设图 10-37 中的 PC1 为内网的 WWW 服务器，PC2 为内网的 FTP 服务器，PC3 为内网中的特定计算机，PC4 为外网中的特定计算机。现要求，内网的 WWW、FTP 服务器能对外提供服务，内网只有特定计算机 PC3 能访问外网；外网均可访问内网的 WWW、FTP 服务器，外网除特定计算机 PC4 外，均不能访问内网。

> **说明**
> 本例假设内网的 192.168.0.0/24 地址为可用地址，即合法的 IP 地址，不再考虑地址转换问题。

R1 的主要配置：

```
Router(config)#access-list 101 permit ip host 192.168.0.2 any
Router(config)#access-list 101 permit ip host 192.168.0.3 any
Router(config)#access-list 101 permit ip host 192.168.0.4 any
Router(config)#access-list 102 permit ip host 202.1.1.1 any
Router(config)#access-list 102 permit tcp any host 192.168.0.2 eq www
Router(config)#access-list 102 permit tcp any host 192.168.0.3 eq ftp
Router(config)#interface s0/0
Router(config-if)#ip access-group 101 out
Router(config-if)#ip access-group 102 in
```

> **注意**
> 在两台路由器上用默认路由配置（RIP 更新将受 ACL 限制）。

【例 10-26】 假设图 10-37 中的 PC1 为内网的 WWW 服务器，PC2 为内网的 FTP 服务器，PC3 为内网中的特定计算机，PC4 为外网中的特定计算机。现要求，内网的 WWW、FTP 服务器能对外提供服务，内网只有特定计算机 PC3 能访问外网；外网均可访问内网的 WWW、FTP 服务器，外网不能访问内网（内网 WWW、FTP 服务器除外）。

R1 的主要配置：

```
Router(config)#access-list 101 permit ip host 192.168.0.2 any
Router(config)#access-list 101 permit ip host 192.168.0.3 any
Router(config)#access-list 101 permit ip host 192.168.0.4 any
（隐含：拒绝所有）
Router(config)#access-list 102 permit ip host 202.1.1.1 any
Router(config)#access-list 102 permit tcp any host 192.168.0.2 eq www
Router(config)#access-list 102 permit tcp any host 192.168.0.3 eq ftp
Router(config)#access-list 102 permit ip any host 192.168.0.4

Router(config)#interface s0/0
Router(config-if)#ip access-group 101 out
Router(config-if)#ip access-group 102 in
```

注意 ① 因 RIP 更新将受 ACL 限制，在两台路由器上必须用默认路由配置。② 注意查看路由表变化情况。刚配置完，路由表中有 RIP 路由，但不通，等一段时间后，RIP 路由即没有了。

【例 10-27】假设图 10-37 中的 PC1 为内网的 WWW 服务器，PC2 为内网的 FTP 服务器，PC3 为内网中的特定计算机，PC4 为外网中的特定计算机。现要求，内网的 WWW、FTP 服务器能对外提供服务，内网全部主机能访问外网的 WWW 服务器；外网均可访问内网的 WWW、FTP 服务器，外网除特定计算机 PC4 外，均不能访问内网。

R1 的主要配置：

```
Router(config)#access-list 101 permit ip any any
Router(config)#access-list 102 permit ip host 202.1.1.1 any
Router(config)#access-list 102 permit tcp any host 192.168.0.2 eq www
Router(config)#access-list 102 permit tcp any host 192.168.0.3 eq ftp
Router(config)#access-list 102 permit ip any 192.168.0.0   0.0.0.255 eq www

Router(config)#interface s0/0
Router(config-if)#ip access-group 101 out
Router(config-if)#ip access-group 102 in
```

注意 情况同上例。

 # 本章小结

本章介绍了网络互联的基本概念及网络互联时常用的传输介质和互联设备，并由浅入深地介绍了交换机的典型配置及其工程应用，包括基本配置、VLAN 配置和 STP 配置等。最后以路由器及其配置技术为主线，详细介绍了路由器的相关概念和路由器的路由协议、广域网协议、远程接入、地址转换、访问控制列表等配置方法，对规划、组建和管理局域网、园区网具有重要的工程指导价值。

习题

1. 简述网络互联的定义。
2. 简述网络互联的类型和其常用的互联设备。
3. 简述网络互联的层次和其常用的互联设备。
4. 简述有线网络传输介质的分类、特点、抗干扰性和主要应用。
5. 简述无线标准 IEEE 802.11b 的特点和应用。
6. 简述蓝牙技术的特点。
7. 简述中继器、集线器、网桥、交换机、路由器等网络互联设备的工作层次、作用、分类和典型应用。
8. 简述 4 种常见的网关。
9. 简述三层交换机的工作原理和主要特点。
10. 简述交换机的基本配置方式和配置内容。
11. 简述交换机的 Access 端口和 Trunk 端口的区别。
12. 简述交换机 VLAN 配置的基本过程。
13. 简述交换机 Trunk 主干道配置的基本过程。
14. 简述交换机 VTP 域的各种工作模式及其特点。
15. 简述 VLAN 间路由的各种方法及其特点。
16. 简述交换机生成树协议的主要作用。
17. 简述交换机用生成树协议实现负载均衡的两种方法。
18. 简述交换机的链路聚合、端口镜像和 MAC 地址绑定等技术的主要作用。
19. 简述路由协议及路由表的基本概念。
20. 简述路由协议的分类及动态路由协议设计要求。
21. 简述路由器的配置方式分类及要求。
22. 简述在命令行状态下路由器的几种工作模式及主要功能。
23. 简述路由器的基本配置内容和主要步骤，并练习配置。
24. 简述 RIP 路由协议的特点及 RIP-2 配置的主要步骤，并练习配置。
25. 简述 OSPF 路由协议的特点及主要配置步骤。
26. 简述 PAP 验证的"二次握手"和 CHAP 验证的"三次握手"的验证过程。
27. 简述帧中继协议的特点及配置的主要步骤。
28. 简述 DDN 协议的特点及配置的主要步骤。
29. 简述静态和动态 NAT 的特点及应用。
30. 简述标准、扩展 ACL 的基本语句格式及"any""host"两种特殊关键字的用法。

第 11 章
SDN与NFV技术

11

云计算、大数据、移动互联网、物联网等计算机网络领域新技术的不断发展，需要计算机网络能够更具有弹性，管理更加便利，新业务能够快速部署，采用分布式管理实现的传统计算机网络架构越来越难以适应新的需求。适时出现的 SDN 理念和 NFV 技术为解决这些问题提供了一个很好的基础。

由于 SDN 和 NFV 涉及的知识很多，限于篇幅，本章将简要介绍相关的概念和基本原理，要获得更多的信息，读者可以通过专著、互联网等多种途径详细了解。

本章主要学习内容如下。

- SDN 概述。
- SDN 控制器与南向接口技术。
- SDN 北向接口技术。
- NFV 技术概述。
- SDN 与 NFV 的关系。

11.1　SDN 概述

11.1.1　SDN 的产生与发展

1. SDN 的产生

为了应对战争而产生的互联网，在诞生之初就被希望是一张打不烂的网，所以其摈弃了集中式处理的方式，而采用了分布式处理的思路，之后几十年的技术发展都是在此基础上的不断发展。分布式处理的好处就是不怕某一点的故障而导致全网中断，但是缺点也很明显，就是各个节点利用协议获得的信息各自为战，缺乏全局调度的能力。随着虚拟化、云计算、大数据技术的发展，尤其是移动互联和物联网的接入，数据流量爆炸式增长，新业务层出不穷，传统网络的运作方式渐渐难以适应，处于互联网内容服务一线的运营商，如 Google、AT&T、阿里等迫切需要改变现有网络的运作方式，2006 年诞生的 SDN 为解决这些问题提供了一个很好的思路。

软件定义网络（Software Defined Network，SDN）是由美国斯坦福大学 Clean State 课题研究组提出的一种新型网络创新架构，是网络虚拟化的一种实现方式。其核心技术 OpenFlow 通过将网络设备的控制面与数据面分离开来，从而实现了网络流量的灵活控制，使网络作为管道变得更加智能，为核心网络及应用的创新提供了良好的平台。SDN 的设计理念起初只是试图通过一个集中式的控制器，让网络管理员可以方便地定义基于网络流的安全控制策略，并将这些安全策略应用到各种网络设备中，从而实现对整个网络通信的安全控制。其给网络带来的可编程特性，却使人们找到了更加便捷的控制网络行为的途径，于是 SDN 获得了学术界和工业界的广泛认可和大力支持。

2. SDN 的发展

在传统网络中，控制平面与转发平面安放在每一台网络设备中，但是按照经典 SDN 理念，只有将控制平面与转发平面分离才可能让运营商脱离设备商所生产设备的束缚，自由安排和控制数据流，从而达到提高网络管理水平和新业务快速更新的目的，因此控制器的设计和实现就成为 SDN 的核心工作。从 2009 年 SDN 理念被正式提出以来，出现了很多采用不同技术实现的控制器软件，比如 NOX/POX、Beacon、Maestro、OpenDayLight、ONOS、RYU、Floodlight 等。早期的控制器有更多的实验性质，经过长期的发展，目前控制器领域最活跃的软件有两个，分别是 OpenDayLight 和 ONOS。主导这两个控制器的组织分别是 ODL 和 ONF，两个组织各有其产生的背景和不同的愿景。

SDN 一提出，立刻就在业界引起了轩然大波，尤其是一直被网络设备商压制的网络运营商，更是将其视为摆脱网络设备商牵制、翻身做主人的机会，于是 2011 年一个以网络用户为主导的非营利性组织 ONF 就此诞生了。ONF 的宗旨是制定 SDN 统一标准，推动 SDN 产业化。ONF 的工作重点是制定唯一的南向接口标准 OpenFlow，制定硬件行为转发标准，并且推出了一系列 OpenFlow 协议，其中较为稳定、应用较多的是 OpenFlow1.0 和 OpenFlow1.3 版本，目前最新的版本是 OpenFlow1.5 版本。ONF 从用户的角度制定协议，必然会维护用户的利益，但是期间也有一些问题。网络设备的研发十分复杂，是一个系统化工程，需要结合方方面面考虑，需要丰富的实战经验，而这些正是网络运营商所缺乏的，这直接导致 OpenFlow 协议过于理想化，只能在实验及简单网络环境中应用，无法实现大规模商用。这种情况下 ONF 不得不接受网络设备商的参与，并于 2014 年 12 月 5 日推出了第一个公开发行的控制器：ONOS（每个版本以一种鸟的名字命名）。

2013 年，以设备商和软件商为主导的另一 SDN 组织 ODL 建立，网络设备商从自身利益出发，也加入 SDN 大军。并不是所有网络设备商都不计较利益、不计得失地贡献自己的技术。设备商也有自己的考量，SDN 是一股不可逆转的趋势，与其坐等网络用户摆脱自己，不如化被动为主动积极参与其中，众多设备商联手研发出统一的控制框架，其中可以嵌入一些服务与应用模块，各大设备商都争相在大框架中融入更多自己的技术，因为贡献越多意味着影响越大，进而可以在 ODL 中争得一席之地，为以后的发展留下生机。ODL 于 2014 年 9 月 29 日发布了第一个正式版本的控制器：OpenDayLight（Helium 版）（OpenDayLight 的每个版本按元素周期表的顺序命名，读者可以据此规律随时了解使用版本的新旧）。

无论各自的愿景是什么，ODL 与 ONF 都有着一个共同的目的，即推动 SDN 和网络功能虚拟化发展，打造统一开放的 SDN 平台，推动 SDN 产业化。

11.1.2 SDN 的定义

关于 SDN 的确切含义，业界争论不断。不同行业的参与者各自从自己的角度出发提出了很多实现的方案。SDN 并不是一个具体的技术，而是一种网络设计的理念，SDN 的本质就是让用户应用可以通过软件编程充分控制网络的行为，让网络软件化，进而敏捷化。按照 ONF（Open Networking Foundation）组织的定义，SDN 的结构如图 11-1 所示。

一般认为 SDN 应该具备如下特征。

- 控制面与转发面分离（核心属性）。
- 具备开放的可编程接口（核心属性）。
- 集中化的网络控制。
- 网络业务的自动化应用程序控制。

根据 ONF 对 SDN 架构的详细定义，其构成应如图 11-2 所示，其由 4 个平面组成，即数据平面、控制平面、应用平面和配置管理平面。

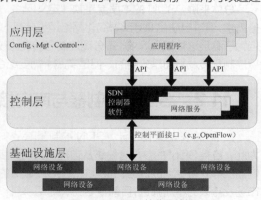

图 11-1 SDN 的分层结构

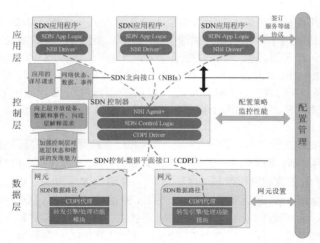

图 11-2　SDN 架构的构成

（1）数据平面。数据平面由若干网元构成，每个网元包含一个或多个 SDN 数据路径，每个数据路径对应一个逻辑上的网络设备，这个设备没有控制平面，它的作用就是处理和转发数据，逻辑上代表全部或部分物理资源。一个数据路径由控制数据平面接口（Control-Data-Plane Interface，CDPI）代理、转发引擎和处理功能 3 部分组成。

（2）控制平面。它是一个逻辑上的实体，主要负责两个任务，一个是将 SDN 应用层的请求转换到 SDN 数据路径，另一个是通过状态、事件等方式向 SDN 应用层提供底层网络的抽象模型。一个 SDN 控制器应包含北向接口代理（NorthBound Interface Agent，NBI Agent）、SDN 控制逻辑（SDN Control Logic）和控制数据平面接口驱动（CDPI Driver）3 个部分。图中 SDN 控制器只是逻辑上的表示，实际实现中，往往由多个控制器实例组成，这些控制器实例可以处于同一位置，也可以采用分布式的方式，将多个控制器实例分散安排在不同的位置。

（3）应用平面。应用平面由若干 SDN 应用（SDN Application）构成，也是 SDN 用户关注的应用程序，这些程序可以通过北向接口与 SDN 控制器进行交互。这样一来，就意味着大量用户可以通过软件将对网络行为的需求提交给控制器，由控制器统一来完成网络资源的调度。一个 SDN 应用可以包含多个北向接口驱动，实现不同的目的。同时，SDN 应用也可以对自身的功能进行抽象、封装来对外提供北向代理接口，这样就可以产生更高级的北向接口。

（4）配制管理平面。这个平面指的是一些静态工作，如对网元的配置、指定 SDN 数据路径的控制器、定义 SDN 控制器和 SDN 应用的控制范围等。通常这些工作是在以上 3 个平面之外实现的。

总体来讲，SDN 的本质就是软件定义网络，希望应用软件可以参与对网络的控制管理，满足上层业务需求，通过自动化业务部署简化网络运维就是 SDN 的核心诉求。至于控制与转发是否分离并不是关键，但为了满足这种核心诉求，不分离控制与转发比较难以做到，至少是不灵活的。所以在 ONF 的理念中希望控制和转发平面是分离的，但是实践中需要结合网络的实际情况灵活掌握。

11.2　SDN 控制器与南向接口技术

按照 SDN 的架构设计，SDN 控制器就是未来网络的核心，起到的作用类似于计算机的操作系统。为此，各类 SDN 的参与者纷纷从自己擅长的角度出发，设计出各类不同的 SDN 控制器，期望自己的控制器能够获得更大的优势，成为未来 SDN 领域的核心，从而使自身在未来的竞争中取得优势地位。经过市场几年来的不断筛选，目前在 SDN 领域影响比较大的控制器分别是 ODL 主导开发的 OpenDayLight 和 ONF 主导开发的 ONOS。

南向接口是指控制面与数据转发面之间的接口,传统网络的南向接口都是在网络设备内部实现的,由设备商自己开发的私有代码构成,属于设备商的商业机密,所以外人是不能了解的。但是 SDN 架构中,南向接口最好是标准化的,因为只有这样,软件才可以摆脱硬件的束缚,让管理员可以随心所欲地控制数据的转发。否则,SDN 的实现还是要受到特定硬件的限制。

SDN 控制器的发展过程是一个不同组织之间竞争和妥协的过程,各个组织从南向接口开始向上不断按照自身对 SDN 的理解设计不同的协议,希望自己的协议能够成为未来的标准。这个过程发展到今天,争夺的重点已经转移到北向接口。因此,相对于北向接口来讲,目前南向接口的标准化做得要好一些,本节主要通过分析上述两个控制器的基本情况,介绍 SDN 控制器的基本原理及其南向接口。

11.2.1　SDN 控制器

控制器作为 SDN 的核心组成,负责在网络设备与控制模块之间作桥梁作用。它向上提供编程接口使得网络控制模块能够操作底层网络设备;向下则与网络设备交互,掌握全局网络视图。同时,屏蔽底层网络设备的维护任务,因此,控制器又被称为网络操作系统(Network Operate System,NOS)。

SDN 诞生之初主要用于小型网络和实验网络,所以初期的控制器多为集中式控制。随着 SDN 的发展,其被部署到更大规模的网络,集中式控制器的弊端就渐渐显现了出来,于是研究人员又提出了分布式控制器的方案。这里简要介绍 SDN 控制器的发展过程和当前两种影响比较大的控制器实现原理。

1. 集中式控制器

集中式控制器的第一个产品是 NOX,其设计思想很自然地源于计算机结构。早期计算机没有操作系统,所有的硬件控制都需要单独用机器语言写程序,难度很大。后来出现的操作系统对硬件做了抽象定义,使得编程变得更加容易了,甚至可以很容易地写出跨平台的软件。NOX 采用了操作系统的类似思想,通过抽象网络资源控制接口,为其上运行的应用程序提供对网络的编程接口,使应用程序能够直接观察和控制网络。然后利用 OpenFlow 协议将数据交给支持 OpenFlow 协议的交换机,从而达到网络通信的目的。

NOX 作为最早的基于 OpenFlow 的 SDN 控制器,虽然简化了企业网的管理,但是由于它是单线程设计,难以利用高性能的计算平台,因此出现了多线程的控制器,其中一类是对 NOX 的改进,另一类则是从性能和扩展性等不同角度进行了全新设计。如从可扩展性角度考虑而设计的 Maestro,更加注重生产环境应用的多线程控制器 Beacon,以及基于 Beacon 内核开发的 Floodlight 等。比较具有影响力的控制器还有 RYU、Trema、Mul、SNA、RouteFlow 等。

2. 分布式控制器

基于 OpenFlow 的 SDN 控制器在最初设计与实现时,为了简化而设计为单个控制器。随着部署 OpenFlow 的商业网络的规模的扩大和数量的增加,仅靠单个控制器对整个网络进行控制已经变得不可行,单个控制器不论是单线程还是多线程,都会成为网络的瓶颈,主要原因有以下 3 个。

- 需要集中式控制器控制的流量规模随着交换机数量的增加而增加。
- 如果网络半径过大,无论控制器放置在哪里,总有一些交换机会遭受较长延迟。
- 受到控制器处理能力的限制,流设置所花费的时间会随着需求增长而明显增加。

为此,需要将控制器设计为分布式控制器,将多个控制器放置在网络的不同位置,多个控制器之间需要协同工作。于是从不同角度出发,科研人员设计了多种不同的分布式控制器。总体上分布式控制器分为两大类:静态分布式控制器和动态分布式控制器。

（1）静态分布式控制器

静态分布式控制器中有几个比较典型的设计,这里简要介绍其中的两种:HyperFlow 和 Kandoo。

① HyperFlow。基于 OpenFlow 的第一个分布式控制器 HyperFlow 是一种基于事件的分布式 OpenFlow 控制器，允许网络提供商在其网络上部署任意数量的控制器。出于网络控制的一体性，所有控制器应该共享一致的网络视图，只响应本地服务请求，无须主动地与任何远程节点通信，因此最小化了流配置时间。

为了获得网络状态视图的一致性，每个控制器中的 HyperFlow 控制应用实例有选择地发布事件，通过 publish/subscribe 系统改变系统状态。其他控制器重放所有发布的事件并重构网络状态。由于控制器中网络视图的任何改变均是由一个网络事件触发的，单个网络事件可能影响多个应用的状态，所以状态同步的控制流会随着应用的增加而上升，有可能导致分布式控制器反复重构网络状态，而实际上仅有很少一部分网络事件会改变网络视图，如 packet_in 事件。HyperFlow 采用了限制事件数量的方法，尽量避免了这种情况。

为了传播网络事件，HyperFlow 基于 WheelFS 实现了分布式发布/订阅系统。每个运行 HyperFlow 程序的 NOX 控制器订阅控制通道、数据通道以及自身的发布/订阅系统。事件发布到数据通道，并周期性地将控制器通告发送到控制通道。

② Kandoo。由于 OpenFlow 网络仅面对控制平面编程，频繁而资源耗尽型的事件会给控制平面带来巨大的压力，这种情况限制了 OpenFlow 网络的可扩展性。很多人认为这是 SDN 网络的固有缺陷，没有办法解决，如果要减轻压力，就必须修改交换机的设计，但是这就意味着需要修改现有的协议标准，事实上这是不可能的。Kandoo 控制器引入了一种新的功能，实现了在不修改交换机的前提下保持 OpenFlow 网络的可扩展性。

Kandoo 采用了两层控制器结构，底层多个控制器相互不连接，也没有网络视图。顶层控制器是一个逻辑上的控制器，负责维护全局网络视图。所有底层控制器向上连接顶层控制器。底层控制器仅运行靠近数据平面的本地控制应用，也就是能够利用单个交换机状态完成的功能。这样一来，底层控制器就处理了大多数频繁事件，而顶层控制器会通过一个简单的消息通道和过滤组件向底层控制器订阅特定事件，一旦该底层控制器接收到顶层控制器订阅的消息，它会将该消息转给顶层控制器进一步处理。这样就有效地向顶层控制器屏蔽了大量本地消息，降低了顶层控制器的开销。

（2）动态分布式控制器

静态分布式控制器方案中控制器与交换机之间的映射是静态配置的，不能根据网络负载的变化进行动态调整，需要管理员通过调整交换机的域归属来实现一定程度的负载均衡，缺乏灵活性。为此，集合了以上各种控制器特点的动态分布式控制器出现了。这里简要介绍其中的两种代表性动态分布式控制器 OpenDayLight 和 ONOS。

① OpenDayLight 控制器。ODL 是由供应商提出，并由 Linux 基金会推出的一个开源项目，集聚了行业中领先的设备供应商和 Linux 基金会的一些成员，目的在于通过开源的方式创建共同的供应商支持框架，使运营商不依赖于某一个供应商，为运营商竭力创造一个供应商中立的开放环境，每个人都可以贡献自己的力量，从而不断推动 SDN 的部署和创新。打造一个共同开放的 SDN 平台，在这个平台上进行 SDN 普及与创新，供开发者利用、贡献和构建商业产品及技术。ODL 的终极目标是建立一套标准化软件，帮助用户以此为基础开发出具有附加值的应用程序。

这个项目在 2014 年 9 月推出了第一个成熟的产品：OpenDayLight（简称 ODL）氢，按照 ODL 项目的初衷，OpenDayLight 应该是一个模块化、可扩展、可升级、支持多协议的控制器框架。为了更好地达到上述良好的特性，ODL 在设计时遵循了以下六个基本的架构原则。

- 运行时模块化和扩展化（Runtime Modularity and Extensibility）：支持在控制器运行时进行服务的安装删除和更新。

- 多协议的南向支持（Multiprotocol Southbound）：南向支持多种协议。

- 服务抽象层（Service Abstraction Layer）：南向多种协议对上提供统一的北向服务接口。Hydrogen 版本中全线采用 AD-SAL，Helium 版本中 AD-SAL 和 MD-SAL 共存，Lithium 版本和

Beryllium 版本中已基本使用 MD-SAL 架构。

- 开放的可扩展北向 API（Open Extensible Northbound API）：提供可扩展的应用 API，通过 REST 或者函数调用方式。两者提供的功能要一致。

- 支持多租户、切片（Support for Multitenancy/Slicing）：允许网络在逻辑上（或物理上）划分成不同的切片或租户。控制器的部分功能和模块可以管理指定切片。控制器根据所管理的分片来呈现不同的控制观测面。

- ·一致性聚合（Consistent Clustering）：提供细粒度复制的聚合和确保网络一致性的横向扩展（scale-out）。

具体实现上，ODL 框架如图 11-3 所示，主要由物理和虚拟网络设备层、控制器平台层、服务抽象层、网络 App 和业务流程层以及连接几个层次的南向接口和协议模块、北向接口等组成。这里由下至上介绍这些组成部分以及所采用的技术。

图 11-3　OpenDayLight Oxygen 版的框架结构

a. 物理和虚拟网络设备层：该层是整个架构的最底层，由物理或虚拟设备组成。它属于 SDN 概念中的数据转发平面，通常由交换机、路由器等在网络端点间建立连接。该层支持混合式交换机和经典 OpenFlow 交换机。

b. 南向接口和协议模块：是 ODL 向下层提供的接口，该接口在传统 SDN 理念中主要指 OpenFlow 协议，但是在 SDN 的发展过程中，不同厂商采用了多种不同的协议，也能够很好地达到 SDN 的目的，所以 ODL 在实现时需要考虑支持当前常见的协议模块，这些协议包括 OpenFlow 1.0、OpenFlow 1.3、OpenFlow 1.5、OVSDB、NETCONF、LISP、BGP、PCEP 和 SNMP 等，协议模块均以插件的方式动态挂在 SAL（服务抽象层）模块上。其形式如图 11-4 所示。

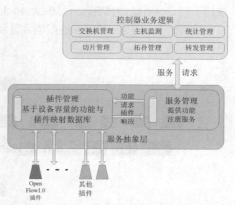

图 11-4　SAL（服务抽象层）的作用原理

为了能够让这些不同的协议模块并发工作，ODL 使用了 JBOSS 提供的 Java 开源框架 Netty。这主要是因为 Netty 使用简单、功能强大、支持多种主流协议、定制性强、健壮性和可扩展性良好，而且具有延时低、节省资源等特点。可以通过 ChannelHandler 对通信框架进行灵活扩展，非常适用于支持多种协议的南向接口。

c. 控制器平台层：控制器是 ODL 的核心，主要包括基本服务功能和拓展服务功能。其中基本服务功能包括拓扑管理、统计管理、交换机管理、转发管理、主机追踪、ARPHandler 等，拓展服务功能包括 Affinity Service、Open Stack Service、LISP Service、OVSDB Neutron、VTN Manager 和 oDMC

等。这些功能均以模块的方式构成，所有模块结合在一起构成控制器平台层，这里分别简要介绍几个基本服务和拓展服务的模块或插件，读者可以体会控制器平台层的组织方式。

- SAL 模块。各种不同的南向接口协议需要挂接到 SAL 模块上，SAL 模块是控制器模块化设计的核心，支持多种南向协议，屏蔽了协议间差异，为上层模块和应用提供一致性的服务。SAL 可以根据插件提供的特性来构建服务，服务请求被 SAL 映射到合适的插件上，采用合适的南向协议与底层设备进行交互，各个插件之间独立并且跟 SAL 松耦合。SAL 层提供的服务有数据包服务（Data Packet Service）、拓扑服务（Topology Service）、流编程服务（Flow Programming Service）、资源查询服务（Read Service）、连接服务（Connection Service）、统计服务（Statistics Service）、清单服务（Inventory Service）等。早期版本使用的是 AD-SAL，目前均采用 MD-SAL，这样就使得 SDN 控制器那些丰富的服务和模块可以使用统一的数据结构和南向、北向的 API。

- 拓扑管理模块。拓扑管理模块的主要功能就是管理拓扑图，但它不是独立运作的，需要其他模块协助才能实现拓扑管理功能。拓扑管理模块管理节点、连接、主机等信息，负责拓扑计算，其与 OpenFlow 协议模块、ARPHandler 模块、HostTracker 模块、SAL 模块等紧密联系，通过与这些模块的交互获取节点、连接、主机等信息，从而实现拓扑管理。

- 主机追踪模块。负责追踪主机信息，记录主机的 IP、MAC、VLAN 以及连接交换机的节点和端口信息。该模块依赖于 ARPHandler 模块，当 ARPHandler 模块发现是单播发送 ARP 数据包时，则通知 HostTracker 模块学习主机信息。该模块接收到主机上报的 ARP 消息，先判断主机信息是否已经存在，若不存在则缓存主机信息并下发新增规则消息。若存在，则删除旧信息，再缓存新信息并下发新增规则消息。

- ARPHandler 模块。用于监听 IPv4 和 ARP 数据包，从中获取相关主机信息，并根据不同情况做出不同反应。拓扑管理模块与 HostTracker 模块都依赖于该模块。OpenFlow 协议模块收到 ARP 或是 IPv4 包后交给 SAL，借 SAL 转交给 ARPHandler 模块。ARPHandler 对这两种数据包分别进行处理，若是 IPv4 则进入 handle Punted IP Packet 处理流程，若是 ARP 数据包则进入 handle ARP Packet 处理分支流程。

- Open Stack Service 模块。用于提供 Openstack 对接服务，Openstack 的宗旨是帮助组织运行虚拟计算或存储服务的云，为公有云、私有云，也为大云、小云提供可扩展的、灵活的云计算。该模块用于与 Openstack 对接，添加 Openstack 插件并利用 Openstack 的功能。

控制器平台层是一个复杂的多项目复合体，各个模块或插件之间的关系如图 11-5 所示。

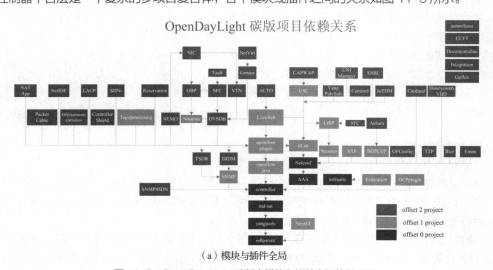

（a）模块与插件全局

图 11-5　OpenDayLight 碳版本模块和插件之间的关系图

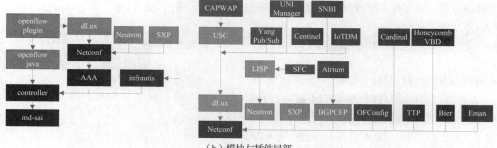

（b）模块与插件局部

图 11-5　OpenDayLight 碳版本模块和插件之间的关系图（续）

d. 北向接口：北向接口是直接为业务应用服务的，因此其设计需要密切联系业务应用需求，具有多样化的特征，需要具备较强的可扩展性。同时，北向接口的设计是否合理、便捷，以便能被业务应用广泛调用，会直接影响 SDN 控制器厂商的市场前景。为了能够满足多样性、便捷性和可扩展性要求，ODL 的北向接口支持 OSGi（面向 Java 的动态模型系统）框架和双向的表述性状态传递（Representational State Transfer，REST）接口。OSGi 框架提供控制器运行在同一地址空间的应用，而 REST API 提供运行在不同地址空间的应用。所有的逻辑和算法都运行在应用中。

采用 OSGi 框架主要是因为其能够给 ODL 带来两个最大的优势：基于接口编程，完全隐藏实现，这样就可以让开发者专注于框架，不用分神去理清具体实现的细节；动态性（动态调整北向接口，即便在运行时也可以进行）。

ODL 采用 OSGi 框架，将功能模块化，实现了一个优雅、完整和动态的组件模型。各个模块间进行封装，功能模块间相互隔离，可以动态地加载、卸载模块而无须停止 JVM 平台。这个特点符合 ODL 的需求，允许插入不同的应用和协议以满足不同使用者的需求，支持不同供应商的决策观点。

REST 是一种针对网络应用的设计和开发方式，可以降低开发的复杂性，提高系统的可伸缩性。需要注意的是，REST 是设计风格而不是标准。REST 通常基于使用 HTTP、URI、和 XML（标准通用标记语言下的一个子集）以及 HTML（标准通用标记语言下的一个应用）这些现有的广泛流行的协议和标准。通过基于 REST 的 API 公开系统资源是一种灵活的方法，可以为不同种类的应用程序提供以标准方式格式化的数据。基于 REST 的这些特性，ODL 选择使用这种方式进行北向接口的开发。

e. 网络 APP 和业务流程层：该层是控制和编程的平台，这一层包括一些网络应用和事件，可以控制、引导整个网络。借用这一层用户可以根据需求调用下层模块，享受下层提供的服务，可以根据用户需求提供不同等级的服务，大大提高了网络的灵活性。也可以利用控制器部署新规则，掌握整个网络，实现控制与转发的分离。其中，复杂的服务需要与云计算和网络虚拟化相结合。

这里虽然将南向接口、控制器平台层和北向接口分别进行了介绍，但是读者需要注意的是，这三者其实都是控制器的内容。南向接口的 SAL 对底层网络设备进行抽象，传递给北向接口，北向接口采用 REST 和 OSGi 实现对上层多样性应用的支撑。上层应用的需求和下层的反馈则被控制器平台层借助各种相关的模块和插件进行处理之后通过南向和北向接口传递给上下层。

② ONOS 控制器。ODL 是由设备商提出的控制器。如前文所述，在 SDN 领域，最先发起的，或者说动力最足的是运营商，他们太迫切希望得到弹性、高效、便捷的网络了，为此 ONF 社区成立了。在 2014 年 9 月出现 ODL 第一个正式版本之后 3 个月，2014 年 12 月 5 日，ONF 社区和 ON.Lab 也共同推出了他们的第一个控制器版本 ONOS，而且将其定位为网络操作系统。

与 ODL 以开源方式开发类似，ONOS 的定位是首款开源的 SDN 网络操作系统，主要面向服务提供商和企业骨干网。ONOS 的设计宗旨是满足网络需求实现强可靠性、好性能、高灵活度。此外，ONOS 的北向接口抽象层和 API 支持简单的应用开发，而通过南向接口抽象层和接口可以管控 OpenFlow 交换机或者传统设备，其架构如图 11-6 所示。总体来说，ONOS 将会实现以下功能。

- SDN 控制层面实现电信级特征（可靠性强，性能好，灵活度高）。

- 提供网络敏捷性强有力保证。

- 帮助服务提供商从现有网络迁移到白牌设备。

- 减少服务提供商的资本开支和运营开支。

为了达到上述功能，ONOS 具有下述核心功能。

- 分布式核心平台：提供高可扩展性、高可靠性以及高稳性能，实现运营商级 SDN 控制器平台特征。ONOS 像集群一样运行，使 SDN 控制平台和服务提供商网络具有网页式敏捷度。

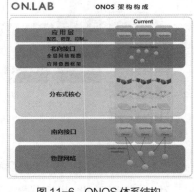

图 11-6　ONOS 体系结构

- 北向接口抽象层/APIs：图像化界面和应用提供更加友好的控制、管理和配置服务，抽象层也是实现网页式敏捷度的重要因素。

- 南向接口抽象层/APIs：可插拔式南向接口协议可以控制 OpenFlow 设备和传统设备。南向接口抽象层隔离 ONOS 核心平台和底层设备，屏蔽底层设备和协议的差异性。且南向接口是从传统设备向 OpenFlow 白牌设备迁移的关键。

- 软件模块化：让 ONOS 像软件操作系统一样，便于社区开发者和服务提供商开发、调试、维护和升级。

ONOS 架构具体由应用层、北向核心接口层、分布式核心层、南向核心接口层、适配层、设备层 6 部分构成，其中南向核心接口层和适配层可以合起来称作南向抽象层，它是连接 ONOS 核心层与设备层的重要桥梁。

ONOS 的北向接口抽象层将应用与网络细节隔离，同时网络操作系统又与应用隔离，从业务角度看，提高了应用开发速度。ONOS 可以作为服务部署在集群和服务器上，在每个服务器上运行相同的 ONOS 软件，因此 ONOS 服务器故障时可以快速地进行故障切换，这就是分布式核心平台所具有的特色性能。分布式核心平台是 ONOS 架构特征的关键，它为用户创建了一个可靠性极高的环境，将 SDN 控制器特征提升到运营商级别，这一点是 ONOS 的最大亮点。南向抽象层由网络单元构成，它将每个网络单元表示为通用格式的对象。通过这个抽象层，分布式核心平台可以维护网络单元的状态，而不需要知道底层设备的具体细节。南向接口确保了 ONOS 可以管控多个使用不同的协议的不同设备。这里重点讨论北向核心接口层、分布式核心层、南向核心接口层。

a. 北向核心接口层：ONOS 有两个强大的北向抽象层，即 Intent 架构和全局网络视图。Intent 架构屏蔽服务运行的复杂性，应用向网络请求服务而不需要了解服务运行的具体细节。应用更多地集中于能做什么，而不是怎么做。

全局网络视图为应用提供了网络视图，包括主机、交换机以及和网络相关的状态参数，如利用率。应用可以通过 APIs 对网络视图进行编程，一个 API 可以为应用提供网络视图。

确切地说，北向接口抽象层和 APIs 将应用与网络细节隔离，而且也可以隔离应用和网络事件（如连接中断）。相反地，将网络操作系统与应用隔离，网络操作系统可以管理来自多个竞争应用的请求。从业务角度看，提高了应用开发速度，并允许在应用不停机的状态下进行网络更改。

b. 分布式核心层（Distributed Core）：分布式核心层提供组件间的通信、状态管理，领导人选举等服务，如图 11-7 所示。因此，多个组件可以表现为一个逻辑组件。对设备而言，总是存在一个主要组件，一旦这个主要组件出现故障，则可以连接另一个组件

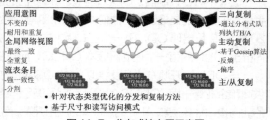

图 11-7　分布式核心层示意图

而无须重新创建新组件和重新同步流表。对应用而言，网络抽象层屏蔽了网络的差异性。另外，应用可以获悉组件和数据平台的故障代码，这些都大大简化了应用开发和故障处理过程。从业务角度看，ONOS 创建了一个可靠性极高的环境，有效地避免了应用遭遇网络连接中断的情况。而且，当网络扩展时网络服务提供商可以方便地扩容数据平台，且不会导致网络中断。通过相同的机制，网络运营商也可以实现零宕机离线更新软件。总而言之，分布式核心平台是 ONOS 架构特征的关键，它将 SDN 控制器特征提升到电信运营商级别。

c. 南向核心接口层：南向核心接口层由网络单元构成，如交换机、主机或链路。ONOS 的南向核心抽象层将每个网络单元表示为通用格式的对象。通过这个抽象层，分布式核心平台可以维护网络单元的状态，并且不需要知道底层设备的具体细节。这个网络单元抽象层允许添加新设备和协议，以可插拔的形式支持扩展，插件从通用网络单元描述或操作映射或转化为具体的形式，反之亦然。所以，南向接口确保了 ONOS 可以管控多个使用不同的协议的不同设备。南向抽象层的主要特点包括以下几点。

- 可以用不同的协议管理不同的设备，且不会对分布式核心平台造成影响。
- 扩展性强，可以在系统中添加新的设备和协议。
- 可以轻松地从传统设备迁移到支持 OpenFlow 的白牌设备。

总地来讲，ONOS 作为从运营商角度开发的网络操作系统，软件模块化是 ONOS 一大结构特征，方便了软件的添加、改变和维护。ONOS 的主体架构是围绕分布式核心平台的三层架构，核心平台内部的子结构也能体现模块化特征，核心平台的存在价值就是约束任何一个子系统的规模并保证模块的可拓展性。此外，连接不同模块的接口是至关重要的，允许模块不依赖其他模块独立更新。这样就可以不断更新算法和数据结构，并且不会影响整体系统或是应用，这一特点是确保软件稳定更新的关键。ONOS 建立树形结构不仅仅是为了遵循而且还要加强这些结构原则。合理控制模块大小并且模块之间保持适当依赖形成一个非循环的结构图，模块之间通过 API 模块之间进行关联，如图 11-8 所示。软件模块化的优势可以归纳为以下几点。

- 保证结构的完整性和连贯性。
- 简化测试结构，允许更多的集成测试。
- 降低系统某部分改变的影响，从而降低维护难度。
- 组件具有可拓展和可定制的特性。
- 规避循环依赖的情况。

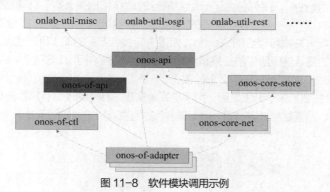

图 11-8　软件模块调用示例

11.2.2　SDN 南向接口概述

按照互联网设计的初衷，分布式转发节点是保证互联网联通性的基础，为此负责转发的路由器和交换机等设备需要通过复杂的协议互通信息，间接了解整个网络或者局部网络的情况，构建对应的转发表，从而指导数据转发的实现，所以转发节点的设备上通常都具有控制平面和转发平面。为了能够让转发节点获取信息，多年来先后出现了 RIP、OSPF、IS-IS、BGP 等协议。

随着人们对网络功能的要求越来越高，对应的协议也越来越复杂，为了能够让这些复杂的协议很好地运行，就需要专业的人员来进行大量的配置，但是配置越复杂也就意味着新业务的开展越困难。因此适时出现的 SDN 使人们发现了改变这种趋势的可能，而要实现 SDN 的理念，需要将控制平面与转发平面分离，进行集中控制，传统的转发节点只负责数据转发。这就出现了一个问题——控制平面如何获取转发节点的信息，从而获取整个网络的结构，指导转发节点进行数据转发。解决这个问题的方法，就是在控制器上设计与转发节点打交道的南向接口。

SDN 控制器南向接口的设计主要考虑控制器和交换机的交流问题，为此，不同的组织给出了不同的解决方案，其中最早和影响最大的就是 OpenFlow 协议，当然也包括 NETCONF 等其他协议，以及在 OpenFlow 协议的实现碰到问题时被提出的 P4 协议等。这些协议各有特点，至于未来南向接口是否会被某一种协议统一，这个问题目前并没有定论。限于篇幅，这里为读者简要介绍 OpenFlow 协议，通过这个协议，读者可以体会 SDN 理念在南向接口部分的考虑，关于其他南向接口协议的内容，读者可以参考其他资料。

11.2.3　OpenFlow 协议

1. OpenFlow 的基本原理

OpenFlow 协议可以说是和 SDN 同时诞生的，或者说是因为有了 OpenFlow 的提出，才出现了 SDN 理念。而控制器和 OpenFlow 交换机是 SDN 实现的基础，在上文介绍了控制器之后，了解 OpenFlow 协议之前，首先需要了解 OpenFlow 交换机的结构（OpenFlow 交换机可以是逻辑上的，也可以是支持 OpenFlow 协议的实体交换机）。

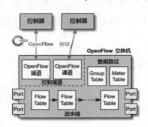

图 11-9　OpenFlow 交换机的结构

按照 1.5 版 OpenFlow 协议的定义，OpenFlow 交换机的结构如图 11-9 所示。OpenFlow 交换机由两部分组成：与控制器通信使用的控制通道；多级流表组成的数据管道，以及与数据管道匹配的组表和计量表。控制通道中可以产生若干 OpenFlow 通道，使交换机可以和分布式控制器中不同的控制器连接。数据管道由最多可以分为 256 级的流表组成，每一级流表代表了不同的匹配内容以及对应的 Action。流表是由控制器通过控制通道下发给交换机的。组表记录了流表中的不同行动序列，每个序列包含了一组要执行的动作和相关参数。计量表则记录了每个流的计数，用于简单的 QoS 服务或其他服务。数据进入交换机之后，在流表中寻找对应的流进行匹配，并执行相应的 Action，如果没有找到匹配的流，则产生 packet_in 消息，报告给控制器。需要注意的是，这里所说的交换机与传统的交换机并不相同，SDN 中的交换机匹配的层次可以达到第 4 层，传统的交换机通常只是 2 层的设备。

OpenFlow 协议在 2009 年诞生之后，为了更好地实现 SDN 的理念，其本身也经历了不断的改进，陆续发表了多个版本，目前的版本是 1.51 版。其发展过程如图 11-10 所示。

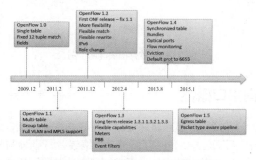

图 11-10　OpenFlow 协议的发展过程

2. 控转分离的实现过程

SDN 理念中控转分离的主要目的就是更好地实现数据转发。理解 OpenFlow 协议可以从数据转发的角度来看，谈数据转发就离不开转发平面，转发平面有时候也被叫作数据平面（Data-plane），其原因就是交换机/路由器/防火墙这些所谓的数通设备，本质特征就是转发。数据包从它们的一个接口进来，从另一个接口（可能是同一个接口）或者多个接口出去，如此而已。关键是进来的数据包到底从哪个（或者哪些）接口出去，由谁来决定？毫无疑问这个问题是由控制平面决定的。控制平面的内容又是从哪里来的呢？从本书前面若干章节关于网络原理部分的介绍可以知道，管理员需要通过管理平面（Management-plane）来配置或者命令设备这样干，设备通过配置的协议或命令等协同工作，通过交换信息进行网络拓扑，借助这个拓扑，把相关信息应用到特定的数据包身上，从而得出相应的转发动作。通常而言，就是把数据包复制一份，修改相应的报文字段，再从另外一个接口送出去。

实际上，传统设备上的控制平面和转发平面从来都是分离的。SDN 所谓的控转分离，是指把原先存在于每个设备的控制平面抽出来，集中放在一台或者几台核心设备上，由这些设备计算出网络拓扑和每个具体流量需要经过的转发路径，计算的依据依然是来自控制平面的配置或命令，以及通过学习得到的网络拓扑。计算结果流表通过 OpenFlow 协议下发到每台设备上，设备仅需要匹配这些下发的流表完成转发动作即可。因此，要理解 OpenFlow，必须理解流表。

流表就是一张表，和一张普通的数据库表并没有什么不一样，都是由一些字段（Field）定义的，可以把它们称为列。而流表的具体内容，可以称为行。列是需要预先定义（Pre-defined）的，而行是可以随时（Run-time）被增删改查（CRUD）的。忽略 OpenFlow 复杂的版本关系，表抽象以后如图 11-11 所示。而具体的流表结构如表 11-1 所示，这里的讨论先忽略具体流表结构。

Header Fields	Counters	Actions

图 11-11　抽象后的流表结构

表 11-1　OpenFlow 流表结构

入端口	源MAC 地址	目的MAC 地址	以太网 类型	VLAN ID	VLAN 优先级	源IP 地址	目的IP 地址	IP TOS 位	TCP/UDP 源端口	TCP/UDP 目的端口
Ingress Port	Ether Source	Ether Des	Ether Type	VLAN ID	VLAN Priority	IP Src	IP Dst	IP TOS bits	TCP/UDP Src Port	TCP/UDP Dst Port

首先，Header Fields 是数据包的包头。几乎所有的数据包都是由包头（header）和负载（payload）组成的。一个数据包可能由很多个包头组成，这实际上就是网络分层（layer）的本质，每一层都有自己能够提供的服务（service），而服务其实就是定义在包头里的。下个层次的包头对于上一个层次来说，是负载的一部分。所以，从数据流的视角来看，数据包是由一系列的包头依次组成的，不同的转发层面的动作如图 11-12 所示，其实并没有本质区别。因此，OpenFlow 的 Header Fields 是一系列需要匹配的包头的组合。

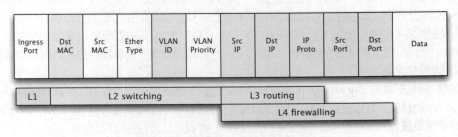

图 11-12　不同层次所要了解的包头信息

OpenFlow 的转发动作就是从以上连续的包头的域（Field）里，找出需要匹配的那些，用来标志出一个数据流（Flow）。对于所有匹配这个流的数据包，均做相同的动作（Action），并且更新计数器（Counter）。对于所有流表都不能匹配的数据包，则需要用 packet-in 的消息把这个数据包送到控制器去，由控制器来决定怎么办，或者丢弃，或者为这个包创建一个新的数据流。

了解了流表的大致含义，再来看 OpenFlow 协议通信的主要消息和主要流程。OpenFlow 消息的类型可以总体分为 3 大类。

（1）Controller-to-Switch（控制器到交换机的消息，由控制器主动发出）。

- Features 用来获取交换机特性；
- Configuration 用来配置 OpenFlow 交换机；
- Modify-State 用来修改交换机状态（修改流表）；
- Read-Stats 用来读取交换机状态；
- Send-Packet 用来发送数据包；
- Barrier 用来阻塞消息。

（2）Asynchronous（异步消息，此类消息由交换机主动发出）。

- Packet-in 用来告知控制器，交换机接收到数据包；
- Flow-Removed 用来告知控制器交换机流表被删除；
- Port-Status 用来告知控制器交换机端口状态更新；
- Error 用来告知控制器交换机发生错误。

（3）Symmetric（对称消息，可以由控制器或交换机主动发出）。

- Hello 用来建立 OpenFlow 连接；
- Echo 用来确认交换机与控制器之间的连接状态。

OpenFlow 的主要流程则由以下几个阶段组成。

（1）建立连接。控制器启动之后，会监听指定端口，交换机则使用 TCP 协议与控制器的指定端口连接，进行 3 次握手建立连接。

（2）协议协商。创建 socket 之后，交换机与控制器之间会彼此发送 hello 数据包（OFPT_HELLO），数据包中含有双方所使用的 OpenFlow 协议的最高版本。双方协商后，会采用双方都支持的最低版本协议。如果协商成功，则建立连接。如果失败则终止连接。

（3）请求交换机信息。连接建立后，控制器会向交换机发送 OFPT_FEATURES_REQUEST 数据包，目的是请求交换机的相关信息。交换机收到请求之后，会以 OFPT_FEATURES_REPLY 进行回应。回应中包含交换机的特征和端口的配置信息，这些信息在整个通信过程中起着至关重要的作用，因为所有关于流的操作都需要从特征或端口结构里面提取相关信息，如 datapath_id、port_no 等在整个通信过程中会被多次用到。

（4）交换机处理数据。在控制器获取交换机的特性之后，交换机开始处理数据。对于那些进入交换机而没有匹配流表，不知该如何操作的数据包，交换机会将其封装在 packet_in 消息模块中发给控制器。包含在 packet_in 消息模块中的数据可能有很多种类型，比较常见的是 arp 和 icmp。产生 packet_in 消息的原因主要是 OFPR_NO_MATCH 和 OFPR_ACTION。无法匹配的数据包会产生 packet_in 消息，action 也可以主动把指定的数据包发给 packet_in 消息模块，这样程序员就可以利用这一点，把需要的数据发给控制器。

交换机数据包封装到 packet_in 消息模块中发送给控制器的同时，也会将该数据包缓存。控制器收到 packet-in 消息后，可以发送 flow_mod 消息向交换机写一个流表项，并且将 flow_mod 消息中的 buffer_id 字段设置为 packet_in 消息模块中的 buffer_id 值。从而控制器向交换机写入了一条与数据包相关的流表项，并且指定该数据包按照此流表项的 action 列表处理。flow_mod 消息中使用的 OFPT_FLOW_MOD 结构由 header+match+flow_mod+action[]组成。由于这个数据结构很重要，在这里对其中的内容做较详细的解释。

- header：是所有数据包的报头，有 3 个参数：type（类型）、length（长度）、xid（数据包编号）。
- wildcards：这是从 match 域提取出来的前 32 bit。在 1.0 版中，这里的 0 和 1 的意义跟平时接触的子网掩码等意义相反。从 1.3 版开始，这个逻辑改成了正常的与逻辑。即 1 为使能匹配，0 为默认不匹配。
- match：这个数据结构会出现在所有重要的数据包中，因为它存的就是控制信息。如有由 packet_in 引发的下发流表，则 match 部分要填上对应的数据，这样下发的流表才是正确的。
- flow_mod：用来添加、删除、修改 OpenFlow 交换机的流表信息。其中包括若干参数，如时间参数 idle_timeout 和 hard_timeout、流的优先级参数 priority、缓存队列编号 buffer_id 等。参数的不同取值会产生不同的动作，因此 flow_mod 中的信息至关重要。关于相关参数的具体含义，读者可以参考相关资料。
- action：这是 OpenFlow 中最重要的结构，因为每一条流都必须指定必要的 action，不然匹配上之后，如果没有指定的 action，交换机会默认执行 drop 操作。action 有两种类型：必备行动，即转发或抛弃；选择行动，如 flood。

（5）确认成功。控制器会在 flow_mod 之后发送一个 OFPT_BARRIER_REQUEST，询问 flow_mod 的执行情况。交换机会发送 OFPT_BARRIER_REPLY 进行回应，表示流已经写成功。如果失败，则回复 OFPT_FLOW_REMOVED，其中携带若干统计数据，如流存在的时间、失败原因等。

（6）通信保持。在没有其他数据包进行交换时，控制器会定期向交换机发送 OFPT_ECHO_REQUEST，交换机则回应 OFPT_ECHO_REPLY。通过这种方式保持双发的通信。

除了上述通信过程，还有一些数据包是为了实现某种目的而设计的，如 OFPT_STATS_REQUEST 和对应的 OFPT_STATS_REPLY，通过这个过程，控制器可以获得很多统计信息，利用这些统计信息可以做很多事情，如负载平衡、流量监控等。

3. 流水线处理

控制器下发给交换机的流表构成了流表序列，这个序列通常称为流水线。OpenFlow 流水线定义了数据包与流表交互的方式，如图 11-13 所示。一个 OpenFlow 交换机至少要有一个入口流表，只有一个流表的交换机并非没有意义，在这种情况下，流水线处理得到极大的简化。流表从 0 开始按序编号，处理过程分为两个阶段——入口处理与出口处理。

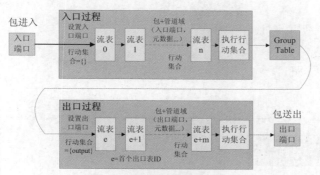

图 11-13　流表构成的流水线

两个阶段由第一个出口流表分开。编号小于第一个出口流表的流表作为入口流表，编号比它大的不能作为入口流表使用。流水线处理总是从第一个流表的入口处理，数据包首先与 0 号流表的流表项匹配，是否使用其他输入流表取决于匹配的结果。如果结果是将数据包转发到输出端口，交换机会在输出端口执行出口处理。出口处理不是必备的，交换机可能不支持任何出口处理或者是没有配置为可使用出口处理。如果没有有效的出口流表被配置为第一个出口表，数据包将会由输出端口处理。大多数情况下数据包会被送出交换机。如果存在有效的出口表，封包会与它的流表项进行匹配，是否使用其他出口流表同样取决于匹配的结果。

当通过流表进行处理时，将该数据包与流表中的流表项进行匹配进而选择一个流表项。如果匹配到流表项，则包含在该流表项中的指令集被执行。这些指令可能明确地将数据包指向另一个流表（使用 Goto

指令），在下一个流表再次重复相同的过程。流表项只能指导数据包发送到大于其自己的流表号的流表，换句话说，流水线处理只能前进，不能后退。显然，流水线的最后一个表的流表项不包含 Goto-Table 指令。如果匹配的流表项不指导数据包发送到另一个流表，当前阶段的流水线处理停止，数据包与相关的行动集一起被处理，通常是进行转发。

如果数据包与流表中的流表项不匹配，则这是 table-miss 行为。table-miss 取决于表的配置。table-miss 流表项可以灵活地指定如何处理不匹配的数据包，包括丢弃、将它们传递给另一个表，或通过控制通道将它们发送给控制器。

4. 流水线处理时的匹配过程

如上文所述，OpenFlow 交换机在接收到一个数据包后，开始从第一个流表基于流水线的方式进行查找。数据匹配字段从数据包中提取，用于表查找的数据包匹配字段依赖于数据包类型，这些类型通常包括各种数据包的报头字段，如以太网源地址或 IPv4 地址。除了通过数据包报头进行匹配，也可以通过入口端口和元数据字段进行匹配。元数据可以用来在一个交换机的不同表里面传递信息。报文匹配字段标识报文的当前状态，如果在前一个表中使用 Apply-Actions 改变了数据包的报头，那么这些变化也会在数据包匹配字段中反映。

数据包匹配字段中的值用于查找匹配的流表项，如果流表项字段具有的值是 any，它就可以匹配报头中的所有可能值。数据包与表进行匹配，优先级最高的表项必须被选择，且与选择流表项相关的计数器会更新，选定流表项的指令集也被执行。若多个匹配的流表项有相同的最高优先级，所选择的流表项被确定为未定义表项。具体过程如图 11-14 所示。

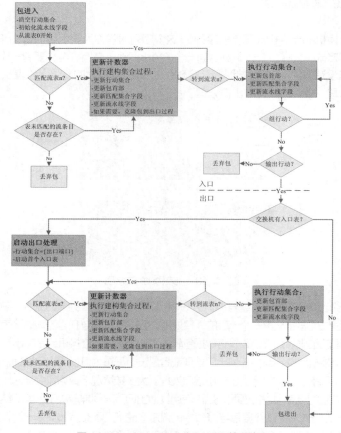

图 11-14　OpenFlow1.5.1 匹配处理流程

11.3　SDN 控制器与北向接口技术

11.3.1　SDN 北向接口概述

北向接口是连接 SDN 控制器和用户应用之间的重要纽带，决定了 SDN 的实际能力与价值，直接影响整个 SDN 市场的发展方向。众多厂商也将斗争的焦点逐渐从南向接口、控制器移到了北向接口。目前北向接口的标准之争尚无定论。站在不同角度上，目前业界存在两种技术思路。

第一种是技术方案相关接口（又称功能型接口），即"我能做什么"，从技术视角出发，暴露网络系统能够提供的具体能力，用户通过选择某种具体技术方案或组合实现其网络应用，实现对网络的精确控制。典型的技术方案相关接口有 L2VPN、L3VPN、IP-TE 等。

第二种技术思路是技术方案无关接口（又称基于意图的接口），即"我要什么"，从用户视角出发，屏蔽底层网络细节，使用户真正聚焦业务需求，而无须关心在纷繁复杂的网络解决方案中如何选择，大大降低了网络用户、服务的操作难度。典型的 Intent 接口有 NEMO、GBP、SUPA 等。

两种思路代表了设备商和运营商各自对 SDN 的理解，或者是他们的诉求。

11.3.2　北向接口的发展历程

开放、可编程是 SDN 网络的显著特征。在 SDN 网络中，开放关注的焦点逐渐上移，主要经历了 3 个阶段。

第一阶段：关注设备开放接口。

在这一阶段，网络开放关注在基础设施层的设备开放接口，通过设备开放接口，直接实现对现有网络设备的控制域编程。根据 ONF 中定义的 OpenFlow 协议标准，通过 [match，action] 的模型方式，直接生成并下发网络基础设备（如交换机、路由器以及网络芯片）的转发表项，实现对数据报文转发行为的控制。在这一阶段，应用层和控制器层之间的边界是模糊的，应用层业务的开发需要感知底层物理网络的细节，并且需要构造复杂表项实现业务开发，给新业务的开发带来极大困难。

第二阶段：关注控制器能力开放接口。

在这一阶段，网络开放关注在控制器能力开放，通过控制器的开放接口，可以实现特定的功能型、特定场景或技术方案的网络控制能力。在 ONF 的 North Bound Interface Work Group 中，定义了大量的不同功能的开放接口，如 Topology 接口，L2VPN、L3VPN 接口，Tunnel 接口等，这些接口从具体的独立的网络能力角度，隐藏了具体网络设备的转发表项细节。此阶段的控制能力开放接口，具备了一定的抽象，简化了使用流程，利用这些功能接口的组合可以部署常见业务，但使用者仍需具备丰富的网络知识和相关技术背景，同时，网络应用和技术实现相绑定，随着网络功能的不断创新，面向新功能的北向接口也需要不断地增加或扩展。

第三阶段：关注系统能力开放接口。

当前，在第三阶段，网络开放关注在系统能力的开放接口，更注重于网络整体能力的抽象和开放，提供面向网络操作意图的网络操作接口。使用这类用户意图的声明式接口，网络用户、应用只需描述想要"What"，而无须关心"How"去实现，它向用户隐藏了网络相关的技术信息，大大降低了网络用户、服务的网络操作难度，使得网络更容易被操作和使用。尽管面向用户网络操作意图的北向接口（Intent NBI）日益成为业界关注的热点，但现阶段人们对 Intent 的概念以及 Intent NBI 的描述形式和内容难以达成统一，这源于 Intent NBI 的目标用户群尚未明确。同时，这种面向用户意图的北向接口，势必会为控制器实现的"智能化"、服务质量的保障性等带来更多的挑战。

11.3.3　北向接口的发展趋势

从北向接口的发展历程可以看出，不论是 OpenDayLight 还是 ONOS，总的来讲北向接口越来越多地屏蔽了控制器及下层的细节。如 ODL 使用 REST（表述性状态传递）架构的意图就是让上层用户的软件只需要用 REST 模式进行意图描述就可以实现对控制器的使用。而 REST 软件架构设计的目的就是降低开发的复杂性，提高系统的可伸缩性。华为公司为 ONOS 提供的 NEMO 项目也基于类似的目的。NEMO 项目的目的是将现有的网络操作意图抽象成一系列的网络操作元语，通过这些元语的灵活组合来达到灵活操作网络资源的目的。

　　未来 SDN 北向接口的标准化一定会得到更强的推动，当南向接口、控制器和北向接口的标准化完成之后，广大的用户就可以放心地投入大量资本和人力来完成对目前日趋僵化的网络的改造，使互联网及未来的物联网具备更强的弹性和可扩展性，进而催生更多的网络应用模式。

11.4　NFV 技术概述

11.4.1　NFV 概述

　　云计算、大数据、物联网和移动通信不仅促使计算机网络领域出现了 SDN，同时对电信运营商也提出了更高的要求，为此运营商联盟提出了 NFV（网络功能虚拟化）技术。运营商逐渐倾向于放弃笨重昂贵的专用网络设备，转而使用标准的 IT 虚拟化技术来拆分网络功能模块，如 DNS、NAT、Firewall 等。于是一些运营商联合成立了欧洲通信标准协会（European Telecommunications Standards Institute，ETSI），其中的一个工作组（ETSI ISG NFV）负责开发制定电信网络的虚拟化架构，NFV MANO 的架构如图 11-15 所示。

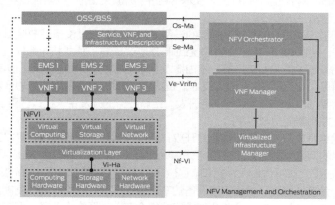

图 11-15　NFV 的架构

　　这个架构的设计达成了以下几个目的。

　　（1）NFV 架构将物理网元的一些功能拆分开来，这样更便于运营商从多个 vendor 那里选择最适合自己的 VNF。

　　（2）VNF 可以被用于不同的物理硬件和 hypervisor。

　　（3）能够通过软件进行快速发布。

　　（4）标准的开放接口便于 multi-vendor 间的 VNF 进行交互。

　　（5）使用低成本的通用硬件，不受制于特定供应商。

　　NFVI（NFV Infrastructure）包含了虚拟化层（hypervisor 或者容器管理系统，如 Docker、vSwitch）以及物理资源，如 COTS 服务器、交换机、存储设备等。NFVI 可以跨越若干个物理位置进行部署，此时，为这些物理站点提供数据连接的网络也称为 NFVI 的一部分。为了兼容基于现有的网络架构，NFVI 的网络接入点要能够与其他物理网络互联互通。NFV 支持多 vendor，NFVI 是一种通用的虚拟化层，所有虚拟资源应该是在一个统一共享的资源池中，不应该受制于或者特殊对待某些运行其上的 VNF。

NFV、VNF 中 3 个同样的字母调换了顺序，含义截然不同。NFV 是一种虚拟化技术或概念，解决了将网络功能部署在通用硬件上的问题；而 VNF 指的是具体的虚拟网络功能，提供某种网络服务，是软件，利用 NFVI 提供的基础设施部署在虚拟机、容器或者 bare-metal 物理机中。相对于 VNF，传统的基于硬件的网元可以称为 PNF。VNF 和 PNF 能够单独或者混合组网，形成所谓的 service chain，提供特定场景下所需的 E2E 网络服务。

MANO（Management and Orchestration）提供了 NFV 的整体管理和编排，向上接入 OSS/BSS（运营支撑系统），由 NFVO（NFV Orchestrator）、VNFM（VNF Manager）以及 VIM（Virtualised Infrastructure Manager）虚拟化基础设施管理器三者共同组成。Orchestration，本意是管弦乐团，在 NFV 架构中，凡是带 "O" 的组件都有一定的编排作用，各个 VNF、PNF，及其他各类资源只有在合理编排下，在正确的时间做正确的事情，整个系统才能发挥应有的作用。

VIM：NFVI 被 VIM 管理，VIM 控制着 VNF 的虚拟资源分配，如虚拟计算、虚拟存储和虚拟网络。Openstack 和 VMWare 都可以作为 VIM，前者是开源的，后者是商业的。

VNFM：管理 VNF 的生命周期，如上线、下线，进行状态监控、image onboard。VNFM 基于 VNFD（VNF 描述）来管理 VNF。

NFVO：用以管理 NS（Network Service，网络业务）生命周期，并协调 NS 生命周期的管理、协调 VNF 生命周期的管理（需要得到 VNF 管理器 VNFM 的支持）、协调 NFVI 各类资源的管理（需要得到虚拟化基础设施管理器 VIM 的支持），以此确保所需各类资源与连接的优化配置。

11.4.2　NFV 的关键技术

NFV 的实施对于电信运营商来讲是一件需要谨慎再谨慎的事情，因为电信网络对故障的容忍度非常低，所以如果电信运营商未来使用 NFV 技术来支撑电信网络，则需要采用如下几个关键技术。

（1）硬件及硬件管理技术。计算采用 X86 通用服务器，存储时用 IPSAN 技术实现存储资源与服务器的连接，网络通常采用核心交换机实现三层互通。

（2）虚拟化技术。通常采用虚拟化将硬件资源虚拟为资源池，在虚拟化的基础上进一步采用云计算技术来保证资源池的合理调用和管理。

（3）管理编排技术。管理编排技术往往依托 NFV MANO 架构实施。

（4）可靠性技术。主要采用冗余备份、云计算等技术保障虚拟网元的可靠性。

（5）数据加速技术。主要在处理器方面采用定制化的 CPU、现场可编程门阵列（FPGA）、网络处理器（NPU）等。

11.5　SDN 与 NFV 的关系

从 NFV 和 SDN 实现的关键技术来看，都融合了云计算和虚拟化技术，这种情况往往使人们将 NFV 和 SDN 混为一谈。虽然两者有逐渐融合之势，但两者的初衷和架构并不相同，具体区别如下。

SDN 起源于园区网，发展于数据中心，目的是将控制平面和转发平面分离，通过集中化的控制平面能够灵活定义网络行为。NFV 没有改变设备的功能，而是改变了设备的形态。NFV 的本质是把专用硬件设备变成一个通用软件设备，共享硬件基础设施。

虽然两者目的不同，但是并不意味着两者不能共生。恰恰相反，NFV 的软件设备（统称 VNF）的快速部署以及 VNF 之间网络的快速建立，需要支持网络自动化和虚拟化能力，这需要 SDN 网络提供支持。在 SDN 网络情况下的一些网络诉求，例如，能够快速提供虚拟网络，快速部署增值业务处理设备和网络设备等这些快速业务上线需求，需要 NFV 的软件网络设备（FW、vRouter）才能达成目的。因此从长远来看，两者的结合才是未来网络的常见形态。

本章小结

SDN 理念和 NFV 技术是最近几年来在通信和网络领域出现的热门话题，它们出现的原因是传统的网络架构随着技术的发展显得越来越僵化，很难根据需要而随时改动。这种状况难以满足新业务产生的需求，而硬件的发展、虚拟化和云计算等相关技术的出现，为这种变革打好了技术基础。这两种网络的新形态正在剧烈的演变过程中。这两个领域涉及的理论知识和实践的内容非常多，限于篇幅，本章只是涉及了一些入门的知识，更多的内容还需要读者深入学习。

习题

1. SDN 理念分为哪几层？
2. SDN 应该具备哪些特征？
3. 根据 ONF 对 SDN 架构的定义，其应该由哪几个平面组成？
4. SDN 控制器在实现上有几种形式？
5. 集中式控制器演变为分布式控制器的原因是什么？
6. 分布式控制器可以细分为哪两种，有什么不同？
7. SAL 在 ODL 控制器中起到什么作用？
8. 解释 ODL 北向接口采用 OSGi 的原因。
9. ODL 为何采用 REST 风格进行北向接口定义？
10. ONOS 要实现的功能有哪些？
11. OpenFlow 交换机中的 OpenFlow Channel 的作用是什么？
12. OpenFlow 交换机中的流表如何产生？
13. OpenFlow 消息总体上分为哪几类？
14. 北向接口的两种技术思路是什么？
15. NFV 和 VNF 是什么？
16. SDN 和 NFV 是什么关系？

第 12 章

综合实训项目

针对本书的教学内容，本章提供了一个综合实训项目和由此综合实训项目分解的一些小的实训。在实际教学中，可依据本专业的具体教学实践要求、课时情况和本校计算机网络技术实验室设备的具体情况，有选择地进行教学。在设备不足的情况下也可以通过 Cisco 模拟器——Cisco Packet Tracer 来完成配置，有些实训项目也可只进行演示性教学。

12.1 综合实训网络拓扑结构图

12.1.1 综合实训项目分析

如图 12-1 所示，某校园网组网采用了三层结构：核心层、汇聚层、接入层。其中核心层采用 Cisco 网络的核心路由 3800 和三层交换机 WS-C6509，汇聚层使用了 Cisco 的 WS-C3750 和 WS-C3550 三层交换机，接入层使用了 Cisco 的 WS-C2950 二层交换机。通过两个 Cisco ASA5520-K8 防火墙分别连接 Cernet 和 Internet。

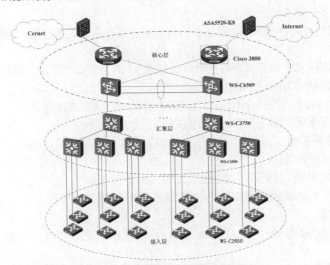

图 12-1　综合实训项目拓扑结构图

12.1.2 综合实训项目所使用的技术以及所实现的功能

（1）在核心层采用了双核心，两个核心三层交换机 WS-C6509 之间采用了链路聚合，增加了带宽并提高了可靠性，通过两台路由器 3800 分别连接 Cernet 和 Internet，通过在路由器上采用策略路由来实现访问不同的外部网络走不同的路径，并且可以提供路由备份，在路由器和外网之间部署了防火墙来保护内网的安全。

（2）在汇聚层通过 Cisco 的 WS-C3750 三层交换机分别接入两台核心层交换机 WS-C6509 来实现路由备份，并且在汇聚层交换机上采用一些路由策略来尽量减少路由的条目。

（3）在接入层交换机上采用网络认证、病毒检测等功能来实现接入用户的合法性和接入用户的系统的安全性。

（4）由于该校分配的公有 IPv4 地址不够用，所以在一些网段可以采用私有地址。当这些主机在访问内网时采用私有地址，在访问外网时通过在两台路由器上配置 NAT 实现私有地址到公有地址的转换。

12.1.3 综合实训项目的具体技术实施

下面的章节就是把此综合实训项目分解成一个个小的实训，做完每个小实训后，最后综合完成整个实训项目。

12.2 综合实训项目分解实训

12.2.1 常用网络设备与网络传输介质认识

1. 实训目的和任务

（1）熟悉构建局域网的常见设备及附件，如集线器、交换机、路由器等设备，及网卡、光纤收发器等附件，认识其在本校、本系/学院网络中的使用情况和作用。

（2）了解网卡的分类，认识网卡正常工作下指示灯的状态，掌握常用 RJ-45 接口网卡的基本安装方法。

（3）了解光纤收发器的分类，认识其上各指示灯状态的含义、各接口的作用，以及所使用的光纤的种类，掌握光纤收发器的基本使用方法。

（4）了解交换机的分类，认识其上各指示灯状态的含义、各接口的作用，掌握交换机的基本使用方法。

（5）了解路由器的分类，认识其上各指示灯状态的含义、各接口的作用，以及连接路由器所需要的电缆种类，掌握路由器的基本使用方法。

（6）了解常用网络传输介质的分类，以及在组网过程中所需要的相关附件。

（7）通过上网，了解常用网络设备、设备相关模块和传输介质的价格。

2. 实训环境及主要设备

（1）每组 1～3 台计算机。

（2）网卡、光纤收发器、交换机、路由器每组各 1 台。

（3）双绞线跳线、光纤跳线、同轴电缆、相应路由器接口电缆各 1 段。

（4）提供上网环境。

（5）推荐网址：http://www.cisco.com/web/cn/index.html（思科中国）; http://www.h3c.com.cn（h3c 公司）。

3. 实训的主要步骤

（1）查看网卡结构及接口类型，查看已上网计算机网卡指示灯的状态。

（2）查看光纤收发器结构及接口类型，有条件情况下可连接光纤网卡，查看其指示灯的状态。

（3）查看交换机结构和接口类型，查看加电及连接计算机情况。

（4）查看路由器的结构、接口类型及相关 DTE/DCE 电缆的连接情况。

（5）上网收集并查看有关网卡、光纤收发器、交换机和路由器的技术资料、分类及价格情况。

（6）上网查看有关路由器相关模块、接口电缆的价格情况。

4．注意事项

（1）严禁给计算机的 CMOS 或用户加口令。

（2）严禁带电插、拔网卡。

（3）保证操作的安全性。

5．综合实训项目关联

在综合实训项目中需要用到一些传输介质和传输设备，通过本实训，学生能够对传输介质种类、设备种类及接口类型、设备的性能及价格等有一个基本的了解。

12.2.2　双绞线的制作与使用

1．实训目的和任务

（1）了解非屏蔽和屏蔽双绞线的结构。

（2）掌握非屏蔽双绞线与 RJ-45 接头的连接方法。

（3）掌握 TIA/EIA 568A 和 568B 标准线序的排列顺序。

（4）掌握非屏蔽双绞线的平行与交叉线的制作，了解它们的区别和适用环境。

（5）掌握制作双绞线所用的工具和测试仪器的使用方法。

2．实训环境及主要设备

（1）每组 1～3 台微机。

（2）每组屏蔽双绞线 1 段，非屏蔽双绞线 2 段，压线钳 1 把；RJ-45 接头每人 2 个。

（3）每组双绞线简易测试工具 1 个。

（4）提供上网环境。

3．实训的主要步骤

（1）上网收集并查看有关双绞线的技术资料。

（2）分别制作平行和交叉线各 1 根。

（3）运用简易双绞线测试工具，对制作的平行和交叉线进行测试。

（4）（可选）运用 FLUKE 测试仪，对制作的平行和交叉线进行综合测试，理解测试参数。

4．注意事项

（1）严禁给计算机的 CMOS 或用户加口令。

（2）保证操作的安全性。

5．综合实训项目关联

在综合实训项目的接入层会用到交叉、平行双绞线连接用户的主机，通过本实训，学生能够了解交叉、平行双绞线的区别，并且会自己制作检测交叉、平行双绞线。

12.2.3　常用网络命令的使用

1．实训目的和任务

（1）掌握 ping 命令的使用。

（2）了解 tracert 命令的使用。

（3）掌握 ipconfig 命令的使用，能够使用该命令进行网络配置情况的查询。

（4）掌握 netstat 命令的使用，能够使用该命令查询主机 TCP 连接情况。

2．实训环境及主要设备

（1）每人 1 台主机。

（2）实验室提供上网环境。

3. 实训的主要步骤

（1）各学生之间用 ping 命令测试网络联通性。

（2）利用 ping 命令的相关参数测试所在网络的 MTU。

（3）利用 ping 命令的参数探测本主机到某个网站中间的路由器。

（4）利用 tracert 命令探测本主机到某个主机之间的路由。

（5）利用 ipconfig 命令查看本主机的 IP 配置和 MAC 地址。

（6）用本主机连接 Internet，利用 netstat 命令查看本主机内部的 TCP 连接情况。

4. 注意事项

（1）严禁给计算机的 CMOS 或用户加口令。

（2）Windows 系统的自带防火墙默认不允许 ping 命令通过，需要手工设置才能 ping 通。

（3）保证操作的安全性。

5. 综合实训项目关联

在综合实训项目中，网络组建好后要检查网络的联通性，通过本实训，学生可掌握常用的网络命令来检查线缆是否有故障，路由配置是否有问题，相关服务的端口是否开放等。

12.2.4　IP 地址规划与设置

1. 实训目的和任务

（1）掌握 IP 子网划分的方法。

（2）掌握主机 IP 地址的设置方法。

2. 实训环境及主要设备

（1）每人 1 台主机。

（2）实验室提供上网环境。

3. 实训的主要步骤

（1）学生分组，每人 1 台主机。

（2）各小组协商，进行网络划分。

（3）各小组学生进行各自主机的 IP 配置。

（4）在不需要配置网关的情况下，使用 ping 命令测试相同子网内主机的联通性。

（5）在无路由的环境下，使用 ping 命令测试不同子网间主机之间的联通性。

（6）用本主机连接 Internet，利用 ping 命令查看本主机与外部网络的联通性。

4. 注意事项

（1）严禁给计算机的 CMOS 或用户加口令。

（2）Windows 系统的自带防火墙默认不允许 ping 命令通过，需要手工设置防火墙才能 ping 通。

（3）保证操作的安全性。

5. 综合实训项目关联

在综合实训项目中要对网络中的 IP 地址进行规划，通过本实训，学生可以掌握如何通过子网划分增加可用网络的个数，并且可以对一些主机分配私有 IP 地址。

12.2.5　Internet 应用

1. 实训目的和任务

（1）掌握 DHCP 的工作原理和给主机动态分配 IP 地址的方法。

（2）掌握 DNS 的工作原理和给主机配置 DNS 的方法。

（3）了解子网掩码、网关、DNS 等网络参数的作用。

2. 实训环境及主要设备

（1）每人 1 台主机。

（2）实验室提供上网环境。

（3）每组配置 1 台装有 Windows Server 2012 操作系统的主机作为 DHCP 服务器。

（4）每组 1 台交换机。

3. 实训的主要步骤

（1）学生分组，每人 1 台主机。

（2）将本组主机和服务器连接到交换机。

（3）启动 DHCP 服务器，并创建相应的地址池。

（4）将本主机的 IP 地址设置为自动获取。

（5）通过 ipconfig 命令查看本机 IP 地址分配情况，通过 ipconfig /release 和 ipconfig /renew 来释放和重新获取 IP 地址。

（6）查看 DHCP 服务器上的地址池 IP 地址使用情况。

（7）在不设置网关和正确设置网关的情况下，检查访问互联网的情况。

（8）删除本主机的 DNS 服务器 IP 地址，连接 Internet，查看分别用域名和 IP 地址访问互联网的情况。

（9）设置本主机的 DNS 服务器 IP 地址，连接 Internet，查看分别用域名和 IP 地址访问互联网的情况。

4. 注意事项

（1）严禁给计算机的 CMOS 或用户加口令。

（2）当本主机与外部网络联通时，注意网关的正确配置。

（3）如果 DNS 服务器有多个，1 台主机可以配置多个 DNS。

（4）Windows 系统的自带防火墙默认不允许 ping 命令通过，需要手工设置才能 ping 通。

（5）保证操作的安全性。

5. 综合实训项目关联

在综合实训项目中要配置一些网络服务器，通过本实训，学生可以掌握在组网过程中如何配置自己内网的 DNS，如何给内网的一些主机动态分配 IP 地址。

12.2.6 Wireshark 网络监控软件的使用

1. 实训目的和任务

（1）了解目前网络安全现状与需求，理解安全漏洞给系统带来的隐患。

（2）会使用 Wireshark 软件抓取主机到其他计算机的数据包并进行分析。

（3）观察网络中出现的各种数据包的结构、封装格式，掌握数据包的分析方法。通过分析数据包格式，结合网络课程所学知识，达到验证所学，学以致用的目的。

（4）了解流量监测的基本方法和采样统计分析过程。

（5）分析监测到的网络流量，并做出分析报告。

2. 实训环境及主要设备

（1）Wireshark 软件 1 套。

（2）连接上网主机 2 台，其中 1 台要求安装 IIS。

（3）实训环境如图 12-2 所示。

3. 实训的主要步骤

（1）在测试机 PCA 上配置 IP 地址为 192.168.1.1。

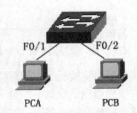

图 12-2　Wireshark 网络监控实训环境

（2）在测试机 PCA 上安装 Wireshark 软件，配置 Wireshark 软件的过滤功能，只捕获 TCP 数据报的 FTP 报文。

（3）在测试机 PCA 上使用 Windows 的 IIS 将测试机 A 配置成 FTP 服务器。

（4）在测试机 PCA 上启动 Wireshark 捕获功能。

（5）在测试机 PCB 上配置 IP 地址为 192.168.1.2。

（6）在测试机 PCB 上访问测试机 A 的 FTP 服务。

（7）在测试机 PCA 上将捕获的数据包的以太帧头、IP 头、TCP 头中的各项进行分析。

（8）分析 TCP 连接的三次握手和四次握手过程。

（9）对 TCP/IP 体系结构的工作过程和协议分布等进行充分认识。

4. 注意事项

（1）严禁给计算机的 CMOS 或用户加口令。

（2）建议使用 Wireshark V2.6.3 版本。

（3）Windows 系统的自带防火墙默认不允许 ping 命令通过，需要手工设置才能 ping 通。

（4）保证操作的安全性。

5. 综合实训项目关联

在综合实训项目中，当网络组建好后，可能需要检查一些配置是否生效，通过本实训，学生可以掌握 IP 数据包的格式，各种协议的工作原理以及 NAT 配置是否生效等。

12.2.7 Cisco 交换机的基本配置

1. 实训目的和任务

（1）熟悉网络实验室的 Cisco Catalyst 3560/2960 交换机中的任一种产品，主要包括提供的接口名称、数量、类型、作用及使用方法。

（2）了解交换机的各种配置方法及要求，掌握超级终端配置方式和 Telnet 配置方式。

（3）掌握 Cisco 交换机命令行状态下，"？"和"TAB"键的使用方法。

（4）熟练掌握 Cisco 交换机命令行状态下，常用命令的使用方法。

2. 实训环境及主要设备

（1）每组 1 台交换机、1~3 台计算机、1 根 Console 电缆、1 根平行双绞线。

（2）提供上网环境。

3. 实训的主要步骤

（1）如图 12-3 所示，用 Console 电缆连接交换机 Console 口和计算机的 COM 口。

（2）配置交换机主机名、Console 口口令和 enable 口令，加密 Console、enable 等口令。

（3）配置交换机管理 IP 地址。

（4）配置交换机端口速度（100 Mbit/s）、端口双工方式（全双工）。

（5）如图 12-4 所示，用平行双绞线连接交换机的以太口和计算机网卡，通过 Telnet 方式登录到交换机。主机的 IP 地址配置为 192.168.0.1/24，交换机 VLAN 1 接口下的 IP 地址为 192.168.0.254/24。

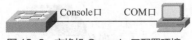
图 12-3　交换机 Console 口配置环境

图 12-4　交换机 Telnet 配置环境

（6）检查交换机运行配置和启动配置文件内容。

（7）检查默认状态下，VLAN 的参数及配置。

（8）检查交换机各端口的状态及参数。

（9）检查交换机端口 MAC 地址表中的内容。

（10）把交换机的运行配置复制到启动配置。

4. 注意事项

（1）严禁给计算机的 CMOS 或用户加口令。

（2）对于二层交换机只能配置一个管理地址，且在 VLAN 1 的 VLAN 视图下配置，对于三层交换机在每一个 VLAN 视图下都可以配置不同网段的 IP 地址。

（3）Telnet 登录时应保证主机和交换机的网络可达性，如果主机和交换机直连，应配置主机的 IP 地址和交换机 VLAN 接口的 IP 地址在同一个网段。

（4）实训结束后用 # write erase 和 # reload 命令还原交换机默认配置，以防实训时设置交换机 Console、enable 等口令下机后不清除，导致下次启动交换机时不能正常进入。

（5）Windows 系统的自带防火墙默认不允许 ping 命令通过，需要手工设置才能 ping 通。

（6）保证操作的安全性。

5. 综合实训项目关联

在综合实训项目中会用到交换机，通过本实训，学生可以掌握常用交换机的配置方法、如何设置 VLAN 的 IP 地址、如何查看当前的配置、如何使配置内容保存等常用命令。

12.2.8　Cisco 交换机 VLAN 的配置

1. 实训目的和任务

（1）熟悉网络实验室的 Cisco Catalyst 3560/2960 交换机中的任一种产品，主要包括提供的接口名称、数量、类型、作用及使用方法。

（2）掌握交换机上创建 VLAN、分配静态 VLAN 成员的方法。

（3）配置 2 个 VLAN：VLAN 2 和 VLAN 3，并为其分配静态成员。

（4）测试相同 VLAN 间能通信，不同 VLAN 间不能通信。

2. 实训环境及主要设备

（1）每组 1 台交换机、1～3 台计算机、1 根 Console 电缆、若干平行双绞线。

（2）实训环境如图 12-5 所示。

3. 实训的主要步骤

（1）如图 12-5 所示，将主机 PCA、PCB、PCC、PCD 分别接入交换机上相应端口。

（2）在交换机上创建 2 个 VLAN：VLAN 2 和 VLAN 3，如图 12-5 所示，配置相关端口到相应 VLAN。

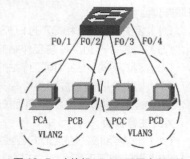

图 12-5　交换机 VLAN 配置实训环境

（3）配置 PCA IP 地址为 192.168.0.1/24、PCB IP 地址为 192.168.0.2/24、PCC IP 地址为 192.168.0.3/24、PCD IP 地址为 192.168.0.4/24，子网掩码统一为 255.255.255.0，各主机网关信息不需配置。

（4）测试同一 VLAN 内主机能否通信。

（5）测试不同 VLAN 间主机能否通信。

（6）检查交换机上的 VLAN 相关信息。

（7）删除交换机上创建的 VLAN 2 和 VLAN 3。

4. 注意事项

（1）严禁给计算机的 CMOS 或用户加口令。

（2）当一个 VLAN 被删除后，属于此 VLAN 的端口需要被重新加入到其他 VLAN 才能使用。

（3）VLAN 1 为默认 VLAN，不能被删除。

（4）Windows 系统的自带防火墙默认不允许 ping 命令通过，需要手工设置才能 ping 通。

（5）用 # write erase 和 # reload 命令删除交换机配置。

（6）保证操作的安全性。

5. 综合实训项目关联

在综合实训项目中，需要在交换机上进行 VLAN 配置，通过本实训，学生可以掌握如何在交换机上创建 VLAN，如何实现把不同部门划分到不同的 VLAN 中去。

12.2.9 Cisco 交换机 VLAN 主干道配置

1. 实训目的和任务

（1）在交换机上创建交换机间的主干道，实现对多 VLAN 的传输。

（2）配置 2 台交换机在其上分别创建 2 个 VLAN：VLAN 2 和 VLAN 3，并为其分配静态成员。

（3）创建 2 台交换机上的主干道。

（4）测试主干道的工作情况。

2. 实训环境及主要设备

（1）每组 2 台交换机、4 台计算机、1 根 Console 电缆、若干平行、交叉双绞线。

（2）实训环境如图 12-6 所示。

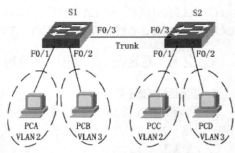

3. 实训的主要步骤

（1）分别用端口 F0/3 连接 2 台交换机 S1 和 S2，按如图 12-6 所示，连接 4 台主机到交换机相应端口。

图 12-6　交换机 VLAN 主干道配置实训环境

（2）在交换机 S1 和 S2 上各自创建 2 个 VLAN：VLAN 2 和 VLAN 3，并按如图 12-6 所示配置相应端口到各 VLAN。

（3）配置 PCA IP 地址为 192.168.0.1/24、PCB IP 地址为 192.168.0.2/24、PCC IP 地址为 192.168.0.3/24、PCD IP 地址为 192.168.0.4/24，子网掩码统一为 255.255.255.0，各主机网关信息不需配置。

（4）将交换机 S1 和 S2 的 F0/3 端口设置为主干道接口。

（5）测试同一 VLAN 内工作站的联通性。

（6）测试不同 VLAN 间工作站的联通性。

（7）检查交换机上的 VLAN 相关信息。

（8）检查交换机上的主干道相关信息。

4. 注意事项

（1）严禁给计算机的 CMOS 或用户加口令。

（2）默认情况下 Trunk 主干道上允许所有的 VLAN 数据通过，可以通过命令配置允许或者禁止某些 VLAN 的数据通过。命令如下所示。

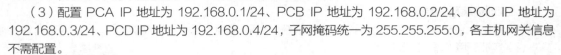

```
在 trunk 端口下：#switchport trunk allowed vlan ?
    WORD        VLAN IDs of the allowed VLANs when this port is in trunking mode
    add         add VLANs to the current list
    all         all VLANs
    except      all VLANs except the following
    none        no VLANs
    remove      remove VLANs from the current list
```

（3）Windows 系统的自带防火墙默认不允许 ping 命令通过，需要手工设置才能 ping 通。

（4）使用 # write erase 和 # reload 命令删除交换机配置。

（5）保证操作的安全性。

5. 综合实训项目关联

在综合实训项目中，需要解决跨交换机相同 VLAN 主机通信问题，通过本实训，学生可以掌握如何把处于不同地理位置的主机加入同一 VLAN，以及如何实现处于不同地理位置的同一部分的主机不通过三层设备进行通信。

12.2.10　Cisco 三层交换机实现不同 VLAN 间通信配置

1. 实训目的和任务

（1）在三层交换机配置不同 VLAN 的接口 IP 地址，实现不同 VLAN 间主机相互通信。

（2）配置 3 台交换机，在其上分别创建 2 个 VLAN：VLAN 2 和 VLAN 3，并为其分配静态成员。

（3）创建 3 台交换机之间的主干道。

（4）实现相同 VLAN 之间通过二层交换机通信，不同 VLAN 之间通过三层交换机通信。

2. 实训环境及主要设备

（1）每组 1 台三层交换机、2 台二层交换机、4 台计算机、1 根 Console 电缆、若干平行、交叉双绞线。

（2）实训环境如图 12-7 所示。

3. 实训的主要步骤

（1）如图 12-7 所示，用相应端口连接 3 台交换机，其中交换机 S3 为三层交换机，连接 4 台主机到交换机相应端口。

（2）在交换机 S1 和 S2 上各自创建 2 个 VLAN：VLAN 2 和 VLAN 3，并按如图 12-7 所示配置相应端口到各 VLAN。

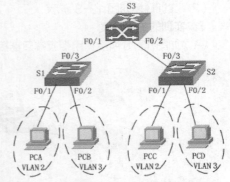

图 12-7　交换机 VLAN 主干道配置实训环境

（3）配置 PCA IP 地址为 192.168.2.1/24、PCB IP 地址 192.168.3.1/24、PCC IP 地址为 192.168.2.2/24、PCD IP 地址为 192.168.3.2/24，子网掩码统一为 255.255.255.0,PCA 和 PCC 网关为 192.168.2.254,PCB 和 PCD 网关为 192.168.3.254。

（4）将交换机 S1 和 S2 的 F0/3 和 F0/4 端口、交换机 S3 的 F0/1 和 F0/2 端口设置为主干道接口。在交换机 S3 上配置 VLAN 2 的接口地址 192.168.2.254,VLAN 3 的接口地址 192.168.3.254。

（5）测试同一 VLAN 内主机通信时经过哪些设备。

（6）测试不同 VLAN 间主机通信时经过哪些设备。

（7）检查交换机上的 VLAN 相关信息。

（8）检查交换机上的主干道相关信息。

4. 注意事项

（1）严禁给计算机的 CMOS 或用户加口令。

（2）两个不同 VLAN 的接口 IP 地址应该属于两个不同的网络。

（3）各 VLAN 主机的网关地址是三层交换机所对应 VLAN 的接口 IP 地址。

（4）配置完 VLAN 接口 IP 后，一定要把 VLAN 接口重启。

（5）配置三层交换机后，如果查路由表，发现路由表里连直连路由都没有，并且出现"Default gateway is not set...ICMP redirect cache is empty"，原因是交换机路由被禁用，解决方法：输入 (config)#ip routing。

（6）Windows 系统的自带防火墙默认不允许 ping 命令通过，需要手工设置才能 ping 通。

（7）使用 # write erase 和 # reload 命令删除交换机配置。

（8）保证操作的安全性。

5. 综合实训项目关联

在综合实训项目中，需要解决跨交换机不同 VLAN 间主机通信问题，通过本实训，学生可以掌握如何把分布在不同地理位置的、不同部门的主机通过三层设备进行通信。

12.2.11　Cisco 交换机 STP 配置

1. 实训目的和任务

（1）熟悉 STP 的作用，观察 STP 收敛过程。

（2）掌握如何利用配置 STP 端口权值的方法，实现交换机之间不同 VLAN 流量的负载均衡。

（3）掌握如何利用配置 STP 路径值的方法，实现交换机之间不同 VLAN 流量的负载均衡。

2. 实训环境及主要设备

（1）每组 2 台交换机、4 台计算机、4 根 Console 电缆、6 根平行双绞线。

（2）实训环境如图 12-8 所示。

3. 实训的主要步骤

（1）如图 12-8 所示，用相应端口连接 2 台交换机，连接 4 台主机到交换机相应端口。

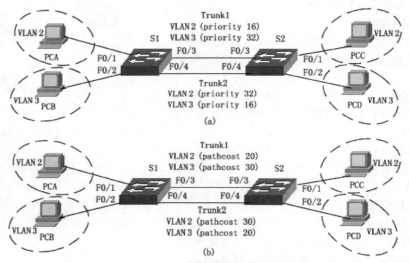

图 12-8　交换机 STP 配置实训环境

（2）配置 PCA IP 地址为 192.168.0.1/24、PCB IP 地址为 192.168.0.2/24、PCC IP 地址为 192.168.0.3/24、PCD IP 地址为 192.168.0.4/24，子网掩码统一为 255.255.255.0，各主机网关信息不需配置。

（3）启动计算机，并使其均处于超级终端的连接状态后，打开 2 台交换机。在每台计算机上，不断通过 show spanning-tree 命令，观察各个交换机生成树的状态来分析无环路树的形成过程。

（4）在每个交换机上分别配置 VLAN 2 和 VLAN 3，同时分别配置两个 Trunk 端口，观察交换机通过默认的 STP 协议，哪些端口处于转发状态，哪些端口处于阻塞状态。

（5）按照图 12-8（a）配置 STP 端口权值的方法，来实现交换机之间不同 VLAN 流量的负载均衡。

（6）可通过在 2 个交换机的相同 VLAN 之间发送数据，并观察交换机状态指示灯的方法来判断

VLAN 数据传输的线路情况。

（7）删除配置，按照图 12-8（b）所示配置 STP 路径值的方法，来实现交换机之间不同 VLAN 流量的负载均衡。

（8）手工拔掉交换机之间的一根双绞线，查看 VLAN 间通信时线路切换大概需要多长时间。

4. 注意事项

（1）严禁给微机的 CMOS 或用户加口令。

（2）Windows 系统的自带防火墙默认不允许 ping 命令通过，需要手工设置才能 ping 通。

（3）使用 # write erase 和 # reload 命令删除交换机配置。

（4）保证操作的安全性。

5. 综合实训项目关联

在综合实训项目中，为提高网络的可靠性，需要进行 STP 的配置，通过本实训，学生可以掌握如何在接入层和汇聚层之间采用 STP 来提高接入用户的可靠性。

12.2.12　Cisco 路由器的基本配置

1. 实训目的和任务

（1）熟悉网络实验室的 Cisco 2621/2509/1750/1721/1841 路由器中的任一种产品，主要包括提供的接口名称、数量、类型、作用及使用方法。

（2）了解路由器的各种配置方法及要求，掌握超级终端配置方式和 Telnet 配置方式。

（3）掌握 Cisco 路由器命令行状态下，"？"和"TAB"键的使用方法。

（4）熟练掌握 Cisco 路由器命令行状态下，常用命令的使用方法。

（5）熟练使用 TFTP 软件，掌握 Cisco 路由器配置备份和导入方法。

（6）在超级终端配置方式下，掌握删除配置及重新启动路由器进入"#"状态的方法，要求不利用路由器的自动配置对话模式。

2. 实训环境及主要设备

（1）每组 1 台路由器、1～3 台计算机、1 根 Console 电缆、1 根交叉双绞线。

（2）提供上网环境。

（3）超级终端配置方式如图 12-9 所示。

（4）Telnet 配置方式如图 12-10 所示。

图 12-9　路由器 Console 口配置环境　　　　图 12-10　路由器 Telnet 配置环境

3. 实训的主要步骤

（1）熟悉网络实验室的 Cisco 2621/2509/1750/1721/1841 路由器，重点是本组产品主要包括的接口（Console/Aux/Ethernet/WIC）、类型、作用及使用方法。

（2）如图 12-9 所示，用 Console 电缆连接路由器的 Console 口和计算机的 COM 口。

（3）配置路由器的主机名、Console 口口令和 enable 口令，加密 Console、enable 等口令。

（4）不同工作模式之间的切换。

（5）利用 Show 命令，查看版本、FLASH、运行配置设置、各接口状态信息等。

（6）练习 Cisco 路由器命令行状态下，"？"和"TAB"键的使用方法。

（7）检查路由器运行配置和启动配置文件内容。

（8）把路由器的运行配置复制到启动配置。

（9）如图 12-10 所示，用交叉双绞线连接路由器的以太口和计算机网卡，通过 Telnet 方式登录到路由器。主机的 IP 地址配置为 192.168.0.1/24，路由器接口 F0/0 的 IP 地址为 192.168.0.254/24。

（10）使用 TFTP 软件，练习路由器配置备份和导入方法。

（11）删除配置及重新启动路由器。

4. 注意事项

（1）严禁给计算机的 CMOS 或用户加口令。

（2）Telnet 登录时应保证主机和路由器的网络可达性，如果主机和路由器直连，应配置主机的 IP 地址和路由器直连接口的 IP 地址在同一个网段。

（3）实训结束后用 # write erase 和 # reload 命令还原交换机默认配置，以防实训时设置交换机 Console、enable 等口令下机后不清除，导致下次启动路由器时不能正常进入。

（4）Windows 系统的自带防火墙默认不允许 ping 命令通过，需要手工设置才能 ping 通。

（5）使用 TFTP 软件练习路由器配置备份和导入时，一定要先设置 TFTP 服务器（目录、IP 地址）并启动。

（6）保证操作的安全性。

5. 综合实训项目关联

在综合实训项目中会用到一些路由器，通过本实训，学生可以掌握常见路由器的配置方法、如何查看当前的配置、如何使配置内容保存等常用命令。

12.2.13　Cisco 路由器静态路由及 RIP 路由配置

1. 实训目的和任务

（1）掌握 Cisco 路由器静态路由的设计和配置方法。

（2）掌握 Cisco 路由器默认路由的配置方法。

（3）熟练掌握 Cisco 路由器 RIPv2 路由协议的配置方法。

（4）熟悉路由表，理解路由信息内容，了解并识记"直连、静态、RIP、默认路由"的优先级。

2. 实训环境及主要设备

（1）每组 3 台路由器、2~3 台计算机、1 根 Console 电缆、2 根交叉双绞线。

（2）通过 2 对 DTE/DCE 电缆将 3 台路由器通过串口相连。

（3）实训环境如图 12-11 所示。

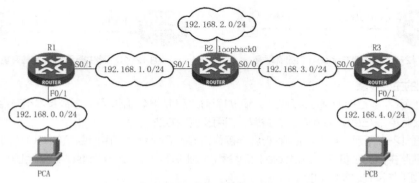

图 12-11　路由器静态和 RIP 路由配置实训环境

3. 实训的主要步骤

（1）图 12-11 中路由器连接各网段的网络地址已经给出，各相关接口的 IP 地址均由学生自行设计，PCA 主机的 IP 地址为 192.168.0.1/24，其网关为路由器 R1 的 F0/1 的接口 IP 地址，PCB

主机的 IP 地址为 192.168.4.1/24，其网关为路由器 R3 的 F0/1 的接口 IP 地址，在路由器 R2 上设置一个 loopback0 来模拟一个网络，其 IP 地址可以配置 192.168.2.0/24 网段中任一个 IP 地址。

（2）依据设计，在路由器 R1 和 R2 上配置静态路由，在路由器 R3 上配置默认路由来实现 PCA 和 PCB 两主机相互通信，并且 PCA 和 PCB 能够 ping 通路由器 R2 上的 loopback0 口，查看各路由器路由表变化。

（3）删除 3 台路由器所配置的静态和默认路由，在 3 台路由器上分别配置 RIPv2 路由协议，并且宣告各直联网段，注意在 R2 上先不宣告直连的 loopback0 网段，过一段时间后查看各路由器路由表变化情况，以及路由器 R1 和 R2 的路由表中是否有到 192.168.2.0 网段的路由。

（4）在路由器 R2 上宣告网段 192.168.2.0，一段时间后查看路由器 R1 和 R3 的路由表中是否有到 192.168.2.0 网段的路由。

（5）最后用 ping 命令查看 2 台主机之间、主机和路由器的任一接口能否通信。

4. 注意事项

（1）严禁给计算机的 CMOS 或用户加口令。

（2）严禁带电插、拔串口电缆。

（3）路由器用串口相连时，注意 DCE 电缆一端的接口要配置时钟。

（4）数据通信是双向的，所以在配置静态路由时，要保证既要有数据去的路由，又要有数据回的路由。

（5）宣告网段时只能宣告直连的网段，并且只有将一个网段宣告后，这个网段的信息才能被传到其他相邻的路由器。

（6）RIP 是距离矢量的路由协议，收敛速度比较慢，配置 RIP 后需要等一段时间才能查到路由器路由表的更新。

（7）注意在配置路由协议之前，一定要先测试各直连线路的联通性。

（8）Windows 系统的自带防火墙默认不允许 ping 命令通过，需要手工设置才能 ping 通。

（9）使用 # write erase 和 # reload 命令删除路由器配置。

5. 综合实训项目关联

在综合实训项目中接入层的三层设备上一般会用到静态路由和 RIP 路由协议，通过本实训，学生可以掌握在接入层设备上如何配置静态路由和 RIP 路由，来实现网络的联通性。

12.2.14 Cisco 路由器 OSPF 路由配置

1. 实训目的和任务

（1）掌握 Cisco 路由器多区域 OSPF 路由的设计及配置方法。

（2）熟悉路由表，理解路由信息内容，了解并识记"直连、静态、RIP、默认路由、OSPF"的优先级。

2. 实训环境及主要设备

（1）每组 3 台路由器、2~3 台计算机、1 根 Console 电缆、2 根交叉双绞线。

（2）通过 2 对 DTE/DCE 电缆将 3 台路由器通过串口相连。

（3）实训环境如图 12-12 所示。

3. 实训的主要步骤

（1）图 12-12 中路由器连接各网段的网络地址已经给出，各相关接口的 IP 地址均由学生自行设计，PCA 主机的 IP 地址为 192.168.0.1/24，其网关为路由器 R1 的 F0/1 的接口 IP 地址，PCB 主机的 IP 地址为 192.168.4.1/24，其网关为路由器 R3 的 F0/1 的接口 IP 地址。

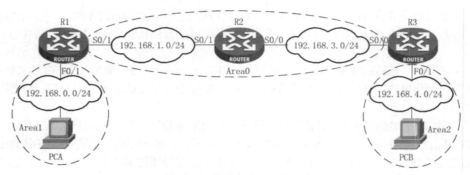

图 12-12　OSPF 路由配置实训环境

（2）在 3 台路由器上分别配置 OSPF 路由协议，按照图 12-12 所示划分 OSPF 的区域，并且宣告各直联网段到相应区域。注意在 R2 上先不宣告直连的 192.168.1.0 网段，过一段时间后查看各路由器路由表变化情况，以及路由器 R1 和 R2 的路由表中是否有到 192.168.1.0 网段的路由。

（3）在路由器 R2 上宣告网段 192.168.1.0 到 Area0，一段时间后查看路由器 R3 的路由表中是否有到 192.168.2.0 网段的路由。

（4）用 ping 命令查看 2 台主机之间、主机和路由器的任一接口能否通信。

4. 注意事项

（1）严禁给计算机的 CMOS 或用户加口令。

（2）严禁带电插、拔串口电缆。

（3）路由器用串口相连时，注意 DCE 电缆一端的接口要配置时钟。

（4）宣告网段时只能宣告直连的网段到某一区域，并且只有将一个网段宣告后，这个网段的信息才能被传到其他相邻的路由器。

（5）OSPF 路由协议划分区域时一定要有一个 Area0 区域，并且其他区域必须和 Area0 区域直连。

（6）注意在配置路由协议之前，一定要先测试各直连线路的联通性。

（7）Windows 系统的自带防火墙默认不允许 ping 命令通过，需要手工设置才能 ping 通。

（8）使用 # write erase 和 # reload 命令删除路由器配置。

5. 综合实训项目关联

在综合实训项目中核心层和汇聚层一般用到 OSPF 路由协议，通过本实训，学生可以掌握如何在核心层和汇聚层设备上配置 OSPF 路由来实现网络的联通性。

12.2.15　Cisco 路由器路由协议间路由引入配置

1. 实训目的和任务

（1）掌握 Cisco 路由器 OSPF、RIP、静态路由并存路由的设计及配置方法。

（2）掌握 OSPF 路由协议引入 RIP 路由协议、RIP 路由协议引入 OSPF 路由协议、OSPF 路由协议引入静态路由的方法。

2. 实训环境及主要设备

（1）每组 3 台路由器、2 台计算机、1 根 Console 电缆、2 根交叉双绞线。

（2）通过 2 对 DTE/DCE 电缆将 3 台路由器通过串口相连。

（3）实训环境如图 12-13 所示。

3. 实训的主要步骤

（1）图 12-13 中路由器连接各网段的网络地址已经给出，各相关接口的 IP 地址均由学生自行设计。PCA 主机的 IP 地址为 192.168.0.1/24，其网关为路由器 R1 的 F0/1 的接口 IP 地址，PCB 主机的 IP

地址为 192.168.4.1/24，其网关为路由器 R4 的 F0/1 的接口 IP 地址。

（2）如图 12-13 所示，在路由器 R1 上启用 RIPv2 路由协议，宣告两个直连的网段：192.168.0.0/24 和 192.168.1.0/24；在路由器 R2 上启用 RIPv2 路由协议和 OSPF 路由协议，将网段 192.168.1.0/24 宣告在 RIPv2 中，将网段 192.168.2.0/24 宣告在 OSPF 的 Area0 中。在路由器 R3 上配置到网段 192.168.4.0/24 的静态路由，在路由器 R4 上配置默认路由。先不进行路由引入，检查各路由器的路由表中的路由信息。

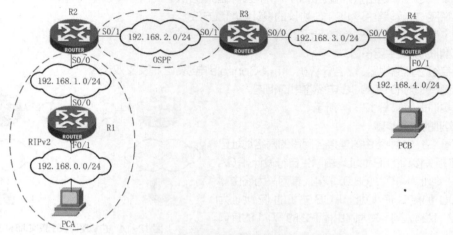

图 12-13　多路由协议间路由引入配置实训环境

（3）在路由器 R2 上，在 RIPv2 协议中引入 OSPF 路由协议，在 OSPF 协议中引入 RIPv2 路由协议。在路由器 R3 上，在 OSPF 协议中引入静态路由。一段时间后检查各路由器的路由表中的路由信息。

（4）用 ping 命令查看 2 台主机之间、主机和路由器的任一接口能否通信。

4. 注意事项

（1）严禁给计算机的 CMOS 或用户加口令。

（2）严禁带电插、拔串口电缆。

（3）路由器用串口相连时，注意 DCE 电缆一端的接口要配置时钟。

（4）路由引入的方法如下。

① RIP 中引入 OSPF。

```
router rip
redistribute ospf process-id metric 2 (一定要加 metric 值)
```

② OSPF 中引入 rip 和静态路由。

```
router ospf process-id
redistribute rip
redistribute static
```

（5）注意在配置路由协议之前，一定要先测试各直连线路的联通性。

（6）Windows 系统的自带防火墙默认不允许 ping 命令通过，需要手工设置才能 ping 通。

（7）使用 # write erase 和 # reload 命令删除路由器配置。

5. 综合实训项目关联

在综合实训项目中处在不同层次的网络设备，所配置的路由协议可能不同，通过本实训，学生可以掌握如何通过路由引入技术来达到不同路由协议之间的路由信息相互交换，实现网络的联通性。

12.2.16　Cisco 路由器广域网协议的配置

1. 实训目的和任务

（1）了解在 Cisco 路由器上比较常用的广域网协议配置，包括 PPP、HDLC、DDN 等。

（2）掌握 Cisco 路由器无验证的 PPP 的设计和配置方法。

（3）掌握 Cisco 路由器带验证的 PPP 的设计和配置方法。

（4）掌握 Cisco 路由器 HDLC 协议的设计和配置方法。

（5）了解 DDN 专线连接的设计与配置方法。

2. 实训环境及主要设备

（1）每组 2 台路由器、2 台计算机、1 根 Console 电缆、2 根交叉双绞线。

（2）通过 1 对 DTE/DCE 电缆将串口相连。

（3）实训环境如图 12-14 所示。

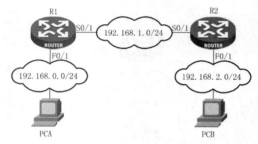

图 12-14　广域网协议配置实训环境

3. 实训的主要步骤

（1）图 12-14 中路由器连接各网段的网络地址已经给出，各相关接口的 IP 地址均由学生自行设计，PCA 主机的 IP 地址为 192.168.0.1/24，其网关为路由器 R1 的 F0/1 的接口 IP 地址，PCB 主机的 IP 地址为 192.168.2.1/24，其网关为路由器 R2 的 F0/1 的接口 IP 地址。

（2）依据设计，路由器 R1 和 R2 之间使用无验证的 PPP，实现 PCA 和 PCB 两主机通信。

（3）依据设计，路由器 R1 和 R2 之间使用带 CHAP 验证的 PPP，实现 PCA 和 PCB 两主机通信。

（4）依据设计，路由器 R1 和 R2 之间使用 HDLC 协议，实现 PCA 和 PCB 两主机通信。

4. 注意事项

（1）严禁给计算机的 CMOS 或用户加口令。

（2）严禁带电插、拔串口电缆。

（3）路由器用串口相连时，注意 DCE 电缆一端的接口要配置时钟。

（4）注意要保证 PCA 和 PCB 两主机通信需对路由器做路由的配置。

（5）注意查看在路由器 R1 和 R2 两端，封装协议不同（PPP 和 HDLC）、CHAP 验证码不同时，网络的联通情况。

（6）使用 # write erase 和 # reload 命令删除路由器配置。

5. 综合实训项目关联

在综合实训项目中为了保证网络的安全接入，可能一些路由器之间需要配置验证，通过本实训，学生可以掌握如何在两个路由器之间配置 CHAP 和 PAP 验证来实现网络中设备身份的验证。

12.2.17　Cisco 路由器 NAT 的设计与配置

1. 实训目的和任务

（1）掌握 Cisco 路由器静态 NAT 的设计和配置方法。

（2）掌握 Cisco 路由器动态 NAT 的设计和配置方法。

（3）通过实训，理解静态/动态 NAT 的作用和区别。

2. 实训环境及主要设备

（1）每组 2 台路由器、4 台计算机、1 根 Console 电缆、2 根交叉双绞线。

（2）通过 1 对 DTE/DCE 电缆将串口相连。

（3）实训环境如图 12-15 所示。

3. 实训的主要步骤

（1）图 12-15 中路由器连接各网段的网络地址
已经给出,各相关接口的 IP 地址均由学生自行设计,
PCA、PCB、PCC 主机的 IP 地址为分别为
192.168.0.1/24, 192.168.0.2/24, 192.168.0.
100/24,其网关为路由器 R1 的 F0/1 的接口 IP 地
址; PCD 主机的 IP 地址为 211.69.2.1/24,其网
关为路由器 R2 的 F0/1 的接口 IP 地址。

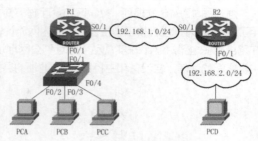

图 12-15　NAT 配置实训环境

（2）在路由器 R1 配置 NAT,其中 F0/1 为内网接口, S0/1 为外网接口。将内网主机 PCA 和
PCB 动态转换成外网一个地址池 211.69.0.0-211.69.0.62/24,将内网主机 PCC 静态转换成
211.69.0.100/24。

（3）依据设计,路由采用静态路由配置实现内网主机和外网主机的相互通信。

（4）通过 PCD 测试能不能直接访问内网私有主机地址。

（5）在路由器 R1 上通过 show ip nat translations 命令查看地址转换情况,或者在路由器 R2 上通
过 debug ip nat 命令来动态查看地址转换情况。

4. 注意事项

（1）严禁给计算机的 CMOS 或用户加口令。

（2）严禁带电插、拔串口电缆。

（3）注意在路由器 R2 上配置的静态路由是转换后的 211.69.0.0/24 网段路由。

（4）可用 1 台计算机通过改变 IP 地址,分别模拟内网主机。

（5）使用 # write erase 和 # reload 命令删除路由器配置。

5. 综合实训项目关联

在综合实训项目中内网设计时,有些主机会用到私有 IP 地址,通过本实训,学生可以掌握在什么设
备上、如何配置 NAT 来实现内网私有 IP 主机和公网主机进行通信。

12.3　综合实训项目实施

12.3.1　项目内容分析

由于本书只涉及组网的一部分技术,因此对综合实训项目图进行简化,简化后的综合实训项目图如
图 12-16 所示。

某校园网通过路由器 R 实现与外网的通信,内网通过三层交换机 S1、S2、S3、S4 和二层交换机
S5、S6 相连。S1 是核心交换机,实现内网数据的快速转发, S2、S3、S4 是汇聚层交换机,实现不同
网段主机的互联, S5、S6 是二层接入层交换机。其中 S2 交换机通过二层 Trunk 口连接核心交换机 S1
和接入层交换机 S5、S6。S5 和 S6 交换机通过划分不同的 VLAN 连接学校的各教学楼。S3 交换机通
过三层口连接核心交换机 S1,通过二层口连接学校的餐厅超市。S4 交换机通过三层口连接核心交换机
S1,通过二层口连接学校的教师和学生公寓。

12.3.2　IP 地址规划

该校园网分配了 7 个公有网段 211.69.0.0～211.69.6.0/24,由于拓扑图中所需网段个数大于 7 个,

所以只用通过在内网一些网段使用私有地址来解决 IP 地址的短缺问题。

通过图 12-16 的规划，教学区和餐厅超市要求速率较高，采用 5 个公有网段，路由器的 2 个接口采用了 2 个公有网段，教工学生公寓一般内网流量较大，所以采用私有网段。这些主机访问外网时，通过在路由器 R 上做 NAT 来实现私网地址到公网地址的转换。每一个网段配置了 1 台主机，来测试内外网主机之间的通信。各设备和主机接口 IP 地址的具体规划如表 12-1～表 12-8 所示。

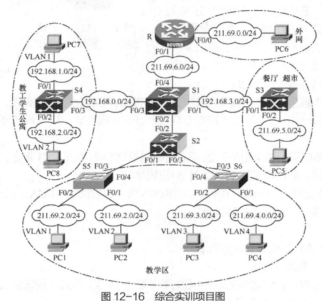

图 12-16　综合实训项目图

表 12-1　路由器 R 各接口 IP 地址

接口	IP 地址
F0/0	211.69.0.1/24
F0/1	211.69.6.2/24

表 12-2　交换机 S1 各接口 IP 地址

接口	IP 地址	接口类型	接口	IP 地址	接口类型
F0/1	192.168.3.1/24	三层接口	VLAN 1	211.69.1.1/24	VLAN 接口
F0/2	—	二层 Trunk 口	VLAN 2	211.69.2.1/24	VLAN 接口
F0/3	192.168.0.1/24	三层接口	VLAN 3	211.69.3.1/24	VLAN 接口
F0/4	211.69.6.1/24	三层接口	VLAN 4	211.69.4.1/24	VLAN 接口

表 12-3　交换机 S2 各接口 IP 地址

接口	IP 地址	接口类型	接口	IP 地址	接口类型
F0/1	—	二层 Trunk 口	VLAN 2	211.69.2.2/24	VLAN 接口
F0/2	—	二层 Trunk 口	VLAN 3	211.69.3.2/24	VLAN 接口
F0/3	—	二层 Trunk 口	VLAN 4	211.69.4.2/24	VLAN 接口
VLAN 1	211.69.1.2/24	VLAN 接口			

表 12-4　交换机 S3 各接口 IP 地址

接口	IP 地址	接口类型
F0/1	192.168.3.2/24	三层接口
F0/2	211.69.5.1/24	三层接口

表 12-5　交换机 S4 各接口 IP 地址

接口	IP 地址	接口类型	接口	IP 地址	接口类型
F0/1	—	access 口 (VLAN 1)	VLAN 1	192.168.1.1/24	VLAN 接口
F0/2	—	access 口 (VLAN 2)	VLAN 2	192.168.2.1/24	VLAN 接口
F0/3	192.168.0.2/24	三层接口			

表 12-6　交换机 S5 各接口 IP 地址

接口	IP 地址	接口类型	接口	IP 地址	接口类型
F0/1	—	access 口 (VLAN 2)	F0/3	—	二层 Trunk 口
F0/2	—	access 口 (VLAN 1)	F0/4	—	二层 Trunk 口

表 12-7　交换机 S6 各接口 IP 地址

接口	IP 地址	接口类型	接口	IP 地址	接口类型
F0/1	—	access 口 (VLAN 4)	F0/3	—	二层 Trunk 口
F0/2	—	access 口 (VLAN 3)	F0/4	—	二层 Trunk 口

表 12-8　各主机接口 IP 地址

主机	IP 地址	网关	主机	IP 地址	网关
PC1	211.69.1.3/24	211.69.1.2	PC5	211.69.5.3/24	211.69.5.1
PC2	211.69.2.3/24	211.69.2.2	PC6	211.69.0.3/24	211.69.0.1
PC3	211.69.3.3/24	211.69.3.2	PC7	192.168.1.3/24	192.168.1.1
PC4	211.69.4.3/24	211.69.4.2	PC8	192.168.2.3/24	192.168.2.1

12.3.3　所采用的技术分析

1. 路由协议

在交换机 S1 和路由器 R 之间采用 OSPF 路由协议,在交换机 S1 和 S3 之间采用 RIPv2 路由协议,在交换机 S1 和 S4 间采用静态路由协议。注意在不同路由协议之间需要路由的引入。

2. STP 协议和 VLAN 的划分

为保证教学楼的接入设备的可靠性，在 3 台交换机 S2、S5、S6 之间用一条环路连接，因此需要在 3 台交换机的互联端口启用 STP 协议。并且需要在 S1、S2、S5、S6 这 4 台交换机上分别创建 4 个 VLAN，并且在三层交换机 S1、S2 上配置 4 个 VLAN 接口的 IP 地址。S2、S5、S6 这 3 台交换机互联的接口设为二层 Trunk 口，二层交换机和主机相连的接口应设为相应 VLAN 的 access 口。三层交换机 S4 上连接了 2 个网段，一个网段是教师公寓，另一个网段是学生公寓。

3. NAT 技术

在路由器上配置动态基于端口的 NAT，实现将教师公寓的私网地址转换成公网地址 211.69.6.0/24，将学生公寓的私网地址转换成公网地址 211.69.0.0/24。

12.3.4　设备的具体配置

1. 路由器 R

```
//接口 IP 地址配置
R (config)#interface f0/0
R (config-if)#ip add 211.69.0.1 255.255.255.0
R(config-if)#no shutdown
R (config)#interface f0/1
R (config-if)#ip add 211.69.6.2 255.255.255.0
R(config-if)#no shutdown
//路由协议配置
R(config)#router ospf 1
R(config-router)#area 0
R(config-router)#network 211.69.0.0 0.0.0.255 area 0
R(config-router)#network 211.69.6.0 0.0.0.255 area 0
//NAT 配置
R(config)#ip nat pool teacher 211.69.6.3 211.69.6.254 netmask 255.255.255.0
R(config)#ip nat pool student 211.69.0.3 211.69.0.254 netmask 255.255.255.0
R(config)#access-list 1 permit 192.168.1.0 0.0.0.255
R(config)#access-list 1 permit 192.168.2.0 0.0.0.255
R(config)#ip nat inside source list 1 pool teacher overload
R(config)#ip nat inside source list 2 pool student overload
R(config)#interface f0/1
R(config-if)#ip nat inside
R(config-if)#interface f0/0
R(config-if)#ip nat outside
```

2. 交换机 S1 配置

```
//接口 IP 地址配置
S1(config)#interface f0/1
S1(config-if)#no switchport //设置此端口为三层端口
S1(config-if)#ip add 192.168.3.1 255.255.255.0
S1(config-if)#no shutdown
S1(config)#interface f0/4
S1(config-if)#no switchport //设置此端口为三层端口
```

S1(config-if)#ip add 211.69.6.1 255.255.255.0

S1(config-if)#no shutdown

S1(config)#interface f0/3

S1(config-if)#no switchport //设置此端口为三层端口

S1(config-if)#ip add 192.168.0.1 255.255.255.0

S1(config-if)#no shutdown

S1(config)#interface f0/2

S1(config-if)#switchport trunk encapsulation dot1q

S1(config-if)#switchport mode trunk

S1(config)#vlan 2

S1(config-vlan)#vlan 3

S1(config-vlan)#vlan 4

S1(config-vlan)#inter vlan 1

S1(config-if)#ip add 211.69.1.1 255.255.255.0

S1(config-if)#no shutdown

S1(config-if)#inter vlan 2

S1(config-if)#ip add 211.69.2.1 255.255.255.0

S1(config-if)#inter vlan 3

S1(config-if)#ip add 211.69.3.1 255.255.255.0

S1(config-if)#inter vlan 4

S1(config-if)#ip add 211.69.4.1 255.255.255.0

//路由协议

S1(config)#ip route 192.168.1.0 255.255.255.0 192.168.0.2

S1(config)#ip route 192.168.2.0 255.255.255.0 192.168.0.2

S1(config)#router ospf 1

S1(config-router)#network 192.168.0.0 0.0.0.255 area 0

S1(config-router)#network 211.69.1.0 0.0.0.255 area 0

S1(config-router)#network 211.69.2.0 0.0.0.255 area 0

S1(config-router)#network 211.69.3.0 0.0.0.255 area 0

S1(config-router)#network 211.69.4.0 0.0.0.255 area 0

S1(config-router)#network 211.69.6.0 0.0.0.255 area 0

S1(config-router)#redistribute rip metric 2 //引入 RIP 路由

S1(config-router)#redistribute static //引入静态路由

S1(config)#router rip

S1(config-router)#version 2

S1(config-router)#network 192.168.3.0

S1(config-router)#redistribute static

S1(config-router)#redistribute ospf 1 metric 2//引入 OSPF 路由

3. 交换机 S2 配置

//接口 IP 地址配置

S2(config-if)#interface f0/1

S2(config-if)#switchport trunk encapsulation dot1q

S2(config-if)#switchport mode trunk

```
S2(config-if)#interface f0/2
S2(config-if)#switchport trunk encapsulation dot1q
S2(config-if)#switchport mode trunk
S2(config-if)#interface f0/3
S2(config-if)#switchport trunk encapsulation dot1q
S2(config-if)#switchport mode trunk
S2(config)#vlan 2
S2config-vlan)#vlan 3
S2(config-vlan)#vlan 4
S2(config-vlan)#inter vlan 1
S2(config-if)#ip add 211.69.1.2 255.255.255.0
S2(config-if)#no shutdown
S2(config-if)#inter vlan 2
S2(config-if)#ip add 211.69.2.3 255.255.255.0
S2(config-if)#inter vlan 3
S2(config-if)#ip add 211.69.3.2 255.255.255.0
S2(config-if)#inter vlan 4
S2(config-if)#ip add 211.69.4.2 255.255.255.0
//路由协议配置
S2(config)#router ospf 1
S2(config-router)#network 211.69.1.0 0.0.0.255 area 0
S2(config-router)#network 211.69.2.0 0.0.0.255 area 0
S2(config-router)#network 211.69.3.0 0.0.0.255 area 0
S2(config-router)#network 211.69.4.0 0.0.0.255 area 0
```

4. 交换机 S3 配置

```
//接口 IP 地址配置
S3(config)#int f0/1
S3(config-if)#no switchport
S3(config-if)#ip add 192.168.3.2 255.255.255.0
S3(config)#int f0/2
S3(config-if)#no switchport
S3(config-if)#ip add 211.69.5.1 255.255.255.0
//路由协议配置
S3(config)#router rip
S3(config-router)#version 2
S3(config-router)#netw
S3(config-router)#network 192.168.3.0
S3(config-router)#network 211.69.5.0
```

5. 交换机 S4 配置

```
//接口 IP 地址配置
S4(config)#interface f0/1
S4(config-if)#no switchport
S4(config-if)#ip add 192.168.1.1 255.255.255.0
```

```
S4(config)#interface f0/2
S4(config-if)#no switchport
S4(config-if)#ip add 192.168.2.1 255.255.255.0
S4(config)#interface f03
S4(config-if)#no switchport
S4(config-if)#ip add 192.168.0.2 255.255.255.0
//路由协议配置
S4(config)#ip route 0.0.0.0 0.0.0.0 192.168.0.1
```

6. 交换机 S5 配置

```
S5(config)#vlan 2
S5(config)#vlan 3
S5(config)#vlan 4
S5(config-vlan)#int f0/3
S5(config-if)#switchport mode trunk
S5(config-vlan)#int f0/4
S5(config-if)#switchport mode trunk
S5(config-if)#int f0/1
S5(config-if)#switchport access vlan 2
```

7. 交换机 S6 配置

```
S6(config)#vlan 2
S6(config)#vlan 3
S6(config)#vlan 4
S6(config-vlan)#int f0/3
S6(config-if)#switchport mode trunk
S6(config-vlan)#int f0/4
S6(config-if)#switchport mode trunk
S6(config-if)#int f0/1
S6(config-if)#switchport access vlan 4
S6(config-if)#int f0/2
S6(config-if)#switchport access vlan 3
```

12.3.5　网络测试

在主机、路由器或者交换机上用 ping 命令可以测试网络的联通性，在主机 PC6 上通过抓包软件可以查看 NAT 是否正常工作，通过关闭交换机 S2 的 F0/1 或者 F0/3 可以测试 STP 的工作情况。

本章小结

通过本章的实训，不仅能够复习前面章节的计算机网络的理论知识、基本原理，还可以提高学生分析问题、解决问题的能力，培养学生的实际操作动手能力。通过一个具体的实例分析，学生能够根据网络需求，自己规划、设计、配置一个具体的安全、可靠的局域网。

习题

1. SDN 理念分为哪几层？
2. SDN 应该具备哪些特征？
3. 根据 ONF 对 SDN 架构的定义，SDN 应该由哪几个平面组成？
4. SDN 控制器在实现上有几种形式？
5. 集中式控制器演变为分布式控制器的原因是什么？
6. 分布式控制器可以细分为哪两种，有什么不同？
7. SAL 在 ODL 控制器中起到了什么作用？
8. 解释 ODL 北向接口采用 OSGi 的原因。
9. ODL 为何采用 REST 风格进行北向接口定义？
10. ONOS 要实现的功能有哪些？
11. OpenFlow 交换机中的 OpenFlow Channel 的作用是什么？
12. OpenFlow 交换机中的流表如何产生？
13. OpenFlow 消息总体上分为哪几类？
14. 北向接口的两种技术思路是什么？
15. NFV 和 VNF 是什么？
16. SDN 和 NFV 是什么关系？